普通高等学校本科数学规划教材

线性代数

主　编　冯　丽　刘连福　石业娇

东北大学出版社
·沈　阳·

图书在版编目（CIP）数据

线性代数 / 冯丽，刘连福，石业娇主编. — 沈阳：东北大学出版社，2021.8
ISBN 978-7-5517-2741-9

Ⅰ. ①线… Ⅱ. ①冯… ②刘… ③石… Ⅲ. ①线性代数—高等学校—教材 Ⅳ. ①O151.2

中国版本图书馆 CIP 数据核字（2021）第 170339 号

出 版 者：东北大学出版社
地址：沈阳市和平区文化路 3 号巷 11 号
邮编：110819
电话：024—83680267(社务室) 83687331(市场部)
传真：024—83680265(办公室) 83680178(出版部)
网址：http://www.neupress.com
E-mail:neuph@neupress.com
印 刷 者：辽宁一诺广告印务有限公司
发 行 者：东北大学出版社
幅面尺寸：185mm×260mm
印 张：10.75
字 数：282 千字
出版时间：2021 年 8 月第 1 版
印刷时间：2021 年 8 月第 1 次印刷
责任编辑：刘宗玉
责任校对：郎 坤
封面设计：潘正一
责任出版：唐敏志

ISBN 978-7-5517-2741-9 定 价：32.00 元

前 言

进入21世纪以来，科学技术日新月异，加之计算机的广泛应用及数学软件的普及，高等教育对基础课尤其是数学课教材提出了更新、更严格的要求. 特别是近几年，国家提出了发展本科教育新理念. 正是在这种形势下，我们在总结多年本科数学教学经验、探索本科数学教学发展动向、分析国内外同类教材发展趋势的基础上，编写出这套适于本科理工、经管各专业使用的数学教材.

这套“普通高等学校本科数学规划教材”是根据《国家中长期教育改革和发展规划纲要》要求，专门针对本科学生而编写的. 教材内容充分考虑了学生的数学基础和实际水平，兼顾了不同专业后续课程教学对数学知识范围的要求，是对后续教学和学生可持续发展(继续教育)的一个恰到好处的基础支撑.

本书为《线性代数》，是这套教材中的一个分册. 线性代数是数学的一个分支，是数学的基础理论课之一. 它既是学习数学的必修课，也是学习其他专业课的必修课；是理工类、经管类各专业学生的一门重要基础课，也是硕士研究生入学考试的一门必考科目. 线性代数既有一定的理论推导，又有大量的繁杂运算，学习过程有利于培养学生逻辑思维能力、分析问题和解决问题的能力.

本书根据“教育部高等学校线性代数课程教学基本要求”而编写，具有以下特点.

1. 针对线性代数课程概念多、结论多和内容抽象、逻辑性强的特点，充分考虑学生的基础，适度淡化高深逻辑论证，充分利用通俗的例子说明，对重点定理和方法，提供典型例题加以分析，注重运用矩阵方法处理问题，达到了化难为易的目的，帮助学生理解有关概念和理论；

2. 每节配有针对性较强的习题，每章均配有A、B两组习题，A组习题侧重学生巩固基础知识，提高基本技能，加强对教材内容的理解，B组习题包括了近20年研究生入学考试的典型题目，书后附有习题答案，便于学生练习检验；

3. 为了方便教师教学和学生学习，同时制作了有与本书相配套的多媒体教学课件，教学课件的设置符合学生的认识规律和思维过程，易于师生互动；

4. 还出版了与本书相配套的《线性代数同步训练》，十分有利于学生的复习巩固.

本书共5章，有矩阵、行列式、向量组的线性相关性、线性方程组、相似矩阵及二次型等内容. 带*号的内容供部分专业选学.

本书可作为普通高等学校本科各专业线性代数教材，也可以供科技工作者阅读和用作考研参考书. 教学基本学时按不少于32学时设计.

本书由大连海洋大学冯丽、刘连福、石业娇老师担任主编，参加编写的还有沈阳理工大学沙萍老师. 在本书编写过程中，得到了大连海洋大学有关老师的大力支持，刘连福教授认真审阅了全部书稿.

尽管我们做出了许多努力，但是书中难免有不妥之处，希望使用院校和读者不吝赐教，将意见及时反馈给我们，以便修订改进.

所有意见、建议请发往：376721365@qq.com.

谢谢大家!

编　者

2021年3月

目 录

第一章　矩　阵

为了讨论一般线性（一次）方程组的求解问题，需要引入一个重要的工具——矩阵.矩阵是线性代数的主要研究对象，是学习以后各章的基础，在自然科学、经济管理和工程技术的各个领域都有广泛的应用.本章讨论矩阵的概念，矩阵的基本运算，逆矩阵的概念和性质，分块矩阵及其运算，矩阵的初等变换，初等方阵的概念，以及初等变换、初等方阵两者之间的联系等.

第一节　矩阵的概念

一、矩阵的定义

由m个方程n个未知量x_1，x_2，…，x_n构成的线性（即：一次）方程组可以表示为

$$\begin{cases}a_{11}x_1+a_{12}x_2+\cdots+a_{1n}x_n=b_1,\\ a_{21}x_1+a_{22}x_2+\cdots+a_{2n}x_n=b_2,\\ \cdots\cdots\\ a_{m1}x_1+a_{m2}x_2+\cdots+a_{mn}x_n=b_m.\end{cases}$$

在线性方程组中，未知量用什么字母表示无关紧要，重要的是方程组中未知量的个数以及未知量的系数和常数项. 也就是说，线性方程组由常数 a_{ij} ($i=1$，2，…，m；$j=1$，2，…，n）和 b_i ($i=1$，2，…，m）完全确定，所以可以用一个$m\times(n+1)$个数排成的m行$n+1$列的数表

$$\tilde{A}=\begin{bmatrix}a_{11} & \cdots & a_{1n} & b_1\\ \vdots & & \vdots & \vdots\\ a_{m1} & \cdots & a_{mn} & b_m\end{bmatrix}$$

来表示线性方程组，这个数表的第j（$j=1$，2，…，n）列表示未知量 x_j（$j=1$，2，…，n）前的系数，第i（$i=1$，2，…，m）行表示线性方程组中的第i（$i=1$，2，…，m）个方程，这个数表 $\tilde{A}$ 反映了线性方程组的全部信息. 反之，任意给定一个m行$n+1$列的数表，可以通过这个数表写出一个线性方程组. 因此，线性方程组与这样的数表之间有了一个对应关系.

类似这种矩形排列的数表，在自然科学、经济管理和工程技术的各个领域都有广泛的应用. 在数学上这种数表叫作矩阵.

定义 1.1 由 $m\times n$ 个数 a_{ij}（$i=1,2,\cdots,m$；$j=1,2,\cdots,n$）排成 m 行 n 列的数表

$$\begin{bmatrix} a_{11} & \cdots & a_{1n} \\ \vdots & & \vdots \\ a_{m1} & \cdots & a_{mn} \end{bmatrix}$$

称为 m 行 n 列矩阵，简称 $m\times n$ 矩阵. 这 $m\times n$ 个数称为矩阵的**元素**，矩阵中横排叫做行，纵排叫做列，a_{ij} 表示该矩阵的第 i 行第 j 列元素，i 为**行标**，j 为**列标**. 元素是实数的矩阵称为**实矩阵**，元素是复数的矩阵称为**复矩阵**. 本书中的矩阵除特别说明外，都是指实矩阵.

矩阵常常用大写字母 $\boldsymbol{A},\boldsymbol{B},\boldsymbol{C},\cdots$ 来表示. 如定义 1.1 中的 $m\times n$ 矩阵可记作 $\boldsymbol{A}=\left[a_{ij}\right]_{m\times n}$ 或 $\boldsymbol{A}_{m\times n}$，有时也可简记为 $\boldsymbol{A}=\left[a_{ij}\right]$ 或 $\boldsymbol{A}$.

二、特殊的矩阵

（1）行数与列数都等于 n 的矩阵 $\boldsymbol{A}$，称为 **n 阶方阵**，也可记作 $\boldsymbol{A}_n$.

如果 $\boldsymbol{A}$ 是 n 阶方阵，那么从左上角到右下角的对角线称为**主对角线**，另一条对角线称为**副对角线**.

（2）在 n 阶方阵中，如果主对角线以下的元素全为零（当 $i>j$ 时，$a_{ij}=0$），即

$$\boldsymbol{A}=\begin{bmatrix} a_{11} & a_{12} & \cdots & a_{1n} \\ 0 & a_{22} & \cdots & a_{2n} \\ \vdots & \vdots & & \vdots \\ 0 & 0 & \cdots & a_{nn} \end{bmatrix},$$

那么称此矩阵为**上三角矩阵**. 如果主对角线以上的元素全为零（当 $j>i$ 时，$a_{ij}=0$），即

$$\boldsymbol{A}=\begin{bmatrix} a_{11} & 0 & \cdots & 0 \\ a_{21} & a_{22} & \cdots & 0 \\ \vdots & \vdots & & \vdots \\ a_{n1} & a_{n2} & \cdots & a_{nn} \end{bmatrix},$$

那么称此矩阵为**下三角矩阵**.

（3）如果一个方阵主对角线以外的元素都是零，即

$$\boldsymbol{A}=\begin{bmatrix} a_{11} & 0 & \cdots & 0 \\ 0 & a_{22} & \cdots & 0 \\ \vdots & \vdots & & \vdots \\ 0 & 0 & \cdots & a_{nn} \end{bmatrix},$$

那么称此矩阵为**对角矩阵**．对角矩阵也可记为

$$A=\begin{bmatrix} a_{11} & & & \\ & a_{22} & & \\ & & \ddots & \\ & & & a_{nn} \end{bmatrix}.$$

矩阵 A 中，未写出的元素表示零元素，以下类同．上述对角矩阵也可简记为 $A=\mathrm{diag}(a_{11}, a_{22}, \cdots, a_{nn})$．

（4）在 n 阶对角矩阵中，如果主对角线上的元素都相等，即

$$A=\begin{bmatrix} \lambda & 0 & \cdots & 0 \\ 0 & \lambda & \cdots & 0 \\ \vdots & \vdots & & \vdots \\ 0 & 0 & \cdots & \lambda \end{bmatrix},$$

那么称此矩阵为**数量矩阵**．

（5）在 n 阶数量矩阵中，如果主对角线上的元素都是1，那么称此矩阵为 **n 阶单位矩阵**，用 E 表示，即

$$E=\begin{bmatrix} 1 & 0 & \cdots & 0 \\ 0 & 1 & \cdots & 0 \\ \vdots & \vdots & & \vdots \\ 0 & 0 & \cdots & 1 \end{bmatrix}.$$

（6）只有一行的矩阵

$$A=\begin{bmatrix} a_1 & a_2 & \cdots & a_n \end{bmatrix}$$

称为**行矩阵**，即 $1\times n$ 矩阵．行矩阵又称为**行向量**．为避免元素间的混淆，行矩阵也记作

$$A=[a_1, a_2, \cdots, a_n].$$

只有一列的矩阵

$$B=\begin{bmatrix} b_1 \\ b_2 \\ \vdots \\ b_n \end{bmatrix}$$

称为**列矩阵**，即 $n\times 1$ 矩阵．列矩阵又称为**列向量**．

行矩阵和列矩阵也可用小写字母 $\boldsymbol{a}, \boldsymbol{b}, \cdots, \boldsymbol{x}, \boldsymbol{y}, \cdots$ 表示．

（7）如果两个矩阵的行数相等、列数也相等，那么称它们是**同型矩阵**．

（8）设 $A=[a_{ij}]_{m\times n}$，$B=[b_{ij}]_{m\times n}$，若它们的对应元素都相等，即

$$a_{ij}=b_{ij} \qquad (i=1, 2, \cdots, m;\ \ j=1, 2, \cdots, n),$$

则称**矩阵 A 与 B 相等**，记作 $A=B$．

(9) 元素都是零的矩阵称为**零矩阵**，记作 $\boldsymbol{O}$． 注意不同型的零矩阵是不相等的.

三、矩阵与线性方程组

例1.1 写出线性方程组

$$\begin{cases}2x_1+x_2-x_3=1\\x_1+\qquad 3x_3=-2\end{cases}\tag{1.1}$$

的系数按原来的次序排成的矩阵及系数、常数项按原来的次序排成的矩阵.

解 系数按原来的次序排成的矩阵

$$\boldsymbol{A}=\begin{bmatrix}2&1&-1\\1&0&3\end{bmatrix},$$

系数、常数项按原来的次序排成的矩阵

$$\boldsymbol{B}=\begin{bmatrix}2&1&-1&1\\1&0&3&-2\end{bmatrix}.$$

这里 $\boldsymbol{A}$ 称为线性方程组（1.1）的**系数矩阵**，$\boldsymbol{B}$ 称为线性方程组（1.1）的**增广矩阵.**

给定了线性方程组，它的系数矩阵、增广矩阵也就确定了．反之，如果给出一个矩阵作为某个线性方程组的增广矩阵，则该线性方程组也就确定了．在这个意义上，线性方程组与矩阵之间存在着一一对应的关系，因此可以利用矩阵来研究线性方程组.

例1.2 设 $\boldsymbol{A}=\begin{bmatrix}1&2&3\\3&1&2\end{bmatrix}$，$\boldsymbol{B}=\begin{bmatrix}1&x&3\\y&1&z\end{bmatrix}$,已知 $\boldsymbol{A}=\boldsymbol{B}$，求 x, y, z .

解 因为 $\boldsymbol{A}=\boldsymbol{B}$，可知 $x=2$，$y=3$，$z=2$.

习题1-1

1. 设 $\boldsymbol{A}=\begin{bmatrix}1&0&3\\4&-1&2\end{bmatrix}$，$\boldsymbol{B}=\begin{bmatrix}1&x-y&3\\x+y&-1&z\end{bmatrix}$,已知 $\boldsymbol{A}=\boldsymbol{B}$，求 x, y, z .

2. 已知线性方程组

$$\begin{cases}a_{11}x_1+a_{12}x_2+\cdots+a_{1n}x_n=b_1,\\a_{21}x_1+a_{22}x_2+\cdots+a_{2n}x_n=b_2,\\\qquad\qquad\vdots\\a_{n1}x_1+a_{n2}x_2+\cdots+a_{nn}x_n=b_n.\end{cases}$$

试写出该方程组的系数矩阵 $\boldsymbol{A}$（方程组的系数按原来的次序排成的矩阵）和增广矩阵 $\boldsymbol{B}$（方程组的系数、常数项按原来的次序排成的矩阵）.

3. 试写出以

$$\boldsymbol{B}=\begin{bmatrix}1&1&-1&2&3\\2&1&0&-3&1\\-4&-2&0&6&-2\end{bmatrix}$$

为增广矩阵的线性方程组.

4. n个变量$x_1, x_2, \cdots, x_n$与m个变量$y_1, y_2, \cdots, y_m$之间的关系式

$$\begin{cases} y_1 = a_{11}x_1 + a_{12}x_2 + \cdots + a_{1n}x_n, \\ y_2 = a_{21}x_1 + a_{22}x_2 + \cdots + a_{2n}x_n, \\ \quad \vdots \\ y_m = a_{m1}x_1 + a_{m2}x_2 + \cdots + a_{mn}x_n \end{cases}$$

表示一个从变量x_1, x_2, $\cdots$, x_n到变量y_1, y_2, $\cdots$, y_m的线性变换，其中a_{ij}($i=1,2,\cdots,m$；$j=1,2,\cdots,n$）为系数，写出该线性变换的系数矩阵（系数按原来的次序排成的矩阵）.

第二节　矩阵的基本运算

矩阵作为数表本身是无运算含义的，为了使矩阵能有广泛的应用，根据实际需要赋予它某些运算.

一、矩阵的加法

定义 1.3　设$\boldsymbol{A}=\left[a_{ij}\right]_{m\times n}$，$\boldsymbol{B}=\left[b_{ij}\right]_{m\times n}$，矩阵$\boldsymbol{A}$与$\boldsymbol{B}$的和记作$\boldsymbol{A}+\boldsymbol{B}$，规定为

$$\boldsymbol{A}+\boldsymbol{B}=\left[a_{ij}+b_{ij}\right]_{m\times n}=\begin{bmatrix} a_{11}+b_{11} & \cdots & a_{1n}+b_{1n} \\ \vdots & & \vdots \\ a_{m1}+b_{m1} & \cdots & a_{mn}+b_{mn} \end{bmatrix}.$$

例如

$$\begin{bmatrix} 12 & 3 & -5 \\ 1 & -9 & 0 \\ 3 & 6 & 8 \end{bmatrix}+\begin{bmatrix} 1 & 8 & 9 \\ 6 & 5 & 4 \\ 3 & 2 & 1 \end{bmatrix}=\begin{bmatrix} 12+1 & 3+8 & -5+9 \\ 1+6 & -9+5 & 0+4 \\ 3+3 & 6+2 & 8+1 \end{bmatrix}=\begin{bmatrix} 13 & 11 & 4 \\ 7 & -4 & 4 \\ 6 & 8 & 9 \end{bmatrix}.$$

容易证明，矩阵加法适合下面的运算律：

（1）交换律：$\boldsymbol{A}+\boldsymbol{B}=\boldsymbol{B}+\boldsymbol{A}$；

（2）结合律：$(\boldsymbol{A}+\boldsymbol{B})+\boldsymbol{C}=\boldsymbol{A}+(\boldsymbol{B}+\boldsymbol{C})$.

二、数乘运算

定义 1.4　数k与矩阵$\boldsymbol{A}=\left[a_{ij}\right]_{m\times n}$相乘记作$k\boldsymbol{A}$或$\boldsymbol{A}k$，规定

$$k\boldsymbol{A}=\boldsymbol{A}k=\left[k\,a_{ij}\right]_{m\times n}=\begin{bmatrix} k\,a_{11} & \cdots & k\,a_{1n} \\ \vdots & & \vdots \\ k\,a_{m1} & \cdots & k\,a_{mn} \end{bmatrix}.$$

于是有

$-\boldsymbol{A}=(-1)\boldsymbol{A}=\left[-a_{ij}\right]_{m\times n}$，称$-\boldsymbol{A}$为$\boldsymbol{A}$的负矩阵，即

$$A+(-A)=O.$$

矩阵 $A=\left[a_{ij}\right]_{m\times n}$ 与 $B=\left[b_{ij}\right]_{m\times n}$ 的减法定义为

$$A-B=A+(-B)=\left[a_{ij}-b_{ij}\right]_{m\times n}=\begin{bmatrix} a_{11}-b_{11} & \cdots & a_{1n}-b_{1n} \\ \vdots & & \vdots \\ a_{m1}-b_{m1} & \cdots & a_{mn}-b_{mn} \end{bmatrix}.$$

矩阵的加法和数乘运算称为矩阵的**线性运算**，满足下面的运算律:

设 A, B 为 $m\times n$ 矩阵，k, l 为常数，则有

（1） 结合律：$(kl)A=k(lA)$；

（2）分配律：$k(A+B)=kA+kB$；$(k+l)A=kA+lA$.

例 1.3 设矩阵

$$A=\begin{bmatrix} 1 & -2 & 0 \\ 4 & 3 & 5 \end{bmatrix},\quad B=\begin{bmatrix} 8 & 2 & 6 \\ 5 & 3 & 4 \end{bmatrix},$$

满足 $2A+X=B-2X$，求矩阵 X.

解 由 $2A+X=B-2X$，得

$$\begin{aligned} X&=\frac{1}{3}(B-2A) \\ &=\frac{1}{3}\left(\begin{bmatrix} 8 & 2 & 6 \\ 5 & 3 & 4 \end{bmatrix}-2\begin{bmatrix} 1 & -2 & 0 \\ 4 & 3 & 5 \end{bmatrix}\right) \\ &=\frac{1}{3}\left(\begin{bmatrix} 8 & 2 & 6 \\ 5 & 3 & 4 \end{bmatrix}-\begin{bmatrix} 2 & -4 & 0 \\ 8 & 6 & 10 \end{bmatrix}\right) \\ &=\frac{1}{3}\begin{bmatrix} 6 & 6 & 6 \\ -3 & -3 & -6 \end{bmatrix} \\ &=\begin{bmatrix} 2 & 2 & 2 \\ -1 & -1 & -2 \end{bmatrix}. \end{aligned}$$

三、矩阵的乘法

定义 1.5 设 $A=\left[a_{ij}\right]$ 是 $m\times s$ 矩阵，$B=\left[b_{ij}\right]$ 是 $s\times n$ 矩阵，规定 A 与 B 的乘积是一个 $m\times n$ 矩阵 $C=\left[c_{ij}\right]$，其中

$$c_{ij}=a_{i1}b_{1j}+a_{i2}b_{2j}+\cdots+a_{is}b_{sj}=\sum_{k=1}^{s}a_{ik}b_{kj}\,(i=1,2,\cdots m;\ j=1,2,\cdots,n),$$

并把此乘积记作 AB，即 $C=AB$.

从定义可见，两个矩阵 A，B 相乘时，只有左边矩阵 A 的列数等于右边矩阵 B 的行数时，它们的乘积才有意义，并且乘积矩阵 C 的行数与 A 的行数相同，C 的列数与 B 的列数相同，C 的第 i 行第 j 列元素等于 $[A]$ 的第 i 行元素，与 B 的第 j 列对应元素乘积之和，即

$$
i\text{行}\begin{bmatrix} \cdots & \cdots & \cdots & \cdots \\ a_{i1} & a_{i2} & \cdots & a_{is} \\ \cdots & \cdots & \cdots & \cdots \end{bmatrix}\begin{bmatrix} \vdots & b_{1j} & \vdots \\ \vdots & b_{2j} & \vdots \\ \vdots & \vdots & \vdots \\ \vdots & b_{sj} & \vdots \end{bmatrix}=\begin{bmatrix} & \vdots & \\ \cdots & c_{ij} & \cdots \\ & \vdots & \end{bmatrix}i\text{行}.
$$

$$
\qquad\qquad j\text{列} \qquad\qquad j\text{列}
$$

例 1.4 设

$$
\boldsymbol{A}=\begin{bmatrix} 1 & 0 & 3 \\ 2 & 1 & 0 \end{bmatrix},\ \boldsymbol{B}=\begin{bmatrix} 4 & 1 & 0 \\ -1 & 1 & 3 \\ 2 & 0 & 1 \end{bmatrix},
$$

求 $\boldsymbol{AB}$.

解

$$
\begin{aligned}
\boldsymbol{AB}&=\begin{bmatrix} 1 & 0 & 3 \\ 2 & 1 & 0 \end{bmatrix}\begin{bmatrix} 4 & 1 & 0 \\ -1 & 1 & 3 \\ 2 & 0 & 1 \end{bmatrix} \\
&=\begin{bmatrix} 1\times4+0\times(-1)+3\times2 & 1\times1+0\times1+3\times0 & 1\times0+0\times3+3\times1 \\ 2\times4+1\times(-1)+0\times2 & 2\times1+1\times1+0\times0 & 2\times0+1\times3+0\times1 \end{bmatrix} \\
&=\begin{bmatrix} 10 & 1 & 3 \\ 7 & 3 & 3 \end{bmatrix}.
\end{aligned}
$$

这里 $\boldsymbol{A}$ 为 2×3 矩阵，$\boldsymbol{B}$ 为 3×3 矩阵，故 $\boldsymbol{AB}$ 为 2×3 矩阵，而 $\boldsymbol{BA}$ 却没有意义.

例 1.5 设

$$
\boldsymbol{A}=\begin{bmatrix} 1 & 2 \\ 1 & 2 \end{bmatrix},\ \boldsymbol{B}=\begin{bmatrix} 1 & -1 \\ -1 & 1 \end{bmatrix},
$$

求 $\boldsymbol{AB}$，$\boldsymbol{BA}$.

解

$$
\boldsymbol{AB}=\begin{bmatrix} -1 & 1 \\ -1 & 1 \end{bmatrix},\ \boldsymbol{BA}=\begin{bmatrix} 0 & 0 \\ 0 & 0 \end{bmatrix}.
$$

由上面的讨论可知：

（1）矩阵的乘法不满足交换律，即一般 $\boldsymbol{AB}\neq\boldsymbol{BA}$，有“左乘”和“右乘”之分；

（2）若 $\boldsymbol{BA}=\boldsymbol{O}$，则未必有 $\boldsymbol{B}=\boldsymbol{O}$ 或 $\boldsymbol{A}=\boldsymbol{O}$（但在数的运算中，若 $ba=0$，则必有 $b=0$ 或 $a=0$）.

矩阵的乘法满足下列运算规律（假设运算都是有意义的）：

（1）$\boldsymbol{E}_m\boldsymbol{A}_{m\times n}=\boldsymbol{A}_{m\times n}\boldsymbol{E}_n=\boldsymbol{A}$（其中 $\boldsymbol{E}_m$，$\boldsymbol{E}_n$ 分别为 m 阶和 n 阶单位矩阵）；

（2）$\boldsymbol{A}_{m\times n}\boldsymbol{O}_{n\times p}=\boldsymbol{O}_{m\times p},\boldsymbol{O}_{m\times n}\boldsymbol{B}_{n\times p}=\boldsymbol{O}_{m\times p}$；

（3）结合律：$(\boldsymbol{AB})\boldsymbol{C}=\boldsymbol{A}(\boldsymbol{BC})$；

（4）$(k\boldsymbol{A})\boldsymbol{B}=\boldsymbol{A}(k\boldsymbol{B})=k(\boldsymbol{AB})$（$k$ 为数字）；

（5）左分配律：$\boldsymbol{A}(\boldsymbol{B}+\boldsymbol{C})=\boldsymbol{AB}+\boldsymbol{AC}$，

右分配律：$(\boldsymbol{A}+\boldsymbol{B})\boldsymbol{C}=\boldsymbol{AC}+\boldsymbol{BC}$.

以上运算律可用矩阵乘法定义直接验证.

四、方阵的幂运算

对于方阵可定义幂运算.

设 $\boldsymbol{A}$ 是 n 阶方阵，定义 $\boldsymbol{A}$ 的正整数幂为

$$\boldsymbol{A}^k=\overbrace{\boldsymbol{A}\boldsymbol{A}\cdots\boldsymbol{A}}^{k},\ \boldsymbol{A}^{k+1}=\boldsymbol{A}^k\boldsymbol{A},$$

其中 k 为正整数.

方阵的幂运算满足以下运算律：

（1）$\boldsymbol{A}^k\boldsymbol{A}^l=\boldsymbol{A}^{k+l}$；

（2）$(\boldsymbol{A}^k)^l=\boldsymbol{A}^{kl}$，

其中，k,l 为正整数.

由于矩阵乘法不满足交换律，所以对两个 n 阶方阵 $\boldsymbol{A}$ 和 $\boldsymbol{B}$，一般来说

$$(\boldsymbol{A}\boldsymbol{B})^k\neq\boldsymbol{A}^k\boldsymbol{B}^k.$$

设 x 的 m 次多项式

$$f(x)=a_0x^m+a_1x^{m-1}+\cdots+a_{m-1}x+a_m,$$

$\boldsymbol{A}$ 为 n 阶方阵，定义

$$f(\boldsymbol{A})=a_0\boldsymbol{A}^m+a_1\boldsymbol{A}^{m-1}+\cdots+a_{m-1}\boldsymbol{A}+a_m\boldsymbol{E}$$

为 $\boldsymbol{A}$ 的 m 次矩阵多项式，其中 $\boldsymbol{E}$ 为 n 阶单位矩阵.

例 1.6 设 $f(x)=x^2-2x+2$，

$$\boldsymbol{A}=\begin{bmatrix}1&1\\0&1\end{bmatrix},$$

求 $f(\boldsymbol{A})$.

解

$$f(\boldsymbol{A})=\boldsymbol{A}^2-2\boldsymbol{A}+2\boldsymbol{E},$$

而

$$\boldsymbol{A}^2=\begin{bmatrix}1&1\\0&1\end{bmatrix}\begin{bmatrix}1&1\\0&1\end{bmatrix}=\begin{bmatrix}1&2\\0&1\end{bmatrix},$$

所以

$$f(\boldsymbol{A})=\begin{bmatrix}1&2\\0&1\end{bmatrix}-2\begin{bmatrix}1&1\\0&1\end{bmatrix}+2\begin{bmatrix}1&0\\0&1\end{bmatrix}$$

$$=\begin{bmatrix}1&2\\0&1\end{bmatrix}-\begin{bmatrix}2&2\\0&2\end{bmatrix}+\begin{bmatrix}2&0\\0&2\end{bmatrix}=\begin{bmatrix}1&0\\0&1\end{bmatrix}.$$

五、转置矩阵、对称矩阵和反对称矩阵

定义 1.6 把矩阵 $\boldsymbol{A}$ 的行换成同序数的列，得到一个新矩阵，叫作 $\boldsymbol{A}$ 的**转置矩阵**，记作 $\boldsymbol{A}^{\mathrm{T}}$，即

若

$$\boldsymbol{A}=\begin{bmatrix} a_{11} & a_{12} & \cdots & a_{1n} \\ a_{21} & a_{22} & \cdots & a_{2n} \\ \vdots & \vdots & & \vdots \\ a_{m1} & a_{m2} & \cdots & a_{mn} \end{bmatrix},$$

则

$$\boldsymbol{A}^{\mathrm{T}}=\begin{bmatrix} a_{11} & a_{21} & \cdots & a_{m1} \\ a_{12} & a_{22} & \cdots & a_{m2} \\ \vdots & \vdots & & \vdots \\ a_{1n} & a_{2n} & \cdots & a_{mn} \end{bmatrix}.$$

例如，矩阵

$$\boldsymbol{A}=\begin{bmatrix} 1 & 2 & 0 \\ 3 & -1 & 1 \end{bmatrix}$$

的转置矩阵为

$$\boldsymbol{A}^{\mathrm{T}}=\begin{bmatrix} 1 & 3 \\ 2 & -1 \\ 0 & 1 \end{bmatrix}.$$

矩阵的转置是一种运算，满足下面的运算律（假设运算都是有意义的）：

（1）$(\boldsymbol{A}^{\mathrm{T}})^{\mathrm{T}}=\boldsymbol{A}$；

（2）$(\boldsymbol{A}\pm\boldsymbol{B})^{\mathrm{T}}=\boldsymbol{A}^{\mathrm{T}}\pm\boldsymbol{B}^{\mathrm{T}}$；

（3）$(k\boldsymbol{A})^{\mathrm{T}}=k\boldsymbol{A}^{\mathrm{T}}$；

（4）$(\boldsymbol{AB})^{\mathrm{T}}=\boldsymbol{B}^{\mathrm{T}}\boldsymbol{A}^{\mathrm{T}}$.

证明 以式（4）为例. 设

$$\boldsymbol{A}=\left[a_{ij}\right]_{m\times s},\quad \boldsymbol{B}=\left[b_{ij}\right]_{s\times n},$$

记

$$(\boldsymbol{AB})^{\mathrm{T}}=\boldsymbol{C}=\left[c_{ij}\right]_{n\times m},$$

$$\boldsymbol{B}^{\mathrm{T}}\boldsymbol{A}^{\mathrm{T}}=\boldsymbol{D}=\left[d_{ij}\right]_{n\times m},$$

$(\boldsymbol{AB})^{\mathrm{T}}$ 的 i 行 j 列元素 c_{ij} 等于 $\boldsymbol{AB}$ 的 j 行 i 列元素.

由矩阵的乘法，$\boldsymbol{AB}$ 的 j 行 i 列元素为

$$a_{j1}b_{1i}+a_{j2}b_{2i}+\cdots+a_{js}b_{si}=\sum_{k=1}^{s}a_{jk}b_{ki},$$

故

$$c_{ij}=\sum_{k=1}^{s}a_{jk}b_{ki}.$$

而 $\boldsymbol{B}^{\mathrm{T}}$ 的第 i 行为 $[b_{1i},\cdots,b_{si}]$，$\boldsymbol{A}^{\mathrm{T}}$ 的第 j 列为 $[a_{j1},\cdots,a_{js}]^{\mathrm{T}}$，于是

$$d_{ij}=\sum_{k=1}^{s}b_{ki}a_{jk}=\sum_{k=1}^{s}a_{jk}b_{ki},$$

所以

$$d_{ij}=c_{ij}(i=1,2,\cdots,n;j=1,2,\cdots,m),$$

即 $\boldsymbol{C}=\boldsymbol{D}$，亦即 $(\boldsymbol{AB})^{\mathrm{T}}=\boldsymbol{B}^{\mathrm{T}}\boldsymbol{A}^{\mathrm{T}}$.

式（4）可推广到有限个矩阵乘积的情况：

$$(\boldsymbol{A}_1\boldsymbol{A}_2\cdots\boldsymbol{A}_k)^{\mathrm{T}}=\boldsymbol{A}_k^{\mathrm{T}}\boldsymbol{A}_{k-1}^{\mathrm{T}}\cdots\boldsymbol{A}_1^{\mathrm{T}}.$$

定义 1.7 设 $\boldsymbol{A}$ 为 n 阶方阵，若 $\boldsymbol{A}^{\mathrm{T}}=\boldsymbol{A}$，则称 $\boldsymbol{A}$ 为**对称矩阵**. 若 $\boldsymbol{A}^{\mathrm{T}}=-\boldsymbol{A}$，则称 $\boldsymbol{A}$ 为**反对称矩阵.**

例 1.7 已知 $\boldsymbol{A}$ 是对称矩阵，$\boldsymbol{B}$ 是反对称矩阵，即 $\boldsymbol{A}^{\mathrm{T}}=\boldsymbol{A}$，$\boldsymbol{B}^{\mathrm{T}}=-\boldsymbol{B}$，

求证：（1）$\boldsymbol{B}^2$ 是对称矩阵；（2）$\boldsymbol{AB}+\boldsymbol{BA}$ 是反对称矩阵.

证 （1）因为

$$(\boldsymbol{B}^2)^{\mathrm{T}}=(\boldsymbol{BB})^{\mathrm{T}}=\boldsymbol{B}^{\mathrm{T}}\boldsymbol{B}^{\mathrm{T}}=(-\boldsymbol{B})(-\boldsymbol{B})=\boldsymbol{B}^2,$$

所以 $\boldsymbol{B}^2$ 是对称矩阵.

（2）因为

$$(\boldsymbol{AB}+\boldsymbol{BA})^{\mathrm{T}}=(\boldsymbol{AB})^{\mathrm{T}}+(\boldsymbol{BA})^{\mathrm{T}}=\boldsymbol{B}^{\mathrm{T}}\boldsymbol{A}^{\mathrm{T}}+\boldsymbol{A}^{\mathrm{T}}\boldsymbol{B}^{\mathrm{T}}=-\boldsymbol{BA}+\boldsymbol{A}(-\boldsymbol{B})=-(\boldsymbol{AB}+\boldsymbol{BA}),$$

所以 $\boldsymbol{AB}+\boldsymbol{BA}$ 是反对称矩阵.

例 1.8 设列矩阵 $\boldsymbol{X}=[x_1,x_2,\cdots,x_n]^{\mathrm{T}}$ 满足 $\boldsymbol{X}^{\mathrm{T}}\boldsymbol{X}=1$，且 $\boldsymbol{H}=\boldsymbol{E}-2\boldsymbol{XX}^{\mathrm{T}}$（$\boldsymbol{E}$ 为 n 阶单位矩阵），证明 $\boldsymbol{H}$ 是对称矩阵，且 $\boldsymbol{HH}^{\mathrm{T}}=\boldsymbol{E}$.

证

$$\boldsymbol{H}^{\mathrm{T}}=(\boldsymbol{E}-2\boldsymbol{XX}^{\mathrm{T}})^{\mathrm{T}}=\boldsymbol{E}^{\mathrm{T}}-(2\boldsymbol{XX}^{\mathrm{T}})^{\mathrm{T}}=\boldsymbol{E}-2\boldsymbol{XX}^{\mathrm{T}}=\boldsymbol{H},$$

故 $\boldsymbol{H}$ 是对称矩阵. 又

$$\begin{aligned}\boldsymbol{HH}^{\mathrm{T}}=\boldsymbol{H}^2&=(\boldsymbol{E}-2\boldsymbol{XX}^{\mathrm{T}})^2=\boldsymbol{E}-4\boldsymbol{XX}^{\mathrm{T}}+4(\boldsymbol{XX}^{\mathrm{T}})(\boldsymbol{XX}^{\mathrm{T}})\\&=\boldsymbol{E}-4\boldsymbol{XX}^{\mathrm{T}}+4\boldsymbol{X}(\boldsymbol{X}^{\mathrm{T}}\boldsymbol{X})\boldsymbol{X}^{\mathrm{T}}\\&=\boldsymbol{E}-4\boldsymbol{XX}^{\mathrm{T}}+4\boldsymbol{XX}^{\mathrm{T}}=\boldsymbol{E}.\end{aligned}$$

习题1-2

1. 设矩阵

$$\boldsymbol{A}=\begin{bmatrix}3&0&6\\0&9&0\end{bmatrix},\quad \boldsymbol{B}=\begin{bmatrix}0&4&0\\2&0&2\end{bmatrix}$$

满足 $2\boldsymbol{A}+3\boldsymbol{B}+6\boldsymbol{C}=\boldsymbol{O}$，求矩阵 $\boldsymbol{C}$.

2. 计算下列矩阵的乘积.

（1）$\begin{bmatrix}4&3&1\\1&-2&3\\5&7&0\end{bmatrix}\begin{bmatrix}7\\2\\1\end{bmatrix}$；（2）$\begin{bmatrix}2&1&4&0\\1&-1&3&4\end{bmatrix}\begin{bmatrix}1&3&1\\0&-1&2\\1&-3&1\\4&0&-2\end{bmatrix}$；

（3）$[1,\ 2,\ 3]\begin{bmatrix}3\\2\\1\end{bmatrix}$；（4）$\begin{bmatrix}2\\1\\3\end{bmatrix}[-1,\ 2]$.

3. 设 $\boldsymbol{A}=\begin{bmatrix}1 & 2\\-1 & 0\end{bmatrix}$，又 $f(x)=x^2-3x+2$，求 $f(\boldsymbol{A})$.

4. 设

$$\boldsymbol{A}=\begin{bmatrix}2 & 0 & -1\\1 & 3 & 2\end{bmatrix},\ \boldsymbol{B}=\begin{bmatrix}1 & 7 & -1\\4 & 2 & 3\\2 & 0 & 1\end{bmatrix},$$

求 $(\boldsymbol{AB})^{\mathrm{T}}$.

5. 设

$$\boldsymbol{A}=\begin{bmatrix}1 & 1 & 1\\1 & 1 & -1\\1 & -1 & 1\end{bmatrix},\boldsymbol{B}=\begin{bmatrix}1 & 2 & 3\\-1 & -2 & 4\\0 & 5 & 1\end{bmatrix},$$

求 $3\boldsymbol{AB}-2\boldsymbol{A}$ 及 $\boldsymbol{A}^{\mathrm{T}}\boldsymbol{B}$.

6. 已知

$$\boldsymbol{\alpha}=[1,2,3],\boldsymbol{\beta}=[1,-1,2],\boldsymbol{A}=\boldsymbol{\alpha}^{\mathrm{T}}\boldsymbol{\beta},\boldsymbol{B}=\boldsymbol{\beta}\boldsymbol{\alpha}^{\mathrm{T}},$$

求 $\boldsymbol{A},\boldsymbol{B},\boldsymbol{A}^4$.

7. 设 $\boldsymbol{A},\boldsymbol{B}$ 是 n 阶矩阵，且 $\boldsymbol{A}$ 为对称矩阵，证明：

（1）$\boldsymbol{B}^{\mathrm{T}}\boldsymbol{AB}$ 也是对称矩阵；

（2）若 $\boldsymbol{B}$ 为反对称矩阵，则 $\boldsymbol{AB}-\boldsymbol{BA}$ 也是对称矩阵.

8. 设 $\boldsymbol{A}=\begin{bmatrix}1 & 2\\1 & 3\end{bmatrix}$，$\boldsymbol{B}=\begin{bmatrix}1 & 0\\1 & 2\end{bmatrix}$，问：

（1）$\boldsymbol{AB}=\boldsymbol{BA}$ 是否成立？

（2）$(\boldsymbol{A}+\boldsymbol{B})^2=\boldsymbol{A}^2+2\boldsymbol{AB}+\boldsymbol{B}^2$ 吗？

（3）$(\boldsymbol{A}+\boldsymbol{B})(\boldsymbol{A}-\boldsymbol{B})=\boldsymbol{A}^2-\boldsymbol{B}^2$ 吗？

9. 已知两个线性变换

$$\begin{cases}x_1=\ \ 2y_1+\ y_3,\\x_2=-2y_1+3y_2+2y_3,\\x_3=\ \ 4y_1+\ y_2+5y_3,\end{cases}\qquad\begin{cases}y_1=-3z_1+\ z_2,\\y_2=\ \ 2z_1+\ z_3,\\y_3=\ -z_2+3z_3,\end{cases}$$

求从 z_1，z_2，z_3 到 x_1，x_2，x_3 的线性变换.

10. 写出线性方程组

$$\begin{cases}a_{11}x_1+a_{12}x_2+\cdots+a_{1n}x_n=b_1,\\a_{21}x_1+a_{22}x_2+\cdots+a_{2n}x_n=b_2,\\\qquad\vdots\\a_{m1}x_1+a_{m2}x_2+\cdots+a_{mn}x_n=b_m\end{cases}$$

的矩阵形式. 记

$$A=\begin{bmatrix} a_{11} & a_{12} & \cdots & a_{1n} \\ a_{21} & a_{22} & \cdots & a_{2n} \\ \vdots & \vdots & & \vdots \\ a_{m1} & a_{m2} & \cdots & a_{mn} \end{bmatrix},\quad x=\begin{bmatrix} x_1 \\ x_2 \\ \vdots \\ x_n \end{bmatrix},\quad b=\begin{bmatrix} b_1 \\ b_2 \\ \vdots \\ b_m \end{bmatrix}.$$

第三节 逆矩阵

在数的运算中，当数 $a\neq 0$ 时，有

$$aa^{-1}=a^{-1}a=1,$$

其中，$a^{-1}=\dfrac{1}{a}$ 为 a 的倒数（或称 a 的逆）；在矩阵的运算中，单位矩阵 $\boldsymbol{E}$ 相当于数的乘法运算中的1. 因此在矩阵的运算中可以相应地引入逆矩阵的概念.

定义1.8 对于 n 阶矩阵 $\boldsymbol{A}$，若存在 n 阶矩阵 $\boldsymbol{B}$ 使得

$$\boldsymbol{AB}=\boldsymbol{BA}=\boldsymbol{E},$$

则称矩阵 $\boldsymbol{A}$ 为**可逆矩阵**，并把矩阵 $\boldsymbol{B}$ 称为 $\boldsymbol{A}$ 的**逆矩阵.**

例如，设

$$\boldsymbol{A}=\begin{bmatrix} 1 & -1 \\ 1 & 1 \end{bmatrix},\ \boldsymbol{B}=\begin{bmatrix} 1/2 & 1/2 \\ -1/2 & 1/2 \end{bmatrix},$$

因为 $\boldsymbol{AB}=\boldsymbol{BA}=\boldsymbol{E}$,所以 $\boldsymbol{A}$ 是可逆矩阵，并且 $\boldsymbol{B}$ 是 $\boldsymbol{A}$ 的逆矩阵.

如果方阵 $\boldsymbol{A}$ 为可逆矩阵，那么 $\boldsymbol{A}$ 的逆阵是否只有一个呢?

定理1.1 若 n 阶矩阵 $\boldsymbol{A}$ 为可逆矩阵，则 $\boldsymbol{A}$ 的逆矩阵唯一.

证 若设 $\boldsymbol{B}$ 与 $\boldsymbol{C}$ 都是 $\boldsymbol{A}$ 的逆矩阵，则有

$$\boldsymbol{AB}=\boldsymbol{BA}=\boldsymbol{E},\quad \boldsymbol{AC}=\boldsymbol{CA}=\boldsymbol{E},$$

可得

$$\boldsymbol{B}=\boldsymbol{BE}=\boldsymbol{B}(\boldsymbol{AC})=(\boldsymbol{BA})\boldsymbol{C}=\boldsymbol{EC}=\boldsymbol{C},$$

所以 $\boldsymbol{A}$ 的逆矩阵是唯一的.

由于可逆矩阵的逆矩阵是唯一的，所以用 $\boldsymbol{A}^{-1}$ 来表示方阵 $\boldsymbol{A}$ 的逆矩阵，即若 $\boldsymbol{AB}=\boldsymbol{BA}=\boldsymbol{E}$，则 $\boldsymbol{B}=\boldsymbol{A}^{-1}$，这样有 $\boldsymbol{A}^{-1}\boldsymbol{A}=\boldsymbol{AA}^{-1}=\boldsymbol{E}$.

并非任何方阵都可逆，例如 $\boldsymbol{A}=\begin{bmatrix} 1 & 1 \\ 0 & 0 \end{bmatrix}$ 就不可逆，因为对任何同阶方阵

$$\boldsymbol{B}=\begin{bmatrix} b_1 & b_2 \\ b_3 & b_4 \end{bmatrix}，有\ \boldsymbol{AB}=\begin{bmatrix} 1 & 1 \\ 0 & 0 \end{bmatrix}\begin{bmatrix} b_1 & b_2 \\ b_3 & b_4 \end{bmatrix}=\begin{bmatrix} b_1+b_3 & b_2+b_4 \\ 0 & 0 \end{bmatrix}\neq \boldsymbol{E}.$$

可逆矩阵也称为**非奇异矩阵**，若方阵不存在逆矩阵，则称它为**奇异矩阵**. 在后面的章节中将学习方阵可逆的条件.

例1.9 若方阵 $\boldsymbol{A}$ 满足 $\boldsymbol{A}^3=\boldsymbol{O}$,证明 $\boldsymbol{E}-\boldsymbol{A}$ 可逆，且 $(\boldsymbol{E}-\boldsymbol{A})^{-1}=\boldsymbol{E}+\boldsymbol{A}+\boldsymbol{A}^2$.

证 因为

$$(E-A)(E+A+A^2)=E+A+A^2-A-A^2-A^3=E.$$

同理

$$(E+A+A^2)(E-A)=E,$$

所以 $E-A$ 可逆，且 $(E-A)^{-1}=E+A+A^2$.

例 1.10 设方阵 A 满足 $A^2-A-2E=O$，证明：A 和 $A+2E$ 都可逆，并求 A^{-1} 和 $(A+2E)^{-1}$.

证 由 $A^2-A-2E=O$，得 $A(A-E)=2E$，即

$$A\frac{A-E}{2}=E.$$

同理 $\frac{A-E}{2}A=E$，故 A 可逆且

$$A^{-1}=\frac{1}{2}(A-E).$$

又由 $A^2-A-2E=O$，得

$$(A+2E)(A-3E)+4E=O,$$

即

$$(A+2E)\left[-\frac{1}{4}(A-3E)\right]=E.$$

同理

$$\left[-\frac{1}{4}(A-3E)\right](A+2E)=E,$$

故 $A+2E$ 可逆，且

$$(A+2E)^{-1}=-\frac{1}{4}(A-3E)\ =\frac{3E-A}{4}.$$

例 1.11 若 A,B,C 是同阶矩阵，且 A 可逆，证明：若 $AB=AC$，则 $B=C$.

证 若 $AB=AC$，则等式两边左乘以 A^{-1}，有

$$A^{-1}AB=A^{-1}AC.$$

由于

$$A^{-1}A=E,$$

所以 $EB=EC$，即 $B=C$.

方阵的逆矩阵满足下列运算律：

(1) 若 A 可逆，则 A^{-1} 亦可逆，且 $(A^{-1})^{-1}=A$；

(2) 若 A 可逆，数 $\lambda\neq 0$，则 λA 可逆，且 $(\lambda A)^{-1}=\frac{1}{\lambda}A^{-1}$；

(3) 若 A,B 为同阶矩阵且均可逆，则 AB 亦可逆，且 $(AB)^{-1}=B^{-1}A^{-1}$；

(4) 若 A 可逆，则 A^{T} 亦可逆，且 $(A^{\mathrm{T}})^{-1}=(A^{-1})^{\mathrm{T}}$.

证 仅证 (3) 和 (4).

(3) 因为

$$(AB)\left(B^{-1}A^{-1}\right)=A\left(BB^{-1}\right)A^{-1}=AEA^{-1}=AA^{-1}=E,$$

同理

$$\left(B^{-1}A^{-1}\right)(AB)=E,$$

所以由逆矩阵的定义得 $(AB)^{-1}=B^{-1}A^{-1}$.

（4）因为

$$A^{\mathrm{T}}(A^{-1})^{\mathrm{T}}=(A^{-1}A)^{\mathrm{T}}=E^{\mathrm{T}}=E,$$

同理

$$(A^{-1})^{\mathrm{T}}A^{\mathrm{T}}=E,$$

所以，由逆矩阵的定义得 $(A^{\mathrm{T}})^{-1}=(A^{-1})^{\mathrm{T}}$.

式（3）可推广到有限个可逆矩阵乘积的情况：

$$(A_1A_2\cdots A_k)^{-1}=A_k^{-1}A_{k-1}^{-1}\cdots A_1^{-1}.$$

例 1.12 化简 $(AB^{\mathrm{T}})^{-1}(C^{\mathrm{T}}A^{\mathrm{T}}+E)^{\mathrm{T}}-(C^{\mathrm{T}}B^{-1})^{\mathrm{T}}$，其中 A,B 为同阶可逆矩阵.

解

$$\begin{aligned}
&(AB^{\mathrm{T}})^{-1}(C^{\mathrm{T}}A^{\mathrm{T}}+E)^{\mathrm{T}}-(C^{\mathrm{T}}B^{-1})^{\mathrm{T}}\\
=&(B^{\mathrm{T}})^{-1}A^{-1}[(C^{\mathrm{T}}A^{\mathrm{T}})^{\mathrm{T}}+E^{\mathrm{T}}]-(B^{-1})^{\mathrm{T}}(C^{\mathrm{T}})^{\mathrm{T}}\\
=&(B^{\mathrm{T}})^{-1}A^{-1}[(A^{\mathrm{T}})^{\mathrm{T}}(C^{\mathrm{T}})^{\mathrm{T}}+E]-(B^{-1})^{\mathrm{T}}C\\
=&(B^{\mathrm{T}})^{-1}A^{-1}(AC+E)-(B^{-1})^{\mathrm{T}}C\\
=&(B^{\mathrm{T}})^{-1}A^{-1}AC+(B^{\mathrm{T}})^{-1}A^{-1}E-(B^{-1})^{\mathrm{T}}C\\
=&(B^{\mathrm{T}})^{-1}EC+(B^{\mathrm{T}})^{-1}A^{-1}-(B^{-1})^{\mathrm{T}}C\\
=&(B^{-1})^{\mathrm{T}}C+(B^{\mathrm{T}})^{-1}A^{-1}-(B^{-1})^{\mathrm{T}}C\\
=&(B^{\mathrm{T}})^{-1}A^{-1}.
\end{aligned}$$

习题1-3

1. 验证 $B=\begin{bmatrix}7&-2\\-3&1\end{bmatrix}$ 是 $A=\begin{bmatrix}1&2\\3&7\end{bmatrix}$ 的逆矩阵.

2. 试证

$$A=\begin{bmatrix}\lambda_1&&&\\&\lambda_2&&\\&&\ddots&\\&&&\lambda_n\end{bmatrix}\left(\prod_{i=1}^{n}\lambda_i=\lambda_1\lambda_2\cdots\lambda_n\neq 0\right)$$

是可逆矩阵，并且

$$A^{-1}=\begin{bmatrix}\frac{1}{\lambda_1}&&&\\&\frac{1}{\lambda_2}&&\\&&\ddots&\\&&&\frac{1}{\lambda_n}\end{bmatrix}.$$

3. 若方阵 A 满足 $A-A^2=E$，证明：A 可逆，并求 A 的逆.

4. 设 A,B 是同阶矩阵，且 A 可逆，证明：若 $AB=O$，则 $B=O$.

5. 化简 $(E+BA)[E-B(E+AB)^{-1}A]$，其中 $(E+AB)$ 为可逆矩阵.

第四节 分块矩阵及其运算

对于行数和列数较高的矩阵 A，为了简化运算，经常采用分块法，使大矩阵的运算化成小矩阵的运算.

一、矩阵的分块

具体做法：用若干条贯穿于矩阵的纵线或横线将矩阵 A 分成若干块，每小块叫作矩阵 A 的**子块（子矩阵）**，以子块为元素的形式上的矩阵称为分块矩阵.例如：

$$A=\left[\begin{array}{cc|cc}1&0&0&1\\-1&0&1&0\\\hline 0&0&2&-1\\0&0&0&-3\end{array}\right]=\begin{bmatrix}A_{11}&A_{12}\\A_{21}&A_{22}\end{bmatrix},$$

其中子块

$$A_{11}=\begin{bmatrix}1&0\\-1&0\end{bmatrix},\quad A_{12}=\begin{bmatrix}0&1\\1&0\end{bmatrix},$$

$$A_{21}=\begin{bmatrix}0&0\\0&0\end{bmatrix},\quad A_{22}=\begin{bmatrix}2&-1\\0&-3\end{bmatrix}.$$

A_{12}，A_{21} 也可分别写成 E 和 O，因此上述分块矩阵也可写成

$$\begin{bmatrix}A_{11}&E\\O&A_{22}\end{bmatrix}.$$

也可把 A 写成如下形式：

$$A=\left[\begin{array}{c|c|c|c}1&0&0&1\\-1&0&1&0\\0&0&2&-1\\0&0&0&-3\end{array}\right]=[B_1\quad B_2\quad B_3\quad B_4].$$

分块矩阵的特点：同行上的子矩阵有相同的“行数”；同列上的子矩阵有相同的“列数”.

分块矩阵运算时，把子块作为元素处理. 分块矩阵的运算规则与普通矩阵的运算规则相类似.

二、分块矩阵的加法

设 A,B 为 $m\times n$ 矩阵，用相同分法将 A 与 B 分块为

$$A=\begin{bmatrix} A_{11} & A_{12} & \cdots & A_{1t} \\ A_{21} & A_{22} & \cdots & A_{2t} \\ \vdots & \vdots & & \vdots \\ A_{s1} & A_{s2} & \cdots & A_{st} \end{bmatrix},\quad B=\begin{bmatrix} B_{11} & B_{12} & \cdots & B_{1t} \\ B_{21} & B_{22} & \cdots & B_{2t} \\ \vdots & \vdots & & \vdots \\ B_{s1} & B_{s2} & \cdots & B_{st} \end{bmatrix},$$

其中，A_{ij} 与 $B_{ij}\,(i=1,2,\cdots s;\ j=1,2,\cdots,t)$ 的行数、列数相同，那么

$$A+B=\begin{bmatrix} A_{11}+B_{11} & A_{12}+B_{12} & \cdots & A_{1t}+B_{1t} \\ A_{21}+B_{21} & A_{22}+B_{22} & \cdots & A_{2t}+B_{2t} \\ \vdots & \vdots & & \vdots \\ A_{s1}+B_{s1} & A_{s2}+B_{s2} & \cdots & A_{st}+B_{st} \end{bmatrix}.$$

三、数乘分块矩阵

若将 $m\times n$ 矩阵 A 分块为

$$A=\begin{bmatrix} A_{11} & A_{12} & \cdots & A_{1t} \\ A_{21} & A_{22} & \cdots & A_{2t} \\ \vdots & \vdots & & \vdots \\ A_{s1} & A_{s2} & \cdots & A_{st} \end{bmatrix},$$

设 k 为常数，则

$$kA=\begin{bmatrix} kA_{11} & kA_{12} & \cdots & kA_{1t} \\ kA_{21} & kA_{22} & \cdots & kA_{2t} \\ \vdots & \vdots & & \vdots \\ kA_{s1} & kA_{s2} & \cdots & kA_{st} \end{bmatrix}.$$

四、分块矩阵的转置

若将 $m\times n$ 矩阵 A 分块为

$$A=\begin{bmatrix} A_{11} & A_{12} & \cdots & A_{1t} \\ A_{21} & A_{22} & \cdots & A_{2t} \\ \vdots & \vdots & & \vdots \\ A_{s1} & A_{s2} & \cdots & A_{st} \end{bmatrix},$$

则

$$A^{\mathrm{T}}=\begin{bmatrix} A_{11}^{\mathrm{T}} & A_{21}^{\mathrm{T}} & \cdots & A_{s1}^{\mathrm{T}} \\ A_{12}^{\mathrm{T}} & A_{22}^{\mathrm{T}} & \cdots & A_{s2}^{\mathrm{T}} \\ \vdots & \vdots & & \vdots \\ A_{1t}^{\mathrm{T}} & A_{2t}^{\mathrm{T}} & \cdots & A_{st}^{\mathrm{T}} \end{bmatrix},$$

即转置一个分块矩阵时，在分块矩阵中除了做行、列位置的互换外，还要对每一个子矩阵做转置.

五、分块矩阵的乘法

设 $\boldsymbol{A}$ 为 $m\times k$ 矩阵，$\boldsymbol{B}$ 为 $k\times n$ 矩阵，对 $\boldsymbol{A}$，$\boldsymbol{B}$ 做分块，使得 $\boldsymbol{A}$ 的列分法与 $\boldsymbol{B}$ 的行分法一致，即

$$\boldsymbol{A}=\begin{bmatrix}\boldsymbol{A}_{11} & \boldsymbol{A}_{12} & \cdots & \boldsymbol{A}_{1t}\\ \boldsymbol{A}_{21} & \boldsymbol{A}_{22} & \cdots & \boldsymbol{A}_{2t}\\ \vdots & \vdots & & \vdots\\ \boldsymbol{A}_{r1} & \boldsymbol{A}_{r2} & \cdots & \boldsymbol{A}_{rt}\end{bmatrix},\quad \boldsymbol{B}=\begin{bmatrix}\boldsymbol{B}_{11} & \boldsymbol{B}_{12} & \cdots & \boldsymbol{B}_{1s}\\ \boldsymbol{B}_{21} & \boldsymbol{B}_{22} & \cdots & \boldsymbol{B}_{2s}\\ \vdots & \vdots & & \vdots\\ \boldsymbol{B}_{t1} & \boldsymbol{B}_{t2} & \cdots & \boldsymbol{B}_{ts}\end{bmatrix},$$

这里 $\boldsymbol{A}_{i1},\boldsymbol{A}_{i2},\cdots,\boldsymbol{A}_{it}$ 的列数等于 $\boldsymbol{B}_{1j},\boldsymbol{B}_{2j},\cdots,\boldsymbol{B}_{tj}$ 的行数 $(i=1,2,\cdots,r;\ j=1,2,\cdots,s)$，则

$$\boldsymbol{AB}=\begin{bmatrix}\boldsymbol{C}_{11} & \boldsymbol{C}_{12} & \cdots & \boldsymbol{C}_{1s}\\ \boldsymbol{C}_{21} & \boldsymbol{C}_{22} & \cdots & \boldsymbol{C}_{2s}\\ \vdots & \vdots & & \vdots\\ \boldsymbol{C}_{r1} & \boldsymbol{C}_{r2} & \cdots & \boldsymbol{C}_{rs}\end{bmatrix},$$

其中 $\boldsymbol{C}_{ij}=\sum\limits_{k=1}^{t}\boldsymbol{A}_{ik}\boldsymbol{B}_{kj}$.这与普通矩阵乘法规则在形式上是相同的.

例 1.13　设 $\boldsymbol{A}$ 是 $m\times n$ 矩阵，试证明若方阵 $\boldsymbol{A}^{\mathrm{T}}\boldsymbol{A}=\boldsymbol{O}_{n\times n}$，则 $\boldsymbol{A}_{m\times n}=\boldsymbol{O}_{m\times n}$.

证　记

$$\boldsymbol{\alpha}_j=\begin{bmatrix}a_{1j}\\ a_{2j}\\ \vdots\\ a_{mj}\end{bmatrix}\quad (j=1,2,\cdots,n),$$

则矩阵 $\boldsymbol{A}$ 按列分块为

$$\boldsymbol{A}=\left[a_{ij}\right]_{m\times n}=\left[\boldsymbol{\alpha}_1,\boldsymbol{\alpha}_2,\cdots,\boldsymbol{\alpha}_n\right],$$

于是

$$\boldsymbol{A}^{\mathrm{T}}\boldsymbol{A}=\begin{bmatrix}\boldsymbol{\alpha}_1^{\mathrm{T}}\\ \boldsymbol{\alpha}_2^{\mathrm{T}}\\ \vdots\\ \boldsymbol{\alpha}_n^{\mathrm{T}}\end{bmatrix}\left[\boldsymbol{\alpha}_1,\boldsymbol{\alpha}_2,\cdots,\boldsymbol{\alpha}_n\right]=\begin{bmatrix}\boldsymbol{\alpha}_1^{\mathrm{T}}\boldsymbol{\alpha}_1 & \boldsymbol{\alpha}_1^{\mathrm{T}}\boldsymbol{\alpha}_2 & \cdots & \boldsymbol{\alpha}_1^{\mathrm{T}}\boldsymbol{\alpha}_n\\ \boldsymbol{\alpha}_2^{\mathrm{T}}\boldsymbol{\alpha}_1 & \boldsymbol{\alpha}_2^{\mathrm{T}}\boldsymbol{\alpha}_2 & \cdots & \boldsymbol{\alpha}_2^{\mathrm{T}}\boldsymbol{\alpha}_n\\ \vdots & \vdots & & \vdots\\ \boldsymbol{\alpha}_n^{\mathrm{T}}\boldsymbol{\alpha}_1 & \boldsymbol{\alpha}_n^{\mathrm{T}}\boldsymbol{\alpha}_2 & \cdots & \boldsymbol{\alpha}_n^{\mathrm{T}}\boldsymbol{\alpha}_n\end{bmatrix}=\boldsymbol{O},$$

那么

$$\boldsymbol{\alpha}_j^{\mathrm{T}}\boldsymbol{\alpha}_j=\left[a_{1j},a_{2j},\cdots,a_{mj}\right]\begin{bmatrix}a_{1j}\\ a_{2j}\\ \vdots\\ a_{mj}\end{bmatrix}=a_{1j}{}^2+a_{2j}{}^2+\cdots+a_{mj}{}^2=0\quad (j=1,2,\cdots,n),$$

所以

$$a_{1j}=a_{2j}=\cdots=a_{mj}=0 \quad (j=1,2,\cdots,n),$$

即 $A_{m\times n}=O_{m\times n}$.

例1.14 设

$$A=\begin{bmatrix}1&0&0&0\\0&1&0&0\\-1&2&1&0\\1&1&0&1\end{bmatrix},\quad B=\begin{bmatrix}1&0&1&0\\-1&2&0&1\\1&0&4&1\\-1&-1&2&0\end{bmatrix},$$

求 AB.

解 把 A, B 分块为

$$A=\left[\begin{array}{cc|cc}1&0&0&0\\0&1&0&0\\\hline -1&2&1&0\\1&1&0&1\end{array}\right]=\begin{bmatrix}E&O\\A_{21}&E\end{bmatrix},$$

$$B=\left[\begin{array}{cc|cc}1&0&1&0\\-1&2&0&1\\\hline 1&0&4&1\\-1&-1&2&0\end{array}\right]=\begin{bmatrix}B_{11}&E\\B_{21}&B_{22}\end{bmatrix},$$

则

$$AB=\begin{bmatrix}B_{11}&E\\A_{21}B_{11}+B_{21}&A_{21}+B_{22}\end{bmatrix}.$$

而

$$A_{21}B_{11}+B_{21}=\begin{bmatrix}-1&2\\1&1\end{bmatrix}\begin{bmatrix}1&0\\-1&2\end{bmatrix}+\begin{bmatrix}1&0\\-1&-1\end{bmatrix}=\begin{bmatrix}-2&4\\-1&1\end{bmatrix},$$

$$A_{21}+B_{22}=\begin{bmatrix}-1&2\\1&1\end{bmatrix}+\begin{bmatrix}4&1\\2&0\end{bmatrix}=\begin{bmatrix}3&3\\3&1\end{bmatrix},$$

于是

$$AB=\left[\begin{array}{cc|cc}1&0&1&0\\-1&2&0&1\\\hline -2&4&3&3\\-1&1&3&1\end{array}\right].$$

六、分块对角矩阵

设 A 为 n 阶方阵，若 A 的分块矩阵具有下面的形状：

$$A=\begin{bmatrix} A_1 & & & \\ & A_2 & & \\ & & \ddots & \\ & & & A_s \end{bmatrix},$$

其中主对角线上的每一个子块 A_1，A_2，$\cdots$，A_s 都是方阵，对角线外的子块都是零矩阵，则称 A 为分块**对角矩阵.**

设 A，B 为两个 n 阶分块对角矩阵，

$$A=\begin{bmatrix} A_1 & & & \\ & A_2 & & \\ & & \ddots & \\ & & & A_s \end{bmatrix},\quad B=\begin{bmatrix} B_1 & & & \\ & B_2 & & \\ & & \ddots & \\ & & & B_s \end{bmatrix},$$

其中，A_i，$B_i(i=1,2,\cdots s)$ 为同阶子块矩阵，则

$$AB=\begin{bmatrix} A_1B_1 & & & \\ & A_2B_2 & & \\ & & \ddots & \\ & & & A_sB_s \end{bmatrix}.$$

设 A 为分块对角矩阵

$$A=\begin{bmatrix} A_1 & & & \\ & A_2 & & \\ & & \ddots & \\ & & & A_s \end{bmatrix},$$

若 $A_i(i=1,2,\cdots,s)$ 都可逆，则由逆矩阵定义可证明：

$$A^{-1}=\begin{bmatrix} A_1^{-1} & & & \\ & A_2^{-1} & & \\ & & \ddots & \\ & & & A_s^{-1} \end{bmatrix}.$$

例1.15 设

$$A=\begin{bmatrix} 5 & 0 & 0 \\ 0 & 1 & 2 \\ 0 & 3 & 7 \end{bmatrix},$$

求 A^{-1}.

解 把 A 分块为

$$A=\left[\begin{array}{c|cc}5&0&0\\ \hline 0&1&2\\ 0&3&7\end{array}\right]=\begin{bmatrix}A_1&O\\O&A_2\end{bmatrix},$$

其中

$$A_1=5\text{，}\quad A_2=\begin{bmatrix}1&2\\3&7\end{bmatrix},$$

而 $A_1^{-1}=\frac{1}{5}$，由习题1-3，第一题结论知 $A_2^{-1}=\begin{bmatrix}7&-2\\-3&1\end{bmatrix}$，

所以

$$A^{-1}=\begin{bmatrix}A_1^{-1}&O\\O&A_2^{-1}\end{bmatrix}=\begin{bmatrix}\frac{1}{5}&0&0\\0&7&-2\\0&-3&1\end{bmatrix}.$$

例1.16 设

$$A=\begin{bmatrix}A_1&O\\A_3&A_4\end{bmatrix}$$

为 n 阶方阵，A_1 为 r 阶方子块，称 A 为分块三角矩阵. 若 A_1,A_4 都可逆，求 A^{-1}.

解 设 A 的逆矩阵为 X，并做如下分块：

$$X=\begin{bmatrix}X_1&X_2\\X_3&X_4\end{bmatrix},$$

其中，X_1 为 r 阶方阵. 由 $AX=E$ 有

$$\begin{aligned}AX&=\begin{bmatrix}A_1&O\\A_3&A_4\end{bmatrix}\begin{bmatrix}X_1&X_2\\X_3&X_4\end{bmatrix}\\&=\begin{bmatrix}A_1X_1&A_1X_2\\A_3X_1+A_4X_3&A_3X_2+A_4X_4\end{bmatrix}\\&=\begin{bmatrix}E_r&O\\O&E_{n-r}\end{bmatrix},\end{aligned}$$

比较上式最后两个矩阵，得矩阵方程组

$$\begin{cases}A_1X_1=E_r,\\A_1X_2=O,\\A_3X_1+A_4X_3=O,\\A_3X_2+A_4X_4=E_{n-r}.\end{cases}$$

解此方程组，可得

$$X_1=A_1^{-1},$$
$$X_2=O,$$

$$X_3=-A_4^{-1}A_3A_1^{-1},$$
$$X_4=A_4^{-1}.$$

所以

$$X=\begin{bmatrix} A_1^{-1} & O \\ -A_4^{-1}A_3A_1^{-1} & A_4^{-1} \end{bmatrix},$$

可验证 $XA=E$，即由前面讨论有

$$AX=XA=E.$$

由逆矩阵的定义可知 A 可逆，且 A 的逆为

$$A^{-1}=\begin{bmatrix} A_1^{-1} & O \\ -A_4^{-1}A_3A_1^{-1} & A_4^{-1} \end{bmatrix}.$$

习题1-4

1. 用分块法求 AB，其中

$$A=\begin{bmatrix} 1 & 0 & 0 & 0 \\ 0 & 1 & 0 & 0 \\ -1 & 2 & 1 & 0 \\ 1 & 1 & 0 & 1 \end{bmatrix},\quad B=\begin{bmatrix} 1 & 0 & 1 & 0 \\ -1 & 2 & 0 & 1 \\ 1 & 0 & 4 & 1 \\ -1 & -1 & 2 & 0 \end{bmatrix}.$$

2. 设

$$A=\begin{bmatrix} 2 & 0 & 0 \\ 0 & 3 & 1 \\ 0 & 2 & 1 \end{bmatrix},$$

其中$\begin{bmatrix} 3 & 1 \\ 2 & 1 \end{bmatrix}^{-1}=\begin{bmatrix} 1 & -1 \\ -2 & 3 \end{bmatrix}$. 求 A^{-1}.

3. 设

$$A=\begin{bmatrix} 3 & 4 & 0 & 0 \\ 4 & -3 & 0 & 0 \\ 0 & 0 & 2 & 0 \\ 0 & 0 & 2 & 2 \end{bmatrix},$$

求 A^4.

4.（1）设 n 阶矩阵 A 及 s 阶矩阵 B 都可逆，求$\begin{bmatrix} O & A \\ B & O \end{bmatrix}^{-1}$；

（2）设 $A=\begin{bmatrix} 0 & a_1 & 0 & \cdots & 0 \\ 0 & 0 & a_2 & \cdots & 0 \\ \vdots & \vdots & \vdots & & \vdots \\ 0 & 0 & 0 & \cdots & a_{n-1} \\ a_n & 0 & 0 & \cdots & 0 \end{bmatrix}$，其中 $a_i\neq 0$，$i=1,2,\cdots,n$，求 A 的逆矩阵 A^{-1}.

5. 设

$$A=\begin{bmatrix} a_{11} & a_{12} & \cdots & a_{1n} \\ a_{21} & a_{22} & \cdots & a_{2n} \\ \vdots & \vdots & & \vdots \\ a_{m1} & a_{m2} & \cdots & a_{mn} \end{bmatrix},$$

记

$$\boldsymbol{\alpha}_j=\begin{bmatrix} a_{1j} \\ a_{2j} \\ \vdots \\ a_{mj} \end{bmatrix} \quad (j=1,2,\cdots,n),$$

则矩阵 A 按列分块为 $A=[\boldsymbol{\alpha}_1,\boldsymbol{\alpha}_2,\cdots,\boldsymbol{\alpha}_n]$，试证明

$$\begin{cases} a_{11}x_1+a_{12}x_2+\cdots+a_{1n}x_n=b_1, \\ a_{21}x_1+a_{22}x_2+\cdots+a_{2n}x_n=b_2, \\ \qquad\qquad\vdots \\ a_{m1}x_1+a_{m2}x_2+\cdots+a_{mn}x_n=b_m \end{cases}$$

可表示为 $x_1\boldsymbol{\alpha}_1+x_2\boldsymbol{\alpha}_2+\cdots+x_n\boldsymbol{\alpha}_n=\boldsymbol{b}$，其中 $\boldsymbol{b}=\begin{bmatrix} b_1 \\ b_2 \\ \vdots \\ b_m \end{bmatrix}$.

第五节　初等变换与初等方阵

矩阵的初等变换是线性代数的基本运算，它在求矩阵的秩、求逆矩阵和解线性方程组等方面有着广泛的作用.

一、矩阵的初等变换

定义 1.9 矩阵的**初等行变换**是指下列三种变换：

（1）对换变换：对调两行（对调 i,j 两行，记作 $\mathrm{r}_i\leftrightarrow\mathrm{r}_j$）；

（2）数乘变换：以数 $k(k\neq0)$ 乘某行中的所有元素（第 i 行乘 k，记作 $k\mathrm{r}_i$）；

（3）倍加变换：把某一行所有元素的 k 倍加到另一行对应元素上去（第 j 行的 k 倍加到第 i 行上，记作 $\mathrm{r}_i+k\mathrm{r}_j$）.

若把定义1.9中的行换成列，即得到矩阵的三种**初等列变换**（所用记号是把 r 换成c）.

矩阵的初等行变换和初等列变换统称为矩阵的**初等变换**.

$\boldsymbol{A}$经过初等变换变成$\boldsymbol{B}$，通常$\boldsymbol{A}$，$\boldsymbol{B}$是不相等的，对于这种关系给出如下定义.

定义 1.10 若矩阵$\boldsymbol{A}$经有限次初等变换变成矩阵$\boldsymbol{B}$，则称**矩阵$\boldsymbol{A}$与$\boldsymbol{B}$等价**，记作$\boldsymbol{A} \leftrightarrow \boldsymbol{B}$.

矩阵的等价具有下列性质：

(1) 自反性：$\boldsymbol{A} \leftrightarrow \boldsymbol{A}$；

(2) 对称性：若$\boldsymbol{A} \leftrightarrow \boldsymbol{B}$，则$\boldsymbol{B} \leftrightarrow \boldsymbol{A}$；

(3) 传递性：若$\boldsymbol{A} \leftrightarrow \boldsymbol{B}$，$\boldsymbol{B} \leftrightarrow \boldsymbol{C}$，则$\boldsymbol{A} \leftrightarrow \boldsymbol{C}$.

在线性代数中常常需要利用行初等变换，将矩阵化简为行阶梯形矩阵或行最简形矩阵等.

定义 1.11 具有下列特点的矩阵称为**行阶梯形矩阵**：

(1) 若有零行，则零行全部在矩阵的下方；

(2) 非零行从第一行起，每行第一个非0元素前面的零的个数逐行增加.

对于这样的矩阵，可画出一条阶梯线，线的下方全为0；每个台阶只有一行，台阶数即是非零行数.例如下面两个矩阵都是行阶梯形矩阵：

$$\boldsymbol{A}=\begin{bmatrix}1 & 3 & 1 & 4\\ 0 & 6 & -4 & 4\\ 0 & 0 & 0 & 0\end{bmatrix},\quad \boldsymbol{B}=\begin{bmatrix}1 & 0 & 3 & 0 & 7\\ 0 & 1 & 4 & 0 & 8\\ 0 & 0 & 0 & 1 & 9\\ 0 & 0 & 0 & 0 & 0\end{bmatrix}.$$

行阶梯形矩阵$\boldsymbol{B}$具有下述特点，非零行的第一个非零元素为1，且这些“1”所在的列的其余元素全为0，称这样的矩阵为**行最简形矩阵.**

定理 1.2 任一非零矩阵$\boldsymbol{A}$，都可以通过有限次初等行变换化为行阶梯形矩阵.

证明从略.

例 1.17 用初等行变换把矩阵

$$\boldsymbol{A}=\begin{bmatrix}2 & -3 & 8 & 2\\ 2 & 12 & -2 & 12\\ 1 & 3 & 1 & 4\end{bmatrix},$$

化为行阶梯形矩阵.

解

$$\boldsymbol{A}\xrightarrow{r_1 \leftrightarrow r_3}\begin{bmatrix}1 & 3 & 1 & 4\\ 2 & 12 & -2 & 12\\ 2 & -3 & 8 & 2\end{bmatrix}$$

$$\xrightarrow[r_3-2r_1]{r_2-2r_1}\begin{bmatrix}1 & 3 & 1 & 4\\ 0 & 6 & -4 & 4\\ 0 & -9 & 6 & -6\end{bmatrix}$$

$$\xrightarrow{r_3+\frac{3}{2}r_2}\begin{bmatrix}1 & 3 & 1 & 4\\ 0 & 6 & -4 & 4\\ 0 & 0 & 0 & 0\end{bmatrix}=\boldsymbol{B}_1,$$

$\boldsymbol{B}_1$ 即为行阶梯形矩阵.

上述矩阵 $\boldsymbol{B}_1$ 如果继续实行行初等变换，还可以化为行最简形矩阵 $\boldsymbol{B}_2$.

$$\boldsymbol{B}_1 \xrightarrow{\frac{1}{6}r_2} \begin{bmatrix} 1 & 3 & 1 & 4 \\ 0 & 1 & -\frac{2}{3} & \frac{2}{3} \\ 0 & 0 & 0 & 0 \end{bmatrix}$$

$$\xrightarrow{r_1 - 3r_2} \begin{bmatrix} 1 & 0 & 3 & 2 \\ 0 & 1 & -\frac{2}{3} & \frac{2}{3} \\ 0 & 0 & 0 & 0 \end{bmatrix} = \boldsymbol{B}_2 .$$

矩阵 $\boldsymbol{B}_2$ 如果再经初等列变换，还可以化为更简单的形式 $\boldsymbol{B}_3$.

$$\boldsymbol{B}_2 \xrightarrow[c_4 - 2c_1]{c_3 - 3c_1} \begin{bmatrix} 1 & 0 & 0 & 0 \\ 0 & 1 & -\frac{2}{3} & \frac{2}{3} \\ 0 & 0 & 0 & 0 \end{bmatrix}$$

$$\xrightarrow[c_4 - \frac{2}{3}c_2]{c_3 + \frac{2}{3}c_2} \begin{bmatrix} 1 & 0 & 0 & 0 \\ 0 & 1 & 0 & 0 \\ 0 & 0 & 0 & 0 \end{bmatrix} = \boldsymbol{B}_3 .$$

矩阵 B_3 称为 A 的**标准形**，其特点是：$\boldsymbol{B}_3$ 的左上角是单位矩阵.

由上面的讨论可知，$m \times n$ 矩阵 $\boldsymbol{A}$ 经初等行变换后可化为行阶梯形矩阵及行最简形矩阵；再经初等列变换，还可化为如下的标准形：

$$\begin{bmatrix} \boldsymbol{E}_r & \boldsymbol{O} \\ \boldsymbol{O} & \boldsymbol{O} \end{bmatrix}.$$

其特点是左上角是一个 r 阶单位阵，其余元素都为零，其中 r 由矩阵 $\boldsymbol{A}$ 确定. 此时也称 $\boldsymbol{A}$ 等价于标准形，若 $\boldsymbol{A} \leftrightarrow \boldsymbol{B}$，则 $\boldsymbol{A}, \boldsymbol{B}$ 有相同的标准形.

定理 1.3 若 A 是 n 阶可逆矩阵，则 $\boldsymbol{A} \leftrightarrow \boldsymbol{E}$.

证明从略.

二、初等方阵

矩阵的初等变换是矩阵的一种基本运算，应用广泛. 矩阵的初等变换可用一些特殊矩阵的乘法表示，这些特殊矩阵是通过单位矩阵作初等变换得到的.

例如，三阶单位矩阵第一行 k 倍加到第三行得到的矩阵为

$$\boldsymbol{E}(3, 1(k)) = \begin{bmatrix} 1 & 0 & 0 \\ 0 & 1 & 0 \\ k & 0 & 1 \end{bmatrix},$$

$\boldsymbol{E}(3, 1(k))$ 左乘三阶方阵 $\boldsymbol{A}$，得

$$\begin{bmatrix}1&0&0\\0&1&0\\k&0&1\end{bmatrix}\begin{bmatrix}a_{11}&a_{12}&a_{13}\\a_{21}&a_{22}&a_{23}\\a_{31}&a_{32}&a_{33}\end{bmatrix}=\begin{bmatrix}a_{11}&a_{12}&a_{13}\\a_{21}&a_{22}&a_{23}\\a_{31}+ka_{11}&a_{32}+ka_{12}&a_{33}+ka_{13}\end{bmatrix}.$$

上述结果表明，对 $\boldsymbol{A}$ 做一次倍加变换（把 $\boldsymbol{A}$ 第一行 k 倍加到第三行），可以通过在 $\boldsymbol{A}$ 的左侧乘以一个同类型的特殊矩阵得到，即初等变换可以通过矩阵的乘法得到.

定义 1.12 单位矩阵 $\boldsymbol{E}$ 经一次初等变换得到的矩阵称为**初等方阵或初等矩阵**.

三种初等变换对应着三种初等方阵.

（1）对调两行或对调两列：

$$\boldsymbol{E}\xrightarrow[\text{或}c_i\leftrightarrow c_j]{r_i\leftrightarrow r_j}\begin{bmatrix}1&&&&&&\\&\ddots&&&&&\\&&0&\cdots&1&&\\&&\vdots&\ddots&\vdots&&\\&&1&\cdots&0&&\\&&&&&\ddots&\\&&&&&&1\end{bmatrix}=\boldsymbol{E}(i,j).$$

（2）以数 $k(k\neq0)$ 乘某行或某列：

$$\boldsymbol{E}\xrightarrow[\text{或}c_i\times k]{r_i\times k}\begin{bmatrix}1&&&&\\&\ddots&&&\\&&k&&\\&&&\ddots&\\&&&&1\end{bmatrix}=\boldsymbol{E}(i(k)).$$

（3）将数 k 乘某行（列）再加到另一行（列）上：

$$\boldsymbol{E}\xrightarrow[\text{或}c_j+kc_i]{r_i+kr_j}\begin{bmatrix}1&&&&&&\\&\ddots&&&&&\\&&1&\cdots&k&&\\&&&\ddots&\vdots&&\\&&&&1&&\\&&&&&\ddots&\\&&&&&&1\end{bmatrix}=\boldsymbol{E}(i,j(k)).$$

上述 $\boldsymbol{E}(i,j),\boldsymbol{E}(i(k)),\boldsymbol{E}(i,j(k))$ 就是三种初等方阵.

定理 1.4 设 $\boldsymbol{A}$ 为 $m\times n$ 矩阵，对 $\boldsymbol{A}$ 作一次初等行变换，相当于 $\boldsymbol{A}$ 左乘以一个相应的 m 阶初等方阵，对 $\boldsymbol{A}$ 作一次初等列变换，相当于 $\boldsymbol{A}$ 右乘以一个相应的 n 阶初等方阵，即

（1）若 $\boldsymbol{A}\xrightarrow{r_i\leftrightarrow r_j}\boldsymbol{B}$，则 $\boldsymbol{B}=\boldsymbol{E}(i,j)\boldsymbol{A}$；

若 $\boldsymbol{A}\xrightarrow{c_i\leftrightarrow c_j}\boldsymbol{B}$，则

$\boldsymbol{B}=\boldsymbol{AE}(i,j)$，反之亦然.

（2）若 $\boldsymbol{A}\xrightarrow{r_i\times k}\boldsymbol{B}$，则 $\boldsymbol{B}=\boldsymbol{E}(i(k))\boldsymbol{A}$；

若 $\boldsymbol{A}\xrightarrow{c_i\times k}\boldsymbol{B}$，则

$\boldsymbol{B}=\boldsymbol{AE}(i(k))$，反之亦然.

（3）若 $\boldsymbol{A}\xrightarrow{r_i+kr_j}\boldsymbol{B}$，则 $\boldsymbol{B}=\boldsymbol{E}(i,j(k))\boldsymbol{A}$；

若 $\boldsymbol{A}\xrightarrow{c_i+kc_j}\boldsymbol{B}$，则

$\boldsymbol{B}=\boldsymbol{AE}(j,i(k))$，反之亦然.

利用矩阵乘法容易验证上述结论的正确性.

由逆矩阵定义可知，所有初等方阵均为可逆矩阵，并且其逆阵也是初等方阵：

$$\boldsymbol{E}(i,j)^{-1}=\boldsymbol{E}(i,j)，\ \boldsymbol{E}(i(k))^{-1}=\boldsymbol{E}\left(i\left(\frac{1}{k}\right)\right)，\ \boldsymbol{E}(i,j(k))^{-1}=\boldsymbol{E}(i,j(-k)).$$

由前面的讨论知道 $m\times n$ 矩阵 $\boldsymbol{A}$ 可经过若干次初等行、列变换化为标准形，由定理1.4可知，这些初等行、列变换相当于对矩阵 $\boldsymbol{A}$ 左、右乘有限个初等方阵，将行变换对应的 m 阶初等方阵和列变换对应的 n 阶初等方阵分别记为

$$\boldsymbol{P}_1,\boldsymbol{P}_2,\boldsymbol{P}_3,\cdots,\ \boldsymbol{P}_t \text{ 和 } \boldsymbol{Q}_1,\ \boldsymbol{Q}_2,\ \cdots,\ \boldsymbol{Q}_s,$$

则有

$$\boldsymbol{P}_t\boldsymbol{P}_{t-1}\cdots\boldsymbol{P}_2\boldsymbol{P}_1\boldsymbol{A}\boldsymbol{Q}_1\boldsymbol{Q}_2\cdots Q_s=\begin{bmatrix}\boldsymbol{E}_r & \boldsymbol{O}\\ \boldsymbol{O} & \boldsymbol{O}\end{bmatrix},$$

其中，r 是随矩阵 $\boldsymbol{A}$ 而定，令

$$\boldsymbol{P}=\boldsymbol{P}_t\boldsymbol{P}_{t-1}\cdots\boldsymbol{P}_2\boldsymbol{P}_1，\ \boldsymbol{Q}=\boldsymbol{Q}_1\boldsymbol{Q}_2\cdots\boldsymbol{Q}_s,$$

由初等方阵的可逆性可知，m 阶矩阵 $\boldsymbol{P}$ 和 n 阶矩阵 $\boldsymbol{Q}$ 都是可逆矩阵，上式可写成 $\boldsymbol{PAQ}=\begin{bmatrix}\boldsymbol{E}_r & \boldsymbol{O}\\ \boldsymbol{O} & \boldsymbol{O}\end{bmatrix}$，于是可得：

定理1.5 设 $\boldsymbol{A}$ 为 $m\times n$ 矩阵，则存在 m 阶可逆矩阵 $\boldsymbol{P}$ 和 n 阶可逆矩阵 $\boldsymbol{Q}$，使 $\boldsymbol{PAQ}=\begin{bmatrix}\boldsymbol{E}_r & \boldsymbol{O}\\ \boldsymbol{O} & \boldsymbol{O}\end{bmatrix}$，其中 r 是随矩阵 $\boldsymbol{A}$ 而定.

三、用初等行变换求逆矩阵

定理1.6 设 $\boldsymbol{A}$ 是可逆方阵，则存在有限个初等方阵 $\boldsymbol{P}_1,\boldsymbol{P}_2,\cdots,\boldsymbol{P}_l$，使得

$$\boldsymbol{A}=\boldsymbol{P}_1\boldsymbol{P}_2\cdots\boldsymbol{P}_l.$$

证 由定理1.3，若 $\boldsymbol{A}$ 可逆，则 $\boldsymbol{A}\leftrightarrow\boldsymbol{E}$，故单位阵 $\boldsymbol{E}$ 经有限次初等变换可变成 $\boldsymbol{A}$，所以存在有限个初等方阵 $\boldsymbol{P}_1,\boldsymbol{P}_2,\ \cdots,\boldsymbol{P}_s$ 和 $\boldsymbol{P}_{s+1},\boldsymbol{P}_{s+2},\ \cdots,\boldsymbol{P}_l$，使得

$$\boldsymbol{P}_1\cdots\boldsymbol{P}_s\boldsymbol{E}\boldsymbol{P}_{s+1}\cdots\boldsymbol{P}_l=\boldsymbol{A},$$

即

$$A=P_1P_2\cdots P_l.$$

从定理1.6可以得到矩阵求逆的一个简便有效的方法——初等行变换求逆法.

若 A 为 n 阶可逆矩阵，则由逆矩阵的运算律，A^{-1} 也可逆，由定理1.6，A^{-1} 可表示为有限个初等方阵的乘积，即

$$A^{-1}=P_1P_2\cdots P_m \tag{1.2}$$

式（1.2）两边右乘 A，得

$$P_1P_2\cdots P_mA=E \tag{1.3}$$

式（1.2）也可写为

$$P_1P_2\cdots P_mE=A^{-1} \tag{1.4}$$

式（1.3）表示 A 经有限次初等行变换化为单位矩阵 E，式（1.4）表示 E 经这些初等行变换化为 A^{-1}，则有

$$[A\,|\,E]\xrightarrow{\text{一系列初等行变换}}[E\,|\,A^{-1}],$$

即对 $n\times 2n$ 矩阵 $[A\,|\,E]$ 进行初等行变换，使 A 化为 E，则 E 就化成了 A^{-1}.

例1.18 判断下列矩阵是否可逆，若可逆则求其逆矩阵.

（1）$\begin{bmatrix}1&1&-2\\2&-1&-1\\3&6&-9\end{bmatrix}$；（2）$\begin{bmatrix}1&1&1\\1&2&3\\1&3&6\end{bmatrix}$.

解 （1）$\left[\begin{array}{ccc|ccc}1&1&-2&1&0&0\\2&-1&-1&0&1&0\\3&6&-9&0&0&1\end{array}\right]\xrightarrow[r_3+(-3)r_1]{r_2+(-2)r_1}\left[\begin{array}{ccc|ccc}1&1&-2&1&0&0\\0&-3&3&-2&1&0\\0&3&-3&-3&0&1\end{array}\right]$

$\xrightarrow{r_3+r_2}\left[\begin{array}{ccc|ccc}1&1&-2&1&0&0\\0&-3&3&-2&1&0\\0&0&0&-5&1&1\end{array}\right]$,

由于阶梯阵$\begin{bmatrix}1&1&-2\\0&-3&3\\0&0&0\end{bmatrix}$最后一行全为零，所以矩阵$\begin{bmatrix}1&1&-2\\2&-1&-1\\3&6&-9\end{bmatrix}$不可逆.

（2）$\left[\begin{array}{ccc|ccc}1&1&1&1&0&0\\1&2&3&0&1&0\\1&3&6&0&0&1\end{array}\right]\xrightarrow[r_3+(-1)r_1]{r_2+(-1)r_1}\left[\begin{array}{ccc|ccc}1&1&1&1&0&0\\0&1&2&-1&1&0\\0&2&5&-1&0&1\end{array}\right]\xrightarrow{r_3+(-2)r_2}$

$\left[\begin{array}{ccc|ccc}1&1&1&1&0&0\\0&1&2&-1&1&0\\0&0&1&1&-2&1\end{array}\right]\xrightarrow[r_1+(-1)r_3]{r_2+(-2)r_3}\left[\begin{array}{ccc|ccc}1&1&0&0&2&-1\\0&1&0&-3&5&-2\\0&0&1&1&-2&1\end{array}\right]\xrightarrow{r_1+(-1)r_2}$

$\left[\begin{array}{ccc|ccc}1&0&0&3&-3&1\\0&1&0&-3&5&-2\\0&0&1&1&-2&1\end{array}\right]$,

所以矩阵$\begin{bmatrix}1&1&1\\1&2&3\\1&3&6\end{bmatrix}$可逆，并且

$$\begin{bmatrix}1&1&1\\1&2&3\\1&3&6\end{bmatrix}^{-1}=\begin{bmatrix}3&-3&1\\-3&5&-2\\1&-2&1\end{bmatrix}.$$

习题1-5

1. 用初等行变换把下列矩阵化为行阶梯形矩阵.

（1）$\begin{bmatrix} 3 & 1 & 0 & 2 \\ 1 & -1 & 2 & -1 \\ 1 & 3 & -4 & 4 \end{bmatrix}$；（2）$\begin{bmatrix} 2 & 1 & 8 & 3 & 7 \\ 2 & -3 & 0 & 7 & -5 \\ 3 & -2 & 5 & 8 & 0 \\ 1 & 0 & 3 & 2 & 0 \end{bmatrix}$；

（3）$\begin{bmatrix} 3 & 2 & -1 & -3 & -1 \\ 2 & -1 & 3 & 1 & -3 \\ 7 & 0 & 5 & -1 & -8 \end{bmatrix}$.

2. 用初等行变换把下列矩阵化为行最简形矩阵.

（1）$\begin{bmatrix} 2 & 2 & 3 \\ 1 & -1 & 0 \\ -1 & 2 & 1 \end{bmatrix}$；（2）$\begin{bmatrix} 1 & 0 & 2 & -1 \\ 2 & 0 & 3 & 1 \\ 3 & 0 & 4 & 3 \end{bmatrix}$；

（3）$\begin{bmatrix} 2 & 3 & 1 & -3 & -7 \\ 1 & 2 & 0 & -2 & -4 \\ 3 & -2 & 8 & 3 & 0 \\ 2 & -3 & 7 & 4 & 3 \end{bmatrix}$.

3.用初等行变换法求下列矩阵的逆矩阵.

（1）$\begin{bmatrix} 1 & 2 & -3 \\ 0 & 1 & 2 \\ 0 & 0 & 1 \end{bmatrix}$；（2）$\begin{bmatrix} -11 & 2 & 2 \\ -4 & 0 & 1 \\ 6 & -1 & -1 \end{bmatrix}$；

（3）$\begin{bmatrix} 1 & 0 & 0 & 0 \\ 2 & 1 & 0 & 0 \\ 3 & 2 & 1 & 0 \\ 4 & 3 & 2 & 1 \end{bmatrix}$；（4）$\begin{bmatrix} 1 & 2 & -1 \\ 3 & 1 & 0 \\ -1 & 0 & -2 \end{bmatrix}$.

4. 若 $\begin{bmatrix} 0 & 1 & 0 \\ 1 & 0 & 0 \\ 0 & 0 & 1 \end{bmatrix} \boldsymbol{X} \begin{bmatrix} 0 & 1 \\ 1 & 0 \end{bmatrix} = \begin{bmatrix} 1 & 0 \\ 0 & 1 \\ 1 & 1 \end{bmatrix}$，试求 $\boldsymbol{X}$.

5. 已知矩阵 $\boldsymbol{A} = \begin{bmatrix} 3 & 0 & 1 \\ 1 & 1 & 0 \\ 0 & 1 & 4 \end{bmatrix}$，且满足 $\boldsymbol{AX} = \boldsymbol{A} + 2\boldsymbol{X}$，试求矩阵 $\boldsymbol{X}$.

总习题一

A组

1. 选择题.

(1) 已知矩阵 $A=\begin{bmatrix}1&1\\0&-1\end{bmatrix}$，$B=\begin{bmatrix}1&0\\1&1\end{bmatrix}$，则 $AB-BA=$ (　　).

A. $\begin{bmatrix}1&0\\-2&-1\end{bmatrix}$　　B. $\begin{bmatrix}1&1\\0&-1\end{bmatrix}$

C. $\begin{bmatrix}1&0\\0&1\end{bmatrix}$　　D. $\begin{bmatrix}0&0\\0&0\end{bmatrix}$

(2) 设 A，B 均为 n 阶可逆矩阵，则必有（　　）.

A. $(A+B)^2=A^2+2AB+B^2$　　B. $(AB)^{-1}=A^{-1}B^{-1}$

C. $(AB)^T=A^TB^T$　　D. $(A+B)(A-B)=A^2-AB+BA-B^2$

(3) 设 A 是 n 阶可逆矩阵，k 是不为0的常数，则 $(kA)^{-1}=$（　　）.

A. kA^{-1}　　B. $\frac{1}{k^n}A^{-1}$　　C. $-kA^{-1}$　　D. $\frac{1}{k}A^{-1}$

(4) 设矩阵 $A=[1,\ -2,\ 0]$，$B=\begin{bmatrix}2&1\\-1&0\\0&1\end{bmatrix}$，则 $(AB)^T=$（　　）.

A. $[4,\ 1]$　　B. $\begin{bmatrix}4\\1\end{bmatrix}$　　C. $\begin{bmatrix}2&1\\-1&0\\0&1\end{bmatrix}$　　D. $[1\ \ -2\ \ 0]$

(5) 设有三个矩阵 $A_{3\times2}$，$B_{2\times3}$，$C_{3\times3}$，则（　　）运算有意义.

A. AC　　B. BC　　C. $A+B$　　D. $AB-BC$.

(6) 设 A 是 $m\times n$ 矩阵，B 是 $s\times n$ 矩阵，则运算有意义的是（　　）.

A. A^TB　　B. AB　　C. AB^T　　D. A^TB^T

(7) 设 A，B 均为 n 阶可逆矩阵，则下列各式成立的是（　　）.

A. $[(AB)^{-1}]^T=(A^TB^T)^{-1}$　　B. $(A-B)^{-1}=A^{-1}-B^{-1}$

C. $(A^2)^{-1}=(A^{-1})^2$　　D. $(A^{-1}+B^{-1})^{-1}=A+B$

(8) $\begin{bmatrix}3&5\\4&7\end{bmatrix}^{-1}=$（　　）.

A. $\begin{bmatrix}7&-5\\-4&3\end{bmatrix}$　　B. $\begin{bmatrix}-7&5\\4&-3\end{bmatrix}$　　C. $\begin{bmatrix}7&-4\\-5&3\end{bmatrix}$　　D. $\begin{bmatrix}-7&4\\5&-3\end{bmatrix}$

(9) 设 A，B 是 n 阶方阵，则下列矩阵中（ ）是对称矩阵.

A. A^T-A　　B. AB　　C. A^T+A　　D. A^TB^T

(10) 设 n 阶可逆矩阵 A，B，C 满足 $ABC=E$，则 $B^{-1}=$（ ）.

A. $A^{-1}C^{-1}$　　B. $C^{-1}A^{-1}$　　C. AC　　D. CA

2. 填空题.

(1) 设矩阵 $A=[1,-2,3]$，E 是单位矩阵，则 $A^TA-E=$________；

(2) 设 A,B,C 均为 n 阶可逆矩阵，且逆矩阵分别为 A^{-1},B^{-1},C^{-1}，则 $\left(AC^{-1}B\right)^{-1}=$；

(3) 若 n 阶方阵 A,B 均可逆，$AXB=C$，则 $X=$________；

(4) 设 A，B 为两个已知矩阵，且 $E-B$ 可逆，则方程 $A+BX=X$ 的解 $X=$________；

(5) 已知 n 阶方阵 A，满足 $A^2-A-E=O$，E 为单位阵，则 $A^{-1}=$________；

(6) 设 $A=\begin{bmatrix}1&-2&0&0\\3&-5&0&0\\0&0&1&0\\0&0&0&1\end{bmatrix}$，则 $A^{-1}=$________.

(7) 设 $A=\begin{bmatrix}1&0\\\lambda&1\end{bmatrix}$，$A^3=$________.

3. 设

$$A=\begin{bmatrix}1&1&1\\-1&1&1\\1&-1&1\end{bmatrix},\quad B=\begin{bmatrix}1&2&1\\1&3&-1\\2&1&2\end{bmatrix},$$

求 $AB-BA$，$(A-B)(A+B)$，$AB-3B$.

4. 计算下列矩阵的乘积.

(1) $\begin{bmatrix}1&0&0\\0&1&0\\0&0&1\end{bmatrix}\begin{bmatrix}2&1\\4&3\\7&9\end{bmatrix}$；(2) $\begin{bmatrix}2&1&4&3\\1&-1&3&4\end{bmatrix}\begin{bmatrix}1&3&1\\0&-1&2\\1&-3&1\\0&2&-2\end{bmatrix}$；

(3) $\begin{bmatrix}1&0&2&3&0\\0&1&0&0&0\\0&0&1&0&0\\0&0&0&1&0\\0&0&0&1&0\end{bmatrix}\begin{bmatrix}0&2&2&3\\2&0&1&5\\0&0&1&0\\0&0&0&1\\-1&3&1&0\end{bmatrix}$.

5. 设 $A=\begin{bmatrix}1&0&2\\-1&2&4\\3&1&1\end{bmatrix}$，$B=\begin{bmatrix}2&1\\-1&3\\0&3\end{bmatrix}$，求 $(2E-A^T)B$.

6. 用初等行变换法求下列矩阵的逆矩阵.

(1) $\begin{bmatrix} 0 & 1 & 1 \\ 1 & 0 & 0 \\ 0 & 1 & -1 \end{bmatrix}$；(2) $\begin{bmatrix} 3 & -3 & 4 \\ 2 & -3 & 4 \\ 0 & -1 & 1 \end{bmatrix}$；(3) $\begin{bmatrix} 1 & 1 & 1 & 1 \\ 1 & 1 & 1 & 0 \\ 1 & 1 & 0 & 0 \\ 1 & 0 & 0 & 0 \end{bmatrix}$.

7. 用初等行变换把下列矩阵化为行最简形矩阵.

(1) $\begin{bmatrix} 1 & 2 & 1 & -1 \\ 3 & 6 & -1 & -3 \\ 5 & 10 & 1 & -5 \end{bmatrix}$；(2) $\begin{bmatrix} 1 & -1 & 3 & -4 & 3 \\ 3 & -3 & 5 & -4 & 1 \\ 2 & -2 & 3 & -2 & 0 \\ 3 & -3 & 4 & -2 & -1 \end{bmatrix}$；(3) $\begin{bmatrix} 0 & 2 & -3 & 1 \\ 0 & 3 & -4 & 3 \\ 0 & 4 & -7 & -1 \end{bmatrix}$.

8. 设 $\boldsymbol{P}^{-1}\boldsymbol{AP}=\boldsymbol{B}$，其中 $\boldsymbol{P}=\begin{bmatrix} 1 & 2 & 3 \\ 0 & 1 & 2 \\ 0 & 0 & 1 \end{bmatrix}$，$\boldsymbol{B}=\begin{bmatrix} 1 & 0 & 0 \\ 0 & 0 & 0 \\ 0 & 0 & -1 \end{bmatrix}$，求 $\boldsymbol{A}^{100}$.

B组

1. 选择题.

(1) 设 $\boldsymbol{A}$ 为三阶矩阵，将 $\boldsymbol{A}$ 的第2行加到第1行得 $\boldsymbol{B}$，再将 $\boldsymbol{B}$ 的第1列的 −1 倍加到第2列得 $\boldsymbol{C}$，记 $\boldsymbol{P}=\begin{bmatrix} 1 & 1 & 0 \\ 0 & 1 & 0 \\ 0 & 0 & 1 \end{bmatrix}$，则（　　）.

A. $\boldsymbol{C}=\boldsymbol{P}^{-1}\boldsymbol{AP}$　　B. $\boldsymbol{C}=\boldsymbol{PAP}^{-1}$

C. $\boldsymbol{C}=\boldsymbol{P}^{\mathrm{T}}\boldsymbol{AP}$　　D. $\boldsymbol{C}=\boldsymbol{PAP}^{\mathrm{T}}$　　(2006)*

(2) 设 $\boldsymbol{A}$ 为 n 阶非零矩阵，$\boldsymbol{E}$ 是 n 阶单位矩阵，若 $\boldsymbol{A}^3=\boldsymbol{O}$，则（　　）.

A. $\boldsymbol{E}-\boldsymbol{A}$ 不可逆，$\boldsymbol{E}+\boldsymbol{A}$ 不可逆

B. $\boldsymbol{E}-\boldsymbol{A}$ 不可逆，$\boldsymbol{E}+\boldsymbol{A}$ 可逆

C. $\boldsymbol{E}-\boldsymbol{A}$ 可逆，$\boldsymbol{E}+\boldsymbol{A}$ 可逆

D. $\boldsymbol{E}-\boldsymbol{A}$ 可逆，$\boldsymbol{E}+\boldsymbol{A}$ 不可逆　　(2008)

(3) 设 $\boldsymbol{A},\boldsymbol{P}$ 均为三阶矩阵，$\boldsymbol{P}^{\mathrm{T}}$ 为 $\boldsymbol{P}$ 的转置矩阵，且 $\boldsymbol{P}^{\mathrm{T}}\boldsymbol{AP}=\begin{bmatrix} 1 & 0 & 0 \\ 0 & 1 & 0 \\ 0 & 0 & 2 \end{bmatrix}$，若 $\boldsymbol{P}=[\boldsymbol{\alpha}_1,\boldsymbol{\alpha}_2,\boldsymbol{\alpha}_3]$，$\boldsymbol{Q}=[\boldsymbol{\alpha}_1+\boldsymbol{\alpha}_2,\boldsymbol{\alpha}_2,\boldsymbol{\alpha}_3]$，则 $\boldsymbol{Q}^{\mathrm{T}}\boldsymbol{AQ}$ 为（　　）.

A. $\begin{bmatrix} 2 & 1 & 0 \\ 1 & 1 & 0 \\ 0 & 0 & 2 \end{bmatrix}$　　B. $\begin{bmatrix} 1 & 1 & 0 \\ 1 & 2 & 0 \\ 0 & 0 & 2 \end{bmatrix}$

C. $\begin{bmatrix} 2 & 0 & 0 \\ 0 & 1 & 0 \\ 0 & 0 & 2 \end{bmatrix}$　　D. $\begin{bmatrix} 1 & 0 & 0 \\ 0 & 2 & 0 \\ 0 & 0 & 2 \end{bmatrix}$　　(2009)

* 括号内数字表示此考研真题的出现年份。

（4）设 A 为三阶矩阵，将 A 的第2列加到第1列得矩阵 B，再交换 B 的第2行与第3行得单位矩阵，记 $P_1=\begin{bmatrix}1&0&0\\1&1&0\\0&0&1\end{bmatrix}$，$P_2=\begin{bmatrix}1&0&0\\0&0&1\\0&1&0\end{bmatrix}$，则 $A=$（　　）.

A. P_1P_2　　B. $P_1^{-1}P_2$　　C. P_2P_1　　D. $P_2P_1^{-1}$　　（2011）

（5）设 A 为三阶矩阵，P 为三阶可逆矩阵，且 $P^{-1}AP=\begin{bmatrix}1&0&0\\0&1&0\\0&0&2\end{bmatrix}$，若 $P=[\alpha_1,\alpha_2,\alpha_3]$，$Q=[\alpha_1+\alpha_2,\alpha_2,\alpha_3]$，则 $Q^{-1}AQ=$（　　）.

A. $\begin{bmatrix}1&0&0\\0&2&0\\0&0&1\end{bmatrix}$　　B. $\begin{bmatrix}1&0&0\\0&1&0\\0&0&2\end{bmatrix}$

C. $\begin{bmatrix}2&0&0\\0&1&0\\0&0&2\end{bmatrix}$　　D. $\begin{bmatrix}2&0&0\\0&2&0\\0&0&1\end{bmatrix}$　　（2012）

（6）设 A，B，$A+B$，$A^{-1}+B^{-1}$ 均为 n 阶可逆矩阵，则 $\left(A^{-1}+B^{-1}\right)^{-1}=$（　　）.

A. $A^{-1}+B^{-1}$　　B. $A+B$

C. $A(A+B)^{-1}B$　　D. $(A+B)^{-1}$　　（1992）

2. 填空题.

（1）设 $A=\begin{bmatrix}1&0&1\\0&2&0\\1&0&1\end{bmatrix}$，而 $n\geqslant 2$ 为正整数，则 $A^n-2A^{n-1}=$________.　　（1999）

（2）设三阶方阵 A，B 满足关系式 $A^{-1}BA=6A+BA$，且 $A=\begin{bmatrix}\frac{1}{3}&0&0\\0&\frac{1}{4}&0\\0&0&\frac{1}{7}\end{bmatrix}$，则 $B=$________.　　（1995）

（3）设矩阵 A 满足 $A^2+A-4E=O$，其中 E 为单位矩阵，则 $(A-E)^{-1}=$________.　　（2001）

（4）设矩阵 $A=\begin{bmatrix}1&-1\\2&3\end{bmatrix}$，$B=A^2-3A+2E$，则 $B^{-1}=$________.　　（2002）

（5）设四阶方阵 $A=\begin{bmatrix}5&2&0&0\\2&1&0&0\\0&0&1&-2\\0&0&1&1\end{bmatrix}$，则 A 的逆矩阵

$A^{-1}=$______. (1991)

(6) 已知 $AB-B=A$，其中 $B=\begin{bmatrix}1&-2&0\\2&1&0\\0&0&2\end{bmatrix}$，则 $A=$______. (1999)

(7) 设 A，B 均为三阶矩阵，E 是三阶单位矩阵，已知 $AB=2A+B$，

$B=\begin{bmatrix}2&0&2\\0&4&0\\2&0&2\end{bmatrix}$，则 $(A-E)^{-1}=$______. (2003)

3. 设矩阵 $A=\begin{bmatrix}1&0&1\\0&2&0\\1&0&1\end{bmatrix}$，矩阵 X 满足 $AX+E=A^2+X$，其中 E 是三阶单位矩阵，试求出矩阵 X. (1992)

4. 已知 A，B 为三阶矩阵，且满足 $2A^{-1}B=B-4E$，其中 E 是三阶单位矩阵.

(1) 证明矩阵 $A-2E$ 可逆；

(2) 若 $B=\begin{bmatrix}1&-2&0\\1&2&0\\0&0&2\end{bmatrix}$，求矩阵 A. (2002)

5. 已知对于 n 阶方阵 A，存在自然数 k，使得 $A^k=O$. 试证明矩阵 $E-A$ 可逆，并求出其逆矩阵的表达式（E 为 n 阶单位矩阵). (1990)

第二章 行列式

行列式的理论来源于解线性方程组，它是一个重要的数学工具，在自然科学、经济管理和工程技术的各个领域都有广泛的应用. 本章从解二元、三元线性方程组的角度，引入了二阶、三阶行列式，并把它推广到 n 阶行列式，然后讨论行列式的性质、计算方法及其应用.

第一节 行列式的概念

一、二阶行列式

设二元线性方程组

$$\begin{cases} a_{11}x_1 + a_{12}x_2 = b_1, & ① \\ a_{21}x_1 + a_{22}x_2 = b_2, & ② \end{cases} \tag{2.1}$$

用消元法解：

$$①\times a_{22} \text{ 得 } a_{11}a_{22}x_1 + a_{12}a_{22}x_2 = b_1a_{22};$$
$$②\times a_{12} \text{ 得 } a_{12}a_{21}x_1 + a_{12}a_{22}x_2 = b_2a_{12}.$$

两式相减消去 x_2 得

$$(a_{11}a_{22} - a_{12}a_{21})x_1 = b_1a_{22} - a_{12}b_2;$$

类似地，消去 x_1 得

$$(a_{11}a_{22} - a_{12}a_{21})x_2 = a_{11}b_2 - b_1a_{21}.$$

所以当 $a_{11}a_{22} - a_{12}a_{21} \neq 0$ 时，方程组有解：

$$x_1 = \frac{b_1a_{22} - a_{12}b_2}{a_{11}a_{22} - a_{12}a_{21}},\quad x_2 = \frac{a_{11}b_2 - b_1a_{21}}{a_{11}a_{22} - a_{12}a_{21}}. \tag{2.2}$$

上述结果不容易记住，也不便推广到 n 元线性方程组中去，更难找出规律.为了便于叙述和记忆，引入记号

$$D = \begin{vmatrix} a_{11} & a_{12} \\ a_{21} & a_{22} \end{vmatrix} = a_{11}a_{22} - a_{12}a_{21}. \tag{2.3}$$

称 D 为二阶行列式，简记为 $D=\det(a_{ij})$，其中称 a_{ij} 为二阶行列式的元素，i 为行标，j 为列标.

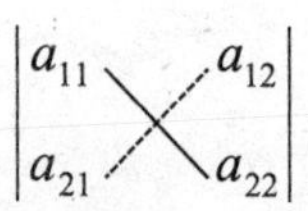

$$\begin{vmatrix} a_{11} & a_{12} \\ a_{21} & a_{22} \end{vmatrix}$$

图2-1

式（2.3）可用对角线法则记忆，如图2-1所示，

把 a_{11} 到 a_{22} 的实连线称为主对角线，a_{12} 到 a_{21} 的虚连线称为副对角线. 于是二阶行列式的值便是主对角线上两个元素之积减去副对角线上两个元素之积所得的差.

由上述定义，式（2.2）中 x_1，x_2 分子分别用二阶行列式表示为

$$\begin{vmatrix} b_1 & a_{12} \\ b_2 & a_{22} \end{vmatrix} = b_1a_{22} - b_2a_{12}, \qquad \begin{vmatrix} a_{11} & b_1 \\ a_{21} & b_2 \end{vmatrix} = a_{11}b_2 - a_{21}b_1 .$$

若记

$$D = \begin{vmatrix} a_{11} & a_{12} \\ a_{21} & a_{22} \end{vmatrix}, \qquad D_1 = \begin{vmatrix} b_1 & a_{12} \\ b_2 & a_{22} \end{vmatrix}, \qquad D_2 = \begin{vmatrix} a_{11} & b_1 \\ a_{21} & b_2 \end{vmatrix},$$

其中，$D_i\,(i=1,2)$ 表示把 D 中的第 i 列换成式（2.1）右边的常数列所得到的行列式.

于是，当 $D \neq 0$ 时，二元线性方程组（2.1）的解就唯一地表示为

$$x_1 = \frac{D_1}{D}, \qquad x_2 = \frac{D_2}{D}. \tag{2.4}$$

例 2.1 求解二元线性方程组 $\begin{cases} 3x_1 - 2x_2 = 12, \\ 2x_1 + x_2 = 1. \end{cases}$

解 由于

$$D = \begin{vmatrix} 3 & -2 \\ 2 & 1 \end{vmatrix} = 3-(-4) = 7 \neq 0, \qquad D_1 = \begin{vmatrix} 12 & -2 \\ 1 & 1 \end{vmatrix} = 12-(-2) = 14,$$

$$D_2 = \begin{vmatrix} 3 & 12 \\ 2 & 1 \end{vmatrix} = 3-24 = -21,$$

因此

$$x_1 = \frac{D_1}{D} = \frac{14}{7} = 2, \qquad x_2 = \frac{D_2}{D} = \frac{-21}{7} = -3 .$$

二、三阶行列式

设三元线性方程组

$$\begin{cases} a_{11}x_1 + a_{12}x_2 + a_{13}x_3 = b_1, \\ a_{21}x_1 + a_{22}x_2 + a_{23}x_3 = b_2, \\ a_{31}x_1 + a_{32}x_2 + a_{33}x_3 = b_3. \end{cases} \tag{2.5}$$

为解此方程组，可由前两个方程消去 x_3，得到一个只含 x_1，x_2 的二元线性方程；再由后两个方程消去 x_3，得到另一个只含 x_1，x_2 的二元线性方程，这样得到了一个含两个未知量的二元线性方程组，再消去 x_2，得

$$\begin{aligned} &(a_{11}a_{22}a_{33} + a_{12}a_{23}a_{31} + a_{13}a_{21}a_{32} - a_{13}a_{22}a_{31} - a_{12}a_{21}a_{33} - a_{11}a_{23}a_{32})x_1 \\ &= b_1a_{22}a_{33} + a_{12}a_{23}b_3 + a_{13}b_2a_{32} - a_{13}a_{22}b_3 - a_{12}b_2a_{33} - b_1a_{23}a_{32}, \end{aligned}$$

线性方程组（2.5）解的表达式较为复杂，难于看出解与未知数的系数、常数项之间的关系. 为寻求这种关系，把 x_1 的系数记为

$$D=\begin{vmatrix} a_{11} & a_{12} & a_{13} \\ a_{21} & a_{22} & a_{23} \\ a_{31} & a_{32} & a_{33} \end{vmatrix}=a_{11}a_{22}a_{33}+a_{12}a_{23}a_{31}+a_{13}a_{21}a_{32}$$

$$-a_{13}a_{22}a_{31}-a_{12}a_{21}a_{33}-a_{11}a_{23}a_{32}, \tag{2.6}$$

称 D 为三阶行列式，简记为 $D=\det(a_{ij})$，它由三行三列共9个元素组成，由式 (2.6) 可见，三阶行列式表示式共含6项，每项均为选自不同行、不同列的三个元素的乘积再冠以正负号.三阶行列式可用下面的对角线法则记忆.

从左上角到右下角的对角线叫作主对角线，从右上角到左下角的对角线叫作副对角线.在图2-2中，实线看作是平行于主对角线的连线，虚线看作是平行于副对角线的连线.每条实线（共三条）所连结的三个数的乘积前面加正号，每条虚线（共三条）所连结的三个数的乘积前面加负号.

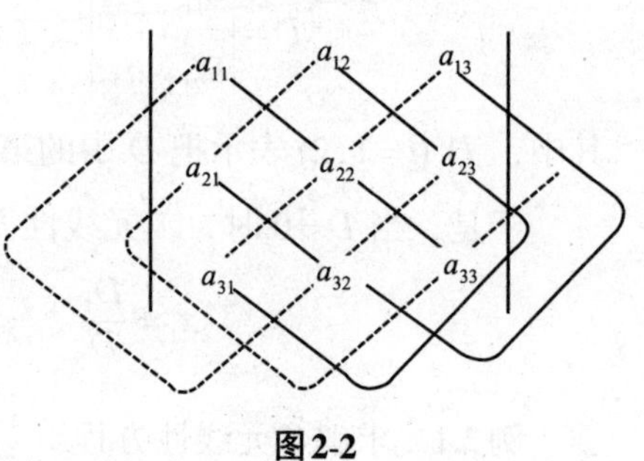

图2-2

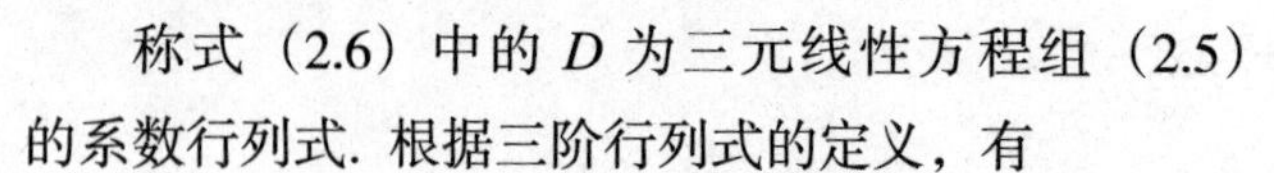

称式（2.6）中的 D 为三元线性方程组（2.5）的系数行列式. 根据三阶行列式的定义，有

$$D_1=\begin{vmatrix} b_1 & a_{12} & a_{13} \\ b_2 & a_{22} & a_{23} \\ b_3 & a_{32} & a_{33} \end{vmatrix}$$

$$=b_1a_{22}a_{33}+a_{12}a_{23}b_3+a_{13}b_2a_{32}-a_{13}a_{22}b_3-a_{12}b_2a_{33}-b_1a_{23}a_{32},$$

若 $D\neq 0$，则 x_1 可表示为

$$x_1=\frac{D_1}{D},$$

同理可得

$$x_2=\frac{D_2}{D}, \qquad x_3=\frac{D_3}{D}.$$

其中

$$D_2=\begin{vmatrix} a_{11} & b_1 & a_{13} \\ a_{21} & b_2 & a_{23} \\ a_{31} & b_3 & a_{33} \end{vmatrix}, \qquad D_3=\begin{vmatrix} a_{11} & a_{12} & b_1 \\ a_{21} & a_{22} & b_2 \\ a_{31} & a_{32} & b_3 \end{vmatrix},$$

$D_i\,(i=1,2,3)$ 表示把系数行列式 D 中的第 i 列换成线性方程组 (2.5) 右边的常数列所得到的行列式.

例 2.2 求解三元线性方程组 $\begin{cases} x_1-2x_2+x_3=-2, \\ 2x_1+x_2-3x_3=1, \\ -x_1+x_2-x_3=0. \end{cases}$

解 方程组的系数行列式

$$D=\begin{vmatrix}1 & -2 & 1\\ 2 & 1 & -3\\ -1 & 1 & -1\end{vmatrix}$$
$$=1\times1\times(-1)+(-2)\times(-3)\times(-1)+1\times2\times1$$
$$-1\times1\times(-1)-(-2)\times2\times(-1)-1\times(-3)\times1$$
$$=-5\neq0,$$

同理可得

$$D_1=\begin{vmatrix}-2 & -2 & 1\\ 1 & 1 & -3\\ 0 & 1 & -1\end{vmatrix}=-5\,,\quad D_2=\begin{vmatrix}1 & -2 & 1\\ 2 & 1 & -3\\ -1 & 0 & -1\end{vmatrix}=-10\,,$$

$$D_3=\begin{vmatrix}1 & -2 & -2\\ 2 & 1 & 1\\ -1 & 1 & 0\end{vmatrix}=-5\,.$$

故方程组的解为

$$x_1=\frac{D_1}{D}=1\,,x_2=\frac{D_2}{D}=2\,,x_3=\frac{D_3}{D}=1\,.$$

三、n 阶行列式

对角线法则只适用于二阶与三阶行列式。为了研究四阶及更高阶行列式，以下讨论二阶行列式与三阶行列式之间的关系。由二阶行列式与三阶行列式的定义有

$$\begin{aligned}D&=\begin{vmatrix}a_{11} & a_{12} & a_{13}\\ a_{21} & a_{22} & a_{23}\\ a_{31} & a_{32} & a_{33}\end{vmatrix}\\ &=a_{11}a_{22}a_{33}+a_{12}a_{23}a_{31}+a_{13}a_{21}a_{32}-a_{13}a_{22}a_{31}-a_{12}a_{21}a_{33}-a_{11}a_{23}a_{32}\\ &=a_{11}(a_{22}a_{33}-a_{23}a_{32})-a_{12}(a_{21}a_{33}-a_{23}a_{31})+a_{13}(a_{21}a_{32}-a_{22}a_{31})\\ &=(-1)^{1+1}a_{11}\begin{vmatrix}a_{22} & a_{23}\\ a_{32} & a_{33}\end{vmatrix}+(-1)^{1+2}a_{12}\begin{vmatrix}a_{21} & a_{23}\\ a_{31} & a_{33}\end{vmatrix}+(-1)^{1+3}a_{13}\begin{vmatrix}a_{21} & a_{22}\\ a_{31} & a_{32}\end{vmatrix},\end{aligned}\tag{2.7}$$

现在来分析一下式（2.7）：首先式（2.7）右端的三项是 D 中第一行的三个元素 $a_{1j}(j=1,2,3)$ 分别乘一个 2 阶行列式，而所乘的二阶行列式是划去该元素所在的行与所在的列所组成；其次，每一项之前都要乘以 $(-1)^{1+j}$，1 和 j 正好是 a_{1j} 的行标和列标.

按照这一规律，可以用三阶行列式定义出四阶行列式.以此类推，可以给出 n 阶行列式的定义.

定义 2.1　由 n^2 个数 $a_{ij}(i,j=1,2,\cdots,n)$ 排成一个 n 行 n 列的式

$$D=\begin{vmatrix} a_{11} & a_{12} & a_{13} & \cdots & a_{1n} \\ a_{21} & a_{22} & a_{23} & \cdots & a_{2n} \\ \vdots & \vdots & \vdots & & \vdots \\ a_{n1} & a_{n2} & a_{n3} & \cdots & a_{nn} \end{vmatrix}$$

称为 **n 阶行列式**，简记为 $D=\det(a_{ij})$，它是一个算式，其值定义为：

当 $n=1$ 时，定义 $D=|a_{11}|=a_{11}$；当 $n\geqslant 2$ 时，定义

$$D=(-1)^{1+1}a_{11}\begin{vmatrix} a_{22} & a_{23} & \cdots & a_{2n} \\ \vdots & \vdots & & \vdots \\ a_{n2} & a_{n3} & \cdots & a_{nn} \end{vmatrix}+(-1)^{1+2}a_{12}\begin{vmatrix} a_{21} & a_{23} & \cdots & a_{2n} \\ \vdots & \vdots & & \vdots \\ a_{n1} & a_{n3} & \cdots & a_{nn} \end{vmatrix}$$

$$+\cdots+(-1)^{1+n}a_{1n}\begin{vmatrix} a_{21} & a_{22} & \cdots & a_{2,n-1} \\ \vdots & \vdots & & \vdots \\ a_{n1} & a_{n2} & \cdots & a_{n,n-1} \end{vmatrix}, \tag{2.8}$$

这种利用低阶行列式逐次地给出高一阶行列式的定义的方法，称为**递归（推）定义法.**

为了简化上述定义中的展开式的书写，下面引入代数余子式的概念.

定义 2.2 在 n 阶行列式 D 中，划去元素 $a_{ij}(i=1,2,\cdots,n;j=1,2,\cdots,n)$ 所在第 i 行和第 j 列的元素，剩下的元素保持原来的相对位置不变所构成的 $n-1$ 阶行列式称为元素 a_{ij} 的**余子式**，记作 M_{ij} .记 $A_{ij}=(-1)^{i+j}M_{ij}$，A_{ij} 称为元素 a_{ij} 的**代数余子式.**

根据定义2.2，式（2.8）可以表示为

$$D=a_{11}A_{11}+a_{12}A_{12}+a_{13}A_{13}+\cdots+a_{1n}A_{1n}=\sum_{i=1}^{n}a_{1i}A_{1i} \quad . \tag{2.9}$$

需要注意的是，行列式与矩阵在形式上有些相似，但在意义上则完全不同. 一个行列式是一个数，而矩阵则是一个数表.

主对角线以下的元素都为0的行列式叫做**上三角（形）行列式**，主对角线以上的元素都为0的行列式叫做**下三角（形）行列式**，上三角形行列式和下三角形行列式统称为**三角（形）行列式**. 特别地，主对角线外的元素都为0的行列式叫作对角（形）行列式.

例 2.3 试证下三角行列式

$$D=\begin{vmatrix} a_{11} & 0 & \cdots & 0 \\ a_{21} & a_{22} & \cdots & 0 \\ \vdots & \vdots & & \vdots \\ a_{n1} & a_{n2} & \cdots & a_{nn} \end{vmatrix}=a_{11}\,a_{22}\cdots a_{nn} .$$

证 利用 n 阶行列式的定义，依次降低其阶数有

$$D=\begin{vmatrix} a_{11} & 0 & \cdots & 0 \\ a_{21} & a_{22} & \cdots & 0 \\ \vdots & \vdots & & \vdots \\ a_{n1} & a_{n2} & \cdots & a_{nn} \end{vmatrix}=a_{11}(-1)^{1+1}\begin{vmatrix} a_{22} & 0 & \cdots & 0 \\ a_{32} & a_{33} & \cdots & 0 \\ \vdots & \vdots & & \vdots \\ a_{n2} & a_{n3} & \cdots & a_{nn} \end{vmatrix}$$

$$=a_{11}(-1)^{1+1}a_{22}(-1)^{1+1}\begin{vmatrix} a_{33} & \cdots & 0 \\ \vdots & & \vdots \\ a_{n3} & \cdots & a_{nn} \end{vmatrix}$$

$$=\cdots=a_{11}(-1)^{1+1}a_{22}(-1)^{1+1}\cdots a_{nn}=a_{11}a_{22}\cdots a_{nn}.$$

同理，对上三角行列式有

$$\begin{vmatrix} a_{11} & a_{12} & \cdots & a_{1n} \\ 0 & a_{22} & \cdots & a_{2n} \\ \vdots & \vdots & & \vdots \\ 0 & 0 & \cdots & a_{nn} \end{vmatrix}=a_{11}a_{22}\cdot\cdots\cdot a_{nn}.$$

特别地，对于对角形行列式 Λ，有

$$\Lambda=\begin{vmatrix} a_{11} & & & \\ & a_{22} & & \\ & & \ddots & \\ & & & a_{nn} \end{vmatrix}=a_{11}a_{22}\cdot\cdots\cdot a_{nn}.$$

习题2-1

1. 利用对角线法则计算下列行列式.

（1）$\begin{vmatrix} 5 & -1 \\ 3 & 2 \end{vmatrix}$；（2）$\begin{vmatrix} \sin\theta & -\cos\theta \\ \cos\theta & \sin\theta \end{vmatrix}$；

（3）$\begin{vmatrix} 1 & 2 & 3 \\ 1 & -1 & 4 \\ 5 & 1 & 2 \end{vmatrix}$；（4）$\begin{vmatrix} 1 & 0 & 2 \\ 3 & -1 & 2 \\ 4 & -1 & 4 \end{vmatrix}$；

（5）$\begin{vmatrix} a & b & c \\ b & c & a \\ c & a & b \end{vmatrix}$；（6）$\begin{vmatrix} x & y & x+y \\ y & x+y & x \\ x+y & x & y \end{vmatrix}$.

2. 用行列式解下列方程组.

（1）$\begin{cases} 8x_1+3x_2=2, \\ 6x_1+2x_2=3; \end{cases}$（2）$\begin{cases} x_1+x_2+x_3=10, \\ 3x_1+2x_2+x_3=14, \\ 2x_1+3x_2-x_3=1. \end{cases}$

3. 设$D=\begin{vmatrix} \lambda^2 & \lambda \\ 3 & 1 \end{vmatrix}$，

问：（1）当λ为何值时$D=0$；

（2）当λ为何值时$D\neq 0$.

4. 解方程

$$\begin{vmatrix} 1 & 1 & 1 \\ 2 & 3 & x \\ 4 & 9 & x^2 \end{vmatrix}=0.$$

5. 已知四阶行列式D中第一行元素分别是-1，2，0，1，它们的余子式分别是5，3，-7，4，求D.

6. 计算下列行列式.

（1）$\begin{vmatrix} 0 & 0 & 0 & 1 \\ 0 & 0 & 2 & 0 \\ 0 & 3 & 0 & 0 \\ 4 & 0 & 0 & 0 \end{vmatrix}$；（2）$\begin{vmatrix} 1 & 2 & 3 & 4 \\ 0 & 4 & 2 & 1 \\ 0 & 0 & 5 & 6 \\ 0 & 0 & 0 & 8 \end{vmatrix}$；

（3）$\begin{vmatrix} & & & \lambda_1 \\ & & \lambda_2 & \\ & \iddots & & \\ \lambda_n & & & \end{vmatrix}$；（4）$\begin{vmatrix} a_{11} & a_{12} & \cdots & a_{1,n-1} & a_{1n} \\ a_{21} & a_{22} & \cdots & a_{2,n-1} & 0 \\ \vdots & \vdots & & \vdots & \vdots \\ a_{n-1,1} & a_{n-1,2} & \cdots & 0 & 0 \\ a_{n1} & 0 & \cdots & 0 & 0 \end{vmatrix}$.

7. 已知$f(x)=\begin{vmatrix} x & 1 & 1 & 2 \\ 1 & x & 1 & -1 \\ 3 & 2 & x & 1 \\ 1 & 1 & 2x & 1 \end{vmatrix}$，求$x^3$的系数.

第二节　行列式的性质

一般地，按照行列式的递归（推）定义来计算n阶行列式，通常是很烦琐的.因此有必要来研究行列式的性质，利用这些性质可简化行列式的计算.

定义 2.3　设

$$D=\begin{vmatrix} a_{11} & a_{12} & \cdots & a_{1n} \\ a_{21} & a_{22} & \cdots & a_{2n} \\ \vdots & \vdots & & \vdots \\ a_{n1} & a_{n2} & \cdots & a_{nn} \end{vmatrix},$$

把 D 的行与列依次互换，得到的新行列式，记为

$$D^{\mathrm{T}}=\begin{vmatrix} a_{11} & a_{21} & \cdots & a_{n1} \\ a_{12} & a_{22} & \cdots & a_{n2} \\ \vdots & \vdots & & \vdots \\ a_{1n} & a_{2n} & \cdots & a_{nn} \end{vmatrix},$$

称 D^{T} 为 D 的**转置行列式.**

性质 2.1　行列式与它的转置行列式相等，即

$$D=D^{\mathrm{T}}.$$

证明从略.

例如

$$D=\begin{vmatrix} 1 & -2 \\ 4 & 3 \end{vmatrix}=11,\quad D^{\mathrm{T}}=\begin{vmatrix} 1 & 4 \\ -2 & 3 \end{vmatrix}=11.$$

说明：由性质 2.1 知行列式的行与列有同等地位，凡是对行成立的性质，对列也一样成立，反之亦然.

性质 2.2　对换行列式的任意两行（列），行列式变号. 即

$$\begin{vmatrix} a_{11} & a_{12} & \cdots & a_{1n} \\ \vdots & \vdots & & \vdots \\ a_{i1} & a_{i2} & \cdots & a_{in} \\ \vdots & \vdots & & \vdots \\ a_{j1} & a_{j2} & \cdots & a_{jn} \\ \vdots & \vdots & & \vdots \\ a_{n1} & a_{n2} & \cdots & a_{nn} \end{vmatrix}=-\begin{vmatrix} a_{11} & a_{12} & \cdots & a_{1n} \\ \vdots & \vdots & & \vdots \\ a_{j1} & a_{j2} & \cdots & a_{jn} \\ \vdots & \vdots & & \vdots \\ a_{i1} & a_{i2} & \cdots & a_{in} \\ \vdots & \vdots & & \vdots \\ a_{n1} & a_{n2} & \cdots & a_{nn} \end{vmatrix}.$$

证明从略.

推论　如果行列式有两行（列）完全相同，则行列式为零.

证　设行列式 D 中第 i 行和第 j 行完全相同，把 D 的 i 行和 j 行对换，由性质 2.2 有

$$D=-D,$$

即

$$D=0.$$

例如，对于任意的 a,b,c，都有 $\begin{vmatrix} 1 & 2 & 3 \\ a & b & c \\ 1 & 2 & 3 \end{vmatrix}=0$.

性质 2.3　行列式的某一行（列）中所有元素都乘以同一个数 k，等于用 k 乘此行列

式，即

$$\begin{vmatrix} a_{11} & \cdots & a_{1n} \\ \vdots & & \vdots \\ ka_{i1} & \cdots & ka_{in} \\ \vdots & & \vdots \\ a_{n1} & \cdots & a_{nn} \end{vmatrix} = k\begin{vmatrix} a_{11} & \cdots & a_{1n} \\ \vdots & & \vdots \\ a_{i1} & \cdots & a_{in} \\ \vdots & & \vdots \\ a_{n1} & \cdots & a_{nn} \end{vmatrix}.$$

证明从略.

推论1 若行列式某行（列）的所有元素有公因子，则可以将公因子提到行列式符号外面.

推论2 若行列式某行（列）的所有元素全为零，则此行列式等于零.

推论3 若行列式中有两行（列）元素成比例，则此行列式为零.

证 如果行列式中有两行成比例，那么提出比例系数后则有两行完全相同，故行列式为零.

性质2.4 若行列式的某一行（列）的元素都是两数之和，则该行列式可以表示为两个行列式之和，即

$$\begin{vmatrix} a_{11} & a_{12} & \cdots & a_{1n} \\ \vdots & \vdots & & \vdots \\ a_{i1}+b_{i1} & a_{i2}+b_{i2} & \cdots & a_{in}+b_{in} \\ \vdots & \vdots & & \vdots \\ a_{n1} & a_{n2} & \cdots & a_{nn} \end{vmatrix} = \begin{vmatrix} a_{11} & a_{12} & \cdots & a_{1n} \\ \vdots & \vdots & & \vdots \\ a_{i1} & a_{i2} & \cdots & a_{in} \\ \vdots & \vdots & & \vdots \\ a_{n1} & a_{n2} & \cdots & a_{nn} \end{vmatrix} + \begin{vmatrix} a_{11} & a_{12} & \cdots & a_{1n} \\ \vdots & \vdots & & \vdots \\ b_{i1} & b_{i2} & \cdots & b_{in} \\ \vdots & \vdots & & \vdots \\ a_{n1} & a_{n2} & \cdots & a_{nn} \end{vmatrix}.$$

性质2.5 （行列式按行或列展开法则） 行列式等于它的任意一行（列）中所有元素与它们对应的代数余子式乘积之和，即

$$D = a_{i1}A_{i1} + a_{i2}A_{i2} + \cdots + a_{in}A_{in} = \sum_{k=1}^{n} a_{ik}A_{ik} \quad (i = 1, 2, \cdots, n),$$

或

$$D = a_{1j}A_{1j} + a_{2j}A_{2j} + \cdots + a_{nj}A_{nj} = \sum_{k=1}^{n} a_{kj}A_{kj} \quad (j = 1, 2, \cdots, n).$$

证 分三步证明此定理.

（1）考虑行列式

$$D_1 = \begin{vmatrix} a_{11} & 0 & \cdots & 0 \\ a_{21} & a_{22} & \cdots & a_{2n} \\ \vdots & \vdots & & \vdots \\ a_{n1} & a_{n2} & \cdots & a_{nn} \end{vmatrix},$$

由行列式的递归（推）定义有

$$D_1 = a_{11}A_{11},$$

（2）设行列式

$$D_2=\begin{vmatrix} a_{11} & \cdots & a_{1j} & \cdots & a_{1n} \\ \vdots & & \vdots & & \vdots \\ 0 & \cdots & a_{ij} & \cdots & 0 \\ \vdots & & \vdots & & \vdots \\ a_{n1} & \cdots & a_{nj} & \cdots & a_{nn} \end{vmatrix},$$

D_2 经过 $i-1$ 次行对换得

$$\begin{vmatrix} 0 & \cdots & a_{ij} & \cdots & 0 \\ a_{11} & \cdots & a_{1j} & \cdots & a_{1n} \\ \vdots & & \vdots & & \vdots \\ a_{i-11} & \cdots & a_{i-1j} & \cdots & a_{i-1n} \\ a_{i+11} & \cdots & a_{i+1j} & \cdots & a_{i+1n} \\ \vdots & & \vdots & & \vdots \\ a_{n1} & \cdots & a_{nj} & \cdots & a_{nn} \end{vmatrix},$$

再经过 $j-1$ 次列对换得

$$\begin{vmatrix} a_{ij} & 0 & \cdots & 0 & 0 & \cdots & 0 \\ a_{1j} & a_{11} & \cdots & a_{1j-1} & a_{1j+1} & \cdots & a_{1n} \\ \vdots & & & & & & \\ a_{i-1j} & a_{i-11} & \cdots & a_{i-1j-1} & a_{i-1j+1} & \cdots & a_{i-1n} \\ a_{i+1j} & a_{i+11} & \cdots & a_{i+1j-1} & a_{i+1j+1} & \cdots & a_{i+1n} \\ \vdots & & & \vdots & & & \vdots \\ a_{nj} & a_{n1} & \cdots & a_{nj-1} & a_{nj+1} & \cdots & a_{nn} \end{vmatrix},$$

所以

$$D_2=\begin{vmatrix} a_{11} & \cdots & a_{1j} & \cdots & a_{1n} \\ \vdots & & \vdots & & \vdots \\ 0 & \cdots & a_{ij} & \cdots & 0 \\ \vdots & & \vdots & & \vdots \\ a_{n1} & \cdots & a_{nj} & \cdots & a_{nn} \end{vmatrix}=(-1)^{i+j}a_{ij}M_{ij}=a_{ij}A_{ij}.$$

（3）由性质2.4，可得

$$D=\begin{vmatrix} a_{11} & a_{12} & \cdots & a_{1n} \\ \vdots & \vdots & & \vdots \\ a_{i1} & a_{i2} & \cdots & a_{in} \\ \vdots & \vdots & & \vdots \\ a_{n1} & a_{n2} & \cdots & a_{nn} \end{vmatrix}$$

$$=\begin{vmatrix} a_{11} & a_{12} & \cdots & a_{1n} \\ \vdots & \vdots & & \vdots \\ a_{i1}+0+\cdots+0 & 0+a_{i2}+\cdots+0 & \cdots & 0+\cdots+0+a_{in} \\ \vdots & \vdots & & \vdots \\ a_{n1} & a_{n2} & \cdots & a_{nn} \end{vmatrix}$$

$$=\begin{vmatrix} a_{11} & a_{12} & \cdots & a_{1n} \\ \vdots & \vdots & & \vdots \\ a_{i1} & 0 & \cdots & 0 \\ \vdots & \vdots & & \vdots \\ a_{n1} & a_{n2} & \cdots & a_{nn} \end{vmatrix}+\begin{vmatrix} a_{11} & a_{12} & \cdots & a_{1n} \\ \vdots & \vdots & & \vdots \\ 0 & a_{i2} & \cdots & 0 \\ \vdots & \vdots & & \vdots \\ a_{n1} & a_{n2} & \cdots & a_{nn} \end{vmatrix}+\cdots+\begin{vmatrix} a_{11} & a_{12} & \cdots & a_{1n} \\ \vdots & \vdots & & \vdots \\ 0 & 0 & \cdots & a_{in} \\ \vdots & \vdots & & \vdots \\ a_{n1} & a_{n2} & \cdots & a_{nn} \end{vmatrix},$$

根据（2）得

$$D=a_{i1}A_{i1}+a_{i2}A_{i2}+\cdots+a_{in}A_{in} \quad (i=1,2,\cdots,n).$$

类似地，若按列证明可得：$D=a_{1j}A_{1j}+a_{2j}A_{2j}+\cdots+a_{nj}A_{nj} \quad (j=1,2,\cdots,n)$.

推论 行列式任一行（列）的所有元素与另一行（列）对应元素的代数余子式乘积之和等于零，即

$$a_{i1}A_{j1}+a_{i2}A_{j2}+\cdots+a_{in}A_{jn}=0 \quad (i\neq j),$$

或

$$a_{1i}A_{1j}+a_{2i}A_{2j}+\cdots+a_{ni}A_{nj}=0 \quad (i\neq j).$$

证 设 $D=\det(a_{ij})$，把 D 的第 j 行元素换成第 i 行元素所得的新行列式记为

$$D_1=\begin{vmatrix} a_{11} & a_{12} & \cdots & a_{1n} \\ \vdots & \vdots & & \vdots \\ a_{i1} & a_{i2} & \cdots & a_{in} \\ \vdots & \vdots & & \vdots \\ a_{i1} & a_{i2} & \cdots & a_{in} \\ \vdots & \vdots & & \vdots \\ a_{n1} & a_{n2} & \cdots & a_{nn} \end{vmatrix} \begin{matrix} \\ \\ \leftarrow \text{第 } i \text{ 行} \\ \\ \leftarrow \text{第 } j \text{ 行} \\ \\ \\ \end{matrix},$$

将 D_1 按第 j 行展开，得

$$D_1 = a_{i1}A_{j1} + a_{i2}A_{j2} + \cdots + a_{in}A_{jn}.$$

因 D_1 有两行完全相同，故 $D_1 = 0$，从而

$$a_{i1}A_{j1} + a_{i2}A_{j2} + \cdots + a_{in}A_{jn} = 0 \ (i \neq j).$$

同样，对列的情形有

$$a_{1i}A_{1j} + a_{2i}A_{2j} + \cdots + a_{ni}A_{nj} = 0 \quad (i \neq j).$$

综合性质2.5及推论，有展开式

$$\sum_{k=1}^{n} a_{ik}A_{jk} = \begin{cases} D, & i = j, \\ 0, & i \neq j; \end{cases} \tag{2.10}$$

或

$$\sum_{k=1}^{n} a_{ki}A_{kj} = \begin{cases} D, & i = j, \\ 0, & i \neq j. \end{cases} \tag{2.10$'$}$$

性质2.6　把行列式的某一行（列）的各元素乘以同一数后加到另一行（列）对应的元素上去，行列式的值不变. 即

$$\begin{vmatrix} a_{11} & a_{12} & \cdots & a_{1n} \\ \vdots & \vdots & & \vdots \\ a_{i1}+ka_{j1} & a_{i2}+ka_{j2} & \cdots & a_{in}+ka_{jn} \\ \vdots & \vdots & & \vdots \\ a_{j1} & a_{j2} & \cdots & a_{jn} \\ \vdots & \vdots & & \vdots \\ a_{n1} & a_{n2} & \cdots & a_{nn} \end{vmatrix} = \begin{vmatrix} a_{11} & a_{12} & \cdots & a_{1n} \\ \vdots & \vdots & & \vdots \\ a_{i1} & a_{i2} & \cdots & a_{in} \\ \vdots & \vdots & & \vdots \\ a_{j1} & a_{j2} & \cdots & a_{jn} \\ \vdots & \vdots & & \vdots \\ a_{n1} & a_{n2} & \cdots & a_{nn} \end{vmatrix}.$$

证　由性质2.4，

$$左边 = \begin{vmatrix} a_{11} & a_{12} & \cdots & a_{1n} \\ \vdots & \vdots & & \vdots \\ a_{i1} & a_{i2} & \cdots & a_{in} \\ \vdots & \vdots & & \vdots \\ a_{j1} & a_{j2} & \cdots & a_{jn} \\ \vdots & \vdots & & \vdots \\ a_{n1} & a_{n2} & \cdots & a_{nn} \end{vmatrix} + \begin{vmatrix} a_{11} & a_{12} & \cdots & a_{1n} \\ \vdots & \vdots & & \vdots \\ ka_{j1} & ka_{j2} & \cdots & ka_{jn} \\ \vdots & \vdots & & \vdots \\ a_{j1} & a_{j2} & \cdots & a_{jn} \\ \vdots & \vdots & & \vdots \\ a_{n1} & a_{n2} & \cdots & a_{nn} \end{vmatrix}.$$

由性质2.3的推论3知上面的第2个行列式为零，故左、右两边相等.

利用行列式的这些性质可以简化行列式的计算.

为了方便，引进以下记号：

（1）交换行列式 i，j 两行（列），记作 $r_i \leftrightarrow r_j (c_i \leftrightarrow c_j)$；

（2）把行列式的第 i 行（列）提出公因子 k ，记作 $r_i \div k(c_i \div k)$ ；

（3）把行列式的第 j 行（列）的 k 倍加到第 i 行（列）上，记作 $r_i + kr_j\ (c_i + kc_j)$.

例 2.4 计算行列式 $\begin{vmatrix} 0 & 2 & -2 & 2 \\ 1 & 3 & 0 & 4 \\ -2 & -11 & 3 & -16 \\ 0 & -7 & 3 & 1 \end{vmatrix}$.

解

$$\begin{vmatrix} 0 & 2 & -2 & 2 \\ 1 & 3 & 0 & 4 \\ -2 & -11 & 3 & -16 \\ 0 & -7 & 3 & 1 \end{vmatrix} \xlongequal{r_1 \leftrightarrow r_2} -\begin{vmatrix} 1 & 3 & 0 & 4 \\ 0 & 2 & -2 & 2 \\ -2 & -11 & 3 & -16 \\ 0 & -7 & 3 & 1 \end{vmatrix} \xlongequal{r_3 + 2r_1} -\begin{vmatrix} 1 & 3 & 0 & 4 \\ 0 & 2 & -2 & 2 \\ 0 & -5 & 3 & -8 \\ 0 & -7 & 3 & 1 \end{vmatrix}$$

$$\xlongequal{\frac{1}{2}r_2} -2\begin{vmatrix} 1 & 3 & 0 & 4 \\ 0 & 1 & -1 & 1 \\ 0 & -5 & 3 & -8 \\ 0 & -7 & 3 & 1 \end{vmatrix} \xlongequal[r_4 + 7r_2]{r_3 + 5r_2} -2\begin{vmatrix} 1 & 3 & 0 & 4 \\ 0 & 1 & -1 & 1 \\ 0 & 0 & -2 & -3 \\ 0 & 0 & -4 & 8 \end{vmatrix} \xlongequal{r_4 + (-2)r_3} -2\begin{vmatrix} 1 & 3 & 0 & 4 \\ 0 & 1 & -1 & 1 \\ 0 & 0 & -2 & -3 \\ 0 & 0 & 0 & 14 \end{vmatrix} = 56.$$

在计算这个行列式时，做变换 $r_1 \leftrightarrow r_2$， $\frac{1}{2}r_2$ 的目的是使 a_{11}、a_{22} 位置的元素变成1，这样，在后面的计算中可以避免分数的出现.

计算行列式时，要仔细观察行列式的特点，虽然行列式的值是唯一的，但计算过程不唯一，根据行列式的特点合理利用性质，可简化计算.

例 2.5 计算

$$D_n = \begin{vmatrix} x & a & \cdots & a \\ a & x & \cdots & a \\ \vdots & \vdots & & \vdots \\ a & a & \cdots & x \end{vmatrix}.$$

解 由于行列式的每列元素之和都是 $x+(n-1)a$ ，把第2，3，4，…，n 行都加到第一行，提出第一行公因子 $x+(n-1)a$ ，然后把第一行乘 $(-a)$ 分别加到第2，3，4，…，n 行.

$$D_n = [x+(n-1)a]\begin{vmatrix} 1 & 1 & \cdots & 1 \\ a & x & \cdots & a \\ \vdots & \vdots & & \vdots \\ a & a & \cdots & x \end{vmatrix}$$

$$= [x+(n-1)a]\begin{vmatrix} 1 & 1 & \cdots & 1 \\ 0 & x-a & \cdots & 0 \\ \vdots & \vdots & & \vdots \\ 0 & 0 & \cdots & x-a \end{vmatrix}$$

$$= [x+(n-1)a](x-a)^{n-1}.$$

下面介绍一类重要的行列式.

例 2.6 证明范德蒙行列式

$$D_n=\begin{vmatrix}1 & 1 & \cdots & 1 & 1\\ x_1 & x_2 & \cdots & x_{n-1} & x_n\\ x_1^2 & x_2^2 & \cdots & x_{n-1}^2 & x_n^2\\ \vdots & \vdots & & \vdots & \vdots\\ x_1^{n-1} & x_2^{n-1} & \cdots & x_{n-1}^{n-1} & x_n^{n-1}\end{vmatrix}=\prod_{1\leqslant j<i\leqslant n}(x_i-x_j).$$

证 从最后一行开始，每一行减去前一行的 x_n 倍，有

$$D_n\xlongequal[i=n,\cdots,2]{r_i-x_nr_{i-1}}\begin{vmatrix}1 & 1 & \cdots & 1 & 1\\ (x_1-x_n) & (x_2-x_n) & \cdots & (x_{n-1}-x_n) & 0\\ x_1(x_1-x_n) & x_2(x_2-x_n) & \cdots & x_{n-1}(x_{n-1}-x_n) & 0\\ \vdots & \vdots & & \vdots & \vdots\\ x_1^{n-2}(x_1-x_n) & x_2^{n-2}(x_2-x_n) & \cdots & x_{n-1}^{n-2}(x_{n-1}-x_n) & 0\end{vmatrix}$$

$$=(-1)^{1+n}(x_1-x_n)(x_2-x_n)\cdots(x_{n-1}-x_n)D_{n-1}$$

$$=(x_n-x_{n-1})(x_n-x_{n-2})\cdots(x_n-x_1)D_{n-1}$$

$$D_k=(x_k-x_{k-1})(x_k-x_{k-2})\cdots(x_k-x_1)D_{k-1},\quad (k=n,n-1,\cdots,3),$$

$$D_2=\begin{vmatrix}1 & 1\\ x_1 & x_2\end{vmatrix}=x_2-x_1,$$

$$\begin{aligned}D_n=&(x_n-x_{n-1})(x_n-x_{n-2})\cdots(x_n-x_2)(x_n-x_1)\\ &(x_{n-1}-x_{n-2})\cdots(x_{n-1}-x_2)(x_{n-1}-x_1)\\ &\cdots\cdots\\ &(x_3-x_2)(x_3-x_1)\\ &(x_2-x_1).\end{aligned}$$

行列式的计算方式灵活多样，技巧性也很强，前面的例题只是给出了众多方法中的几种，要想能熟练计算行列式，必须熟记行列式的性质，多做习题加以巩固.

习题2-2

1. 设3阶行列式 D 的第二行元素分别为1，2，0，第三行元素的余子式分别为 $6,x,19$，求 x 的值.

2. 设

$$D=\begin{vmatrix}a_{11} & a_{12} & a_{13}\\ a_{21} & a_{22} & a_{23}\\ a_{31} & a_{32} & a_{33}\end{vmatrix}=1,$$

试计算

$$D_1=\begin{vmatrix}4a_{11} & 2a_{11}-3a_{12} & a_{13}\\ 4a_{21} & 2a_{21}-3a_{22} & a_{23}\\ 4a_{31} & 2a_{31}-3a_{32} & a_{33}\end{vmatrix}.$$

3. 计算下列行列式.

（1）$\begin{vmatrix} -ab & ac & ae \\ bd & -cd & de \\ bf & cf & -ef \end{vmatrix}$；（2）$\begin{vmatrix} 0 & -1 & -1 & 2 \\ 1 & -1 & 0 & 2 \\ -1 & 2 & -1 & 0 \\ 2 & 1 & 1 & 0 \end{vmatrix}$；

（3）$\begin{vmatrix} 4 & 1 & 2 & 4 \\ 1 & 2 & 0 & 2 \\ 10 & 5 & 2 & 0 \\ 0 & 1 & 1 & 7 \end{vmatrix}$；（4）$\begin{vmatrix} 1 & -5 & 3 & -3 \\ 2 & 0 & 1 & -1 \\ 3 & 1 & -1 & 2 \\ 4 & 1 & 3 & -1 \end{vmatrix}$.

4. 证明.

（1）$\begin{vmatrix} a^2 & ab & b^2 \\ 2a & a+b & 2b \\ 1 & 1 & 1 \end{vmatrix}=(a-b)^3$；

（2）$\begin{vmatrix} (a+4)^2 & (a+3)^2 & (a+2)^2 & (a+1)^2 \\ (b+4)^2 & (b+3)^2 & (b+2)^2 & (b+1)^2 \\ (c+4)^2 & (c+3)^2 & (c+2)^2 & (c+1)^2 \\ (d+4)^2 & (d+3)^2 & (d+2)^2 & (d+1)^2 \end{vmatrix}=0$；

（3）$\begin{vmatrix} x_1 & a_{12} & a_{13} & \cdots & a_{1n} \\ x_1 & x_2 & a_{23} & \cdots & a_{2n} \\ x_1 & x_2 & x_3 & \cdots & a_{3n} \\ \vdots & \vdots & \vdots & & \vdots \\ x_1 & x_2 & x_3 & \cdots & x_n \end{vmatrix}=x_1(x_2-a_{12})(x_3-a_{23})\cdots(x_n-a_{n-1\,n})$.

5. 解方程$\begin{vmatrix} \lambda & 1 & 1 \\ 1 & \lambda & 1 \\ 1 & 1 & \lambda \end{vmatrix}=0$.

6. 计算下列 n 阶行列式.

（1）$\begin{vmatrix} \alpha & 0 & \cdots & 0 & \beta \\ \beta & \alpha & \cdots & 0 & 0 \\ 0 & \beta & \alpha & \cdots & 0 \\ \cdots & \cdots & \ddots & \ddots & \cdots \\ 0 & 0 & 0 & \beta & \alpha \end{vmatrix}$；（2）$\begin{vmatrix} 1 & 2 & 3 & \cdots & n \\ 2 & 1 & 0 & \cdots & 0 \\ 3 & 0 & 1 & \cdots & 0 \\ \vdots & \vdots & \vdots & & \vdots \\ n & 0 & 0 & \cdots & 1 \end{vmatrix}$；

（3）$\begin{vmatrix} 1 & 2 & 2 & \cdots & 2 \\ 2 & 2 & 2 & \cdots & 2 \\ 2 & 2 & 3 & \cdots & 2 \\ \vdots & \vdots & \vdots & & \vdots \\ 2 & 2 & 2 & \cdots & n \end{vmatrix}$；（4）$\begin{vmatrix} 0 & 0 & \cdots & 0 & 1 & 0 \\ 0 & 0 & \cdots & 2 & 0 & 0 \\ \vdots & \vdots & & \vdots & \vdots & \vdots \\ n-1 & 0 & \cdots & 0 & 0 & 0 \\ 0 & 0 & \cdots & 0 & 0 & n \end{vmatrix}$；

$$(5)\quad \begin{vmatrix} 1+a_1 & 1 & \dots & 1 \\ 1 & 1+a_2 & \dots & 1 \\ \vdots & \vdots & & \vdots \\ 1 & 1 & \dots & 1+a_n \end{vmatrix} \quad (a_1a_2\dots a_n \neq 0).$$

第三节　行列式的应用

行列式作为一种运算工具，在很多方面都有广泛的应用. 本节将利用行列式讨论方阵的逆、矩阵的秩及线性方程组在某种特殊情况下的求解问题.

一、方阵的行列式

方阵与行列式是两个不同的概念，n 阶方阵是 n^2 个数按一定方式排成的数表，而 n 阶行列式则是 n^2 个数按一定的运算法则所确定的一个数.但由一个 n 阶方阵的 n^2 个数，按原有顺序排列，可以构成一个行列式.

例如二阶方阵

$$\boldsymbol{A}=\begin{bmatrix} 2 & 3 \\ 6 & 8 \end{bmatrix}$$

中的4个元素按原顺序排列，可构成一个二阶行列式

$$D=\begin{vmatrix} 2 & 3 \\ 6 & 8 \end{vmatrix}=-2.$$

定义 2.4　由 n 阶方阵 $\boldsymbol{A}$ 的元素所构成的行列式（各元素的位置不变），叫作方阵 $\boldsymbol{A}$ 的行列式，记作 $|\boldsymbol{A}|$ 或 $\det\boldsymbol{A}$.

方阵行列式有如下性质：

设 $\boldsymbol{A}$，$\boldsymbol{B}$ 为 n 阶方阵，k 为数.

（1）$|\boldsymbol{A}^{\mathrm{T}}|=|\boldsymbol{A}|$；

（2）$|k\boldsymbol{A}|=k^n|\boldsymbol{A}|$；

（3）$|\boldsymbol{AB}|=|\boldsymbol{A}||\boldsymbol{B}|$；

（4）若 $\boldsymbol{A}$ 可逆，则 $|\boldsymbol{A}^{-1}|=|\boldsymbol{A}|^{-1}$.

（1）（2）的证明由行列式的性质直接得到，（3）的证明从略. 下面证明性质（4）.

证　（4）若 $\boldsymbol{A}$ 可逆，则存在 $\boldsymbol{A}^{-1}$，使

$$\boldsymbol{AA}^{-1}=\boldsymbol{E},$$

从而由性质（3）有

$$|\boldsymbol{A}||\boldsymbol{A}^{-1}|=|\boldsymbol{E}|=1,$$

所以

$$\left|A^{-1}\right|=|A|^{-1}.$$

由（3）可知，对于 n 阶方阵 A，B，一般来说 $AB\neq BA$，但总有 $|AB|=|BA|$.

例 2.7 设 A 为 n 阶方阵，满足 $AA^{\mathrm{T}}=E$，且 $|A|=-1$，求 $|A+E|$.

解 由于

$$\begin{aligned}|A+E|&=\left|A+AA^{\mathrm{T}}\right|=\left|A\ (E+A^{\mathrm{T}})\right|\\&=|A|\left|E+A^{\mathrm{T}}\right|=-\left|(E+A)^{\mathrm{T}}\right|\\&=-|A+E|,\end{aligned}$$

所以

$$2|A+E|=0,$$

即

$$|A+E|=0.$$

二、伴随矩阵

下面利用行列式的知识讨论矩阵可逆的充分必要条件及逆矩阵的一种求法.

定义 2.5 由 n 阶方阵 A 的行列式 $|A|$ 的各个元素的代数余子式 A_{ij} $(i=1,2,\cdots,n;$ $j=1,2,\cdots,n)$ 所构成的方阵

$$A^{*}=\begin{bmatrix}A_{11}&A_{21}&\cdots&A_{n1}\\A_{12}&A_{22}&\cdots&A_{n2}\\\vdots&\vdots&&\vdots\\A_{1n}&A_{2n}&\cdots&A_{nn}\end{bmatrix}$$

称为方阵 A 的伴随矩阵. 它是 A 的每个元素换成其对应的代数余子式，然后再转置得到的矩阵.

定理 2.1 若矩阵 A 可逆，则 $|A|\neq 0$.

证 若 A 可逆，则存在 A^{-1}，使

$$AA^{-1}=E,$$

从而有

$$|A|\left|A^{-1}\right|=|E|=1,$$

所以

$$|A|\neq 0.$$

定理 2.2 若 $|A|\neq 0$，则矩阵 A 可逆，且

$$A^{-1}=\frac{1}{|A|}A^{*},$$

其中，A^{*} 为矩阵 A 的伴随矩阵.

证 由于

$$a_{i1}A_{j1}+a_{i2}A_{j2}+\cdots+a_{in}A_{jn}=\begin{cases}|A|, & i=j,\\0, & i\neq j,\end{cases}$$

所以

$$AA^*=\begin{bmatrix}a_{11}&a_{12}&\cdots&a_{1n}\\a_{21}&a_{22}&\cdots&a_{2n}\\\vdots&\vdots&&\vdots\\a_{n1}&a_{n2}&\cdots&a_{nn}\end{bmatrix}\begin{bmatrix}A_{11}&A_{21}&\cdots&A_{n1}\\A_{12}&A_{22}&\cdots&A_{n2}\\\vdots&\vdots&&\vdots\\A_{1n}&A_{2n}&\cdots&A_{nn}\end{bmatrix}$$

$$=\begin{bmatrix}|A|&0&\cdots&0\\0&|A|&\cdots&0\\\vdots&\vdots&&\vdots\\0&0&\cdots&|A|\end{bmatrix}=|A|E.$$

又由于$|A|\neq 0$，故

$$A\left[\frac{1}{|A|}A^*\right]=E .$$

同理可得

$$\left[\frac{1}{|A|}A^*\right]A=E ,$$

故定理2.2成立.

注：若$a\neq 0$，则$a^{-1}=\dfrac{1}{a}$.

例2.8 判定下列方阵是否可逆，若可逆，求其逆矩阵.

（1）$A=\begin{bmatrix}1&2\\3&4\end{bmatrix}$；（2）$B=\begin{bmatrix}1&2&3\\4&5&6\\3&3&3\end{bmatrix}$.

解 （1）因为

$$|A|=-2\neq 0 ,$$

所以A可逆. 而

$$A^*=\begin{bmatrix}4&-2\\-3&1\end{bmatrix}.$$

由求逆矩阵的公式，得

$$A^{-1}=\frac{1}{|A|}A^*=-\frac{1}{2}\begin{bmatrix}4&-2\\-3&1\end{bmatrix}=\begin{bmatrix}-2&1\\\frac{3}{2}&-\frac{1}{2}\end{bmatrix}.$$

（2）因为

$$|B|=0 ,$$

所以B不可逆.

一般地，二阶方阵的伴随矩阵具有规律：主对角线对换，副对角线变号，因此，二阶方阵求逆矩阵用伴随矩阵法简捷.

由定理2.2可得下面的推论.

推论 设 $\boldsymbol{A}$ 为 n 阶方阵，若有 n 阶方阵 $\boldsymbol{B}$，使 $\boldsymbol{AB}=\boldsymbol{E}$ （或 $\boldsymbol{BA}=\boldsymbol{E}$ ），则 $\boldsymbol{B}=\boldsymbol{A}^{-1}$.

证 由 $\boldsymbol{AB}=\boldsymbol{E}$，得

$$|\boldsymbol{AB}|=|\boldsymbol{A}||\boldsymbol{B}|=|\boldsymbol{E}|=1,$$

所以 $|\boldsymbol{A}|\neq 0$，由定理2知 $\boldsymbol{A}$ 可逆，故 $\boldsymbol{A}^{-1}$ 存在. 于是

$$\boldsymbol{B}=\boldsymbol{EB}=(\boldsymbol{A}^{-1}\boldsymbol{A})\boldsymbol{B}=\boldsymbol{A}^{-1}(\boldsymbol{AB})\ \ =\boldsymbol{A}^{-1}\boldsymbol{E}=\boldsymbol{A}^{-1}.$$

由推论可知，对于两个 n 阶方阵 $\boldsymbol{A}$，$\boldsymbol{B}$，若 $\boldsymbol{AB}=\boldsymbol{E}$ （或 $\boldsymbol{BA}=\boldsymbol{E}$ ），则 $\boldsymbol{A}$，$\boldsymbol{B}$ 互为逆矩阵. 不必再验证 $\boldsymbol{BA}=\boldsymbol{E}$ （或 $\boldsymbol{AB}=\boldsymbol{E}$ ）.

例2.9 设 $\boldsymbol{B}^2=\boldsymbol{B}$，$\boldsymbol{A}=\boldsymbol{E}+\boldsymbol{B}$，证明 $\boldsymbol{A}$ 可逆且 $\boldsymbol{A}^{-1}=\frac{1}{2}(3\boldsymbol{E}-\boldsymbol{A})$.

证 因为

$$\begin{aligned}\boldsymbol{A}\left[\frac{1}{2}(3\boldsymbol{E}-\boldsymbol{A})\right]&=\frac{3}{2}\boldsymbol{A}-\frac{1}{2}\boldsymbol{A}^2\\&=\frac{3}{2}(\boldsymbol{E}+\boldsymbol{B})-\frac{1}{2}(\boldsymbol{E}+\boldsymbol{B})^2\\&=\frac{3}{2}\boldsymbol{E}+\frac{3}{2}\boldsymbol{B}-\frac{1}{2}(\boldsymbol{E}^2+2\boldsymbol{B}+\boldsymbol{B}^2)\\&=\frac{3}{2}\boldsymbol{E}+\frac{3}{2}\boldsymbol{B}-\frac{1}{2}\boldsymbol{E}-\boldsymbol{B}-\frac{1}{2}\boldsymbol{B}^2\\&=\boldsymbol{E},\end{aligned}$$

所以 $\boldsymbol{A}$ 可逆且 $\boldsymbol{A}^{-1}=\frac{1}{2}(3\boldsymbol{E}-\boldsymbol{A})$.

三、矩阵的秩

对于一个 n 阶矩阵 $\boldsymbol{A}$ 来说，其行列式 $|\boldsymbol{A}|$ 是否为零，成为判断 $\boldsymbol{A}$ 是否可逆的重要条件. 对于任一个 $m\times n$ 矩阵 $\boldsymbol{A}$ 来说，也可以利用行列式理论来探讨 $\boldsymbol{A}$ 的内在特性，这就是矩阵的秩的概念.矩阵的秩是线性代数中的一个重要概念，它描述了矩阵的一个数值特征.

对于一般的矩阵，若行数与列数不相等，则不能构成行列式. 下面介绍矩阵的子式.

定义2.6 设 $m\times n$ 矩阵 $\boldsymbol{A}=\left[a_{ij}\right]$，在 $\boldsymbol{A}$ 中任取 k 行与 k 列($1\leqslant k\leqslant\min\{m,n\}$)，位于这些行和列交叉处的 k^2 个元素按照原次序构成的 k 阶行列式， 称为 $\boldsymbol{A}$ 的一个 **k 阶子式**.

显然，n 阶方阵只有一个 n 阶子式，即为该方阵的行列式. 一般地，$m\times n$ 矩阵 $\boldsymbol{A}$ 的 k 阶子式总共有 $\mathrm{C}_m^k\mathrm{C}_n^k$ 个.

例如 对矩阵

$$\boldsymbol{A}=\begin{bmatrix}1&2&3\\2&3&-5\\4&7&1\end{bmatrix},$$

取第1行、第3行和第2列、第3列，位于这些行列相交处的4个元素组成一个二阶子式

$$\begin{vmatrix}2&3\\7&1\end{vmatrix}=-19.$$

定义2.7 设矩阵 $\boldsymbol{A}$ 中有一个不等于零的 r 阶子式 D，且所有 $r+1$ 阶子式（如果存

在）全等于零，那么 D 称为矩阵 $\boldsymbol{A}$ 的最高阶非零子式，数 r 称为**矩阵 $\boldsymbol{A}$ 的秩**，记作 $r(\boldsymbol{A})$，并规定 $r(\boldsymbol{O})=0$.

由定义可以看出：

（1）若 $\boldsymbol{A}$ 是 $m\times n$ 矩阵，则 $r(\boldsymbol{A})\leqslant\min\{m,n\}$；

（2）$k\neq 0$ 时 $r(k\boldsymbol{A})=r(\boldsymbol{A})$；

（3）$r(\boldsymbol{A}^{\mathrm{T}})=r(\boldsymbol{A})$；

（4）若 $\boldsymbol{A}$ 中存在一个 r 阶子式不为零，则 $r(\boldsymbol{A})\geqslant r$.

如果 n 阶方阵 $\boldsymbol{A}$ 的秩等于 n，则称 $\boldsymbol{A}$ 为满秩矩阵，否则称 $\boldsymbol{A}$ 为降秩矩阵.

若 $r(\boldsymbol{A})=n$，从而 $|\boldsymbol{A}|\neq 0$，即满秩矩阵就是可逆矩阵，又称非奇异矩阵；降秩矩阵就是不可逆矩阵，也是奇异矩阵.

例 2.10 求矩阵

$$\boldsymbol{A}=\begin{bmatrix}1 & 1 & 3 & 1\\0 & 2 & -1 & 4\\0 & 0 & 0 & 5\\0 & 0 & 0 & 0\end{bmatrix}$$

的秩.

解 容易算出二阶子式

$$\begin{vmatrix}1 & 1\\0 & 2\end{vmatrix}=2\neq 0,$$

三阶子式

$$\begin{vmatrix}1 & 1 & 1\\0 & 2 & 4\\0 & 0 & 5\end{vmatrix}=10\neq 0.$$

而矩阵的唯一一个四阶子式 $|\boldsymbol{A}|=0$，所以 $r(\boldsymbol{A})=3$.

由定义 2.7 结合例 2.10 可以看出：行阶梯形矩阵的秩等于它的非零行的个数.

一般地，按定义求矩阵的秩，需要计算很多行列式，非常麻烦，下面讨论通过初等变换求矩阵的秩.

定理 2.3 初等变换不改变矩阵的秩，即等价矩阵有相同的秩.

证明从略.

定理 2.3 表明，若 $\boldsymbol{A}$ 经有限次初等变换变为 $\boldsymbol{B}$，则 $r(\boldsymbol{A})=r(\boldsymbol{B})$.

由于初等变换不改变矩阵的秩，所以可先用初等变换将矩阵化简为行阶梯形矩阵，然后再求矩阵的秩.

例 2.11 求矩阵

$$\boldsymbol{A}=\begin{bmatrix}2 & -3 & 8 & 2\\2 & 12 & -2 & 12\\1 & 3 & 1 & 4\end{bmatrix}$$

的秩.

解

$$A\xrightarrow{r_1\leftrightarrow r_3}\begin{bmatrix}1&3&1&4\\2&12&-2&12\\2&-3&8&2\end{bmatrix}$$

$$\xrightarrow[r_3-2r_1]{r_2-2r_1}\begin{bmatrix}1&3&1&4\\0&6&-4&4\\0&-9&6&-6\end{bmatrix}$$

$$\xrightarrow{r_3+\frac{3}{2}r_2}\begin{bmatrix}1&3&1&4\\0&6&-4&4\\0&0&0&0\end{bmatrix}=\boldsymbol{B}.$$

因为行阶梯形矩阵 $\boldsymbol{B}$ 有2个非零行，所以 $r(\boldsymbol{A})=2$.

四、Cramer法则

用行列式解线性方程组，在本章开始已做了介绍，但只限于解二、三元线性方程组，下面讨论用行列式来解 n 元线性方程组的问题.

作为行列式的应用，下面讨论未知量个数等于方程个数的线性方程组：

$$\begin{cases}a_{11}x_1+a_{12}x_2+\cdots+a_{1n}x_n=b_1,\\a_{21}x_1+a_{22}x_2+\cdots+a_{2n}x_n=b_2,\\\qquad\qquad\vdots\\a_{n1}x_1+a_{n2}x_2+\cdots+a_{nn}x_n=b_n,\end{cases}\tag{2.11}$$

其系数矩阵为

$$\boldsymbol{A}=\begin{bmatrix}a_{11}&a_{12}&\cdots&a_{1n}\\a_{21}&a_{22}&\cdots&a_{2n}\\\vdots&\vdots&&\vdots\\a_{n1}&a_{n2}&\cdots&a_{nn}\end{bmatrix}.$$

与二、三元线性方程组类似，若 n 元线性方程组（2.11）的系数行列式 $|\boldsymbol{A}|\neq 0$ ，则它的解也可用 n 阶行列式表示.

关于 n 元线性方程组（2.11）的解有下面的克莱姆（Cramer）法则.

定理2.4 （克莱姆法则） 若方程组（2.11）的系数行列式

$$|\boldsymbol{A}|=\begin{vmatrix}a_{11}&a_{12}&\cdots&a_{1n}\\a_{21}&a_{22}&\cdots&a_{2n}\\\vdots&\vdots&&\vdots\\a_{n1}&a_{n2}&\cdots&a_{nn}\end{vmatrix}\neq 0,$$

则方程组存在唯一解

$$x_1=\frac{|\boldsymbol{A}_1|}{|\boldsymbol{A}|},x_2=\frac{|\boldsymbol{A}_2|}{|\boldsymbol{A}|},\cdots,x_n=\frac{|\boldsymbol{A}_n|}{|\boldsymbol{A}|},\tag{2.12}$$

其中

$$|A_1|=\begin{vmatrix} b_1 & a_{12} & \cdots & a_{1n} \\ b_2 & a_{22} & \cdots & a_{2n} \\ \vdots & \vdots & & \vdots \\ b_n & a_{n2} & \cdots & a_{nn} \end{vmatrix},\quad |A_2|=\begin{vmatrix} a_{11} & b_1 & a_{13} & \cdots & a_{1n} \\ a_{21} & b_2 & a_{23} & \cdots & a_{2n} \\ \vdots & \vdots & \vdots & & \vdots \\ a_{n1} & b_n & a_{n3} & \cdots & a_{nn} \end{vmatrix},\quad \cdots,$$

$$|A_n|=\begin{vmatrix} a_{11} & a_{12} & a_{13} & \cdots & b_1 \\ a_{21} & a_{22} & a_{23} & \cdots & b_2 \\ \vdots & \vdots & \vdots & & \vdots \\ a_{n1} & a_{n2} & a_{n3} & \cdots & b_n \end{vmatrix}$$

是把系数行列式 $|A|$ 中的第 $1,2,\cdots,n$ 列的元素用方程组右端的常数列 $b_1,b_2,\cdots,b_n$ 代替后所得到的 n 阶行列式.

证 记

$$\boldsymbol{b}=\begin{bmatrix} b_1 \\ b_2 \\ \vdots \\ b_n \end{bmatrix},\ \boldsymbol{x}=\begin{bmatrix} x_1 \\ x_2 \\ \vdots \\ x_n \end{bmatrix},$$

方程组用矩阵表示为

$$\boldsymbol{Ax}=\boldsymbol{b}. \tag{2.13}$$

其中 $|\boldsymbol{A}|\neq 0$, $\boldsymbol{A}$ 可逆.

由 $\boldsymbol{A}(\boldsymbol{A}^{-1}\boldsymbol{b})=\boldsymbol{b}$ 可得，方程组有解

$$\boldsymbol{x}=\boldsymbol{A}^{-1}\boldsymbol{b}.$$

设 $\boldsymbol{x}_0$ 也为 $\boldsymbol{Ax}=\boldsymbol{b}$ 的解，即 $\boldsymbol{Ax}_0=\boldsymbol{b}$，两端左乘 $\boldsymbol{A}^{-1}$，得

$$\boldsymbol{x}_0=\boldsymbol{A}^{-1}\boldsymbol{b},$$

所以 $\boldsymbol{x}=\boldsymbol{A}^{-1}\boldsymbol{b}$ 为方程组的唯一解，即

$$\begin{bmatrix} x_1 \\ x_2 \\ \vdots \\ x_n \end{bmatrix}=\frac{1}{|\boldsymbol{A}|}\boldsymbol{A}^*\boldsymbol{b}=\frac{1}{|\boldsymbol{A}|}\begin{bmatrix} A_{11} & A_{21} & \cdots & A_{n1} \\ A_{12} & A_{22} & \cdots & A_{n2} \\ \vdots & \vdots & & \vdots \\ A_{1n} & A_{2n} & \cdots & A_{nn} \end{bmatrix}\begin{bmatrix} b_1 \\ b_2 \\ \vdots \\ b_n \end{bmatrix},$$

两端的第 j 个元素为

$$x_j=\frac{1}{|\boldsymbol{A}|}(A_{1j}b_1+A_{2j}b_2+\cdots+A_{nj}b_n)=\frac{|\boldsymbol{A}_j|}{|\boldsymbol{A}|},$$

其中 $j=1,2,\cdots,n$.

例 2.12 解线性方程组 $\begin{cases} x_1-x_2+x_3+2x_4=0, \\ 2x_1+x_2-x_3+x_4=0, \\ 3x_1+2x_2+x_3+5x_4=5, \\ -x_1-x_2+x_3+x_4=-1. \end{cases}$

解 由于

$$|\boldsymbol{A}|=\begin{vmatrix}1 & -1 & 1 & 2\\ 2 & 1 & -1 & 1\\ 3 & 2 & 1 & 5\\ -1 & -1 & 1 & 1\end{vmatrix}=9\neq 0,$$

从而方程组有唯一解.

$$|\boldsymbol{A}_1|=\begin{vmatrix}0 & -1 & 1 & 2\\ 0 & 1 & -1 & 1\\ 5 & 2 & 1 & 5\\ -1 & -1 & 1 & 1\end{vmatrix}=9,$$

类似可计算得

$$|\boldsymbol{A}_2|=18,\quad |\boldsymbol{A}_3|=27,\quad |\boldsymbol{A}_4|=-9,$$

所以方程组的解为

$$x_1=1,\quad x_2=2,\quad x_3=3,\quad x_4=-1.$$

解线性方程组一般不用Cramer法则，因为计算量非常大，不具有实际计算意义，主要是理论上的意义（例如，给出了解的表达式）.

若 n 元线性方程组（2.11）右端的常数列 $b_1, b_2, \cdots, b_n$ 全为零，即

$$\begin{cases}a_{11}x_1+a_{12}x_2+\cdots+a_{1n}x_n=0,\\ a_{21}x_1+a_{22}x_2+\cdots+a_{2n}x_n=0,\\ \qquad\qquad\vdots\\ a_{n1}x_1+a_{n2}x_2+\cdots+a_{nn}x_n=0,\end{cases}\tag{2.14}$$

则称（2.14）为**齐次线性方程组**. 当常数列 $b_1, b_2, \cdots, b_n$ 不全为零时，称方程组 (2.11) 为**非齐次线性方程组**. 若记

$$\boldsymbol{A}=\begin{bmatrix}a_{11} & a_{12} & \cdots & a_{1n}\\ a_{21} & a_{22} & \cdots & a_{2n}\\ \vdots & \vdots & & \vdots\\ a_{n1} & a_{n2} & \cdots & a_{nn}\end{bmatrix},\quad \boldsymbol{x}=\begin{bmatrix}x_1\\ x_2\\ \vdots\\ x_n\end{bmatrix},$$

则齐次线性方程组用矩阵表示为 $\boldsymbol{Ax}=\boldsymbol{0}$.

显然，齐次线性方程组总有解，$x_1=x_2=\cdots=x_n=0$ 就是它的一组解，称其为零解；若一组不全为零的数是方程组（2.14）的解，则称其为非零解.

若方程组（2.14）的系数行列式 $|\boldsymbol{A}|\neq 0$，则齐次线性方程组有唯一解. 因 $|\boldsymbol{A}_j|$ 中有一列全为零，则 $|\boldsymbol{A}_j|=0$，这样

$$x_j=\frac{|\boldsymbol{A}_j|}{\boldsymbol{A}}=0\quad (j=1,2,\cdots,n),$$

从而齐次方程组（2.14）仅有零解，于是得到如下结论：

推论 若齐次方程组 (2.14) 有非零解， 则它的系数行列式 $|\boldsymbol{A}|=0$.

定理 2.5　n 元齐次线性方程组 $\boldsymbol{Ax}=\boldsymbol{0}$ 有非零解的充分必要条件是系数矩阵 $\boldsymbol{A}$ 的秩 $r(\boldsymbol{A})<n$.

证　必要性：设方程组 $\boldsymbol{Ax}=\boldsymbol{0}$ 有非零解，要证 $r(\boldsymbol{A})<n$.

（用反证法）假设 $r(\boldsymbol{A})=n$，则 $\boldsymbol{A}$ 中必有一个 n 阶子式 $D_n\neq 0$，根据Cramer法则，D_n 对应的 n 个方程只有零解.这与原方程有非零解矛盾，从而 $r(\boldsymbol{A})=n$ 不成立，即 $r(\boldsymbol{A})<n$.

充分性证明将在第四章中给出.

例 2.13　问 λ 取何值时，下面的齐次线性方程组有非零解？

$$\begin{cases}\lambda x_1+x_2+3x_3=0,\\ x_1+(\lambda-1)x_2+x_3=0,\\ x_1+x_2+(\lambda-1)x_3=0.\end{cases}$$

解　若所给齐次线性方程组有非零解，则它的系数行列式 $|\boldsymbol{A}|=0$. 即

$$|\boldsymbol{A}|=\begin{vmatrix}\lambda & 1 & 3\\ 1 & \lambda-1 & 1\\ 1 & 1 & \lambda-1\end{vmatrix}=\begin{vmatrix}\lambda & 1 & 3\\ 1 & \lambda-1 & 1\\ 0 & 2-\lambda & \lambda-2\end{vmatrix}=\begin{vmatrix}\lambda & 1 & 4\\ 1 & \lambda-1 & \lambda\\ 0 & 2-\lambda & 0\end{vmatrix}$$

$$=(2-\lambda)(-1)^{3+2}\begin{vmatrix}\lambda & 4\\ 1 & \lambda\end{vmatrix}=(\lambda-2)^2(\lambda+2)=0.$$

所以当 $\lambda=-2$ 或 $\lambda=2$ 时，该齐次线性方程组有非零解.

习题2-3

1. 设 n 阶可逆矩阵 $\boldsymbol{A}$ 满足 $2|\boldsymbol{A}|=|k\boldsymbol{A}|$（$k>0$），求 k 的值.

2. 设 $\boldsymbol{A}$，$\boldsymbol{B}$ 为3阶方阵，且 $\left|-\frac{1}{3}\boldsymbol{A}\right|=\frac{1}{3}$，$|\boldsymbol{B}|=27$，求 $\left|\boldsymbol{A}^{-1}\boldsymbol{B}\right|$.

3. 设 $\boldsymbol{A}$ 为3阶方阵，$|\boldsymbol{A}|=-\frac{1}{3}$，求 $\left|(4\boldsymbol{A})^{-1}+3\boldsymbol{A}^*\right|$.

4. 用伴随矩阵法求下列矩阵的逆矩阵.

（1）$\begin{bmatrix}2 & 1\\ 5 & 3\end{bmatrix}$；　　（2）$\begin{bmatrix}1 & 2 & 3\\ 2 & 2 & 1\\ 3 & 4 & 3\end{bmatrix}$；

（3）$\begin{bmatrix}1 & 2 & -1\\ 3 & 1 & 0\\ -1 & 0 & -2\end{bmatrix}$；　　（4）$\begin{bmatrix}1 & 0 & 4\\ 2 & 2 & 7\\ 0 & 1 & -2\end{bmatrix}$.

5. 设

$$\boldsymbol{\Lambda}=\begin{bmatrix}0 & & & & \\ & 1 & & & \\ & & 2 & & \\ & & & \ddots & \\ & & & & n-1\end{bmatrix},\quad \boldsymbol{P}^{-1}\boldsymbol{BP}=\boldsymbol{\Lambda},$$

求 $|\boldsymbol{E}+\boldsymbol{B}|$.

6. 已知 $A=\begin{bmatrix}1&5&4\\0&2&4\\1&3&1\end{bmatrix}$，求 $(A^*)^{-1}$.

7. 用分块法求下列矩阵的行列式与逆矩阵.

（1）$\begin{bmatrix}1&3&0&0\\2&8&0&0\\0&0&1&0\\0&0&2&3\end{bmatrix}$；　（2）$\begin{bmatrix}\cos\theta&\sin\theta&0&0&0\\-\sin\theta&\cos\theta&0&0&0\\0&0&1&a&b\\0&0&0&1&a\\0&0&0&0&1\end{bmatrix}$.

8. 用初等变换求下列矩阵的秩.

（1）$\begin{bmatrix}3&1&0&2\\1&-1&2&-1\\1&3&-4&4\end{bmatrix}$；　（2）$\begin{bmatrix}3&2&-1&-3&-1\\2&-1&3&1&-3\\7&0&5&-1&-8\end{bmatrix}$；

（3）$\begin{bmatrix}2&1&8&3&7\\2&-3&0&7&-5\\3&-2&5&8&0\\1&0&3&2&0\end{bmatrix}$；　（4）$\begin{bmatrix}3&4&-5&7\\2&-3&3&-2\\4&11&-13&16\\7&-2&1&3\end{bmatrix}$.

9. 用克莱姆法则解下列方程组.

（1）$\begin{cases}x_1+4x_2-7x_3+6x_4=0,\\ 2x_2+x_3+x_4=-8,\\ x_2+x_3+3x_4=-2,\\ x_1+x_3-x_4=1;\end{cases}$

（2）$\begin{cases}x_1-x_2+3x_3+2x_4=2,\\ x_1+2x_2+6x_4=13,\\ x_2-2x_3+3x_4=8,\\ 4x_1-3x_2+5x_3+x_4=1.\end{cases}$

10. 问 λ,μ 取何值时，齐次线性方程组

$$\begin{cases}\lambda x_1+x_2+x_3=0,\\ x_1+\mu x_2+x_3=0,\\ x_1+2\mu x_2+x_3=0\end{cases}$$

有非零解?

总习题二

A组

1. 选择题.

（1）设 $\boldsymbol{A}$，$\boldsymbol{B}$ 均为 n 阶方阵，则（　　）.

A. $|\boldsymbol{A}+\boldsymbol{B}|=|\boldsymbol{A}|+|\boldsymbol{B}|$　　B. $|\boldsymbol{AB}|=|\boldsymbol{BA}|$

C. $\boldsymbol{AB}=\boldsymbol{BA}$　　D. $(\boldsymbol{AB})^{\mathrm{T}}=\boldsymbol{A}^{\mathrm{T}}\boldsymbol{B}^{\mathrm{T}}$

(2) 四阶行列式 $\left|a_{ij}\right|=\begin{vmatrix}0 & -1 & 1\\ 1 & 0 & -1\\ -1 & 1 & 0\end{vmatrix}$ 中元素 a_{21} 的代数余子式 $A_{21}=$ (　　).

A. −2　　B. −1　　C. 1　　D. 2

(3) 设 $\boldsymbol{A}$ 为 n 阶方阵且 $|\boldsymbol{A}|\neq 0$，下列等式不正确的是（　　）.

A. $|\boldsymbol{A}|=\left|\boldsymbol{A}^{T}\right|$　　B. $\left|\boldsymbol{A}\boldsymbol{A}^{-1}\right|=1$

C. $\left(\boldsymbol{A}^{T}\right)^{T}=\left(\boldsymbol{A}^{-1}\right)^{-1}$　　D. $\boldsymbol{A}|kA|=k|\boldsymbol{A}|(k\neq 0)$

(4) 若四阶方阵 $\boldsymbol{A}$ 的秩为3，则（　　）.

A. $\boldsymbol{A}$ 为可逆阵　　B. 齐次方程组 $\boldsymbol{Ax}=\boldsymbol{0}$ 有非零解

C. 齐次方程组 $\boldsymbol{Ax}=\boldsymbol{0}$ 只有零解　　D. 非齐次方程组 $\boldsymbol{Ax}=\boldsymbol{b}$ 必有解

(5) 矩阵 $\boldsymbol{A}=\begin{bmatrix}3 & 0 & 1\\ 1 & 2 & 0\end{bmatrix}$，$\boldsymbol{B}=\begin{bmatrix}1 & 4\\ 1 & -1\\ 0 & 2\end{bmatrix}$，则行列式 $|\boldsymbol{AB}|=$（　　）.

A. 23　　B. −23　　C. 36　　D. −36

(6) 若 $\begin{vmatrix}a_{11} & a_{12}\\ a_{21} & a_{22}\end{vmatrix}=6$，则 $\begin{vmatrix}a_{12} & 2a_{11} & 0\\ a_{22} & 2a_{21} & 0\\ 0 & -2 & -1\end{vmatrix}$ 的值为（　　）.

A. 12　　B. −12　　C. 18　　D. 0

(7) 若 $\boldsymbol{A}=\begin{bmatrix}1 & 2 & 4\\ 2 & \lambda & 8\\ 3 & 6 & \lambda+8\end{bmatrix}$ 的秩为1，则 $\lambda=$（　　）.

A. 1　　B. 2　　C. 3　　D. 4

(8) 若 $\begin{vmatrix}a_{11} & a_{12}\\ a_{21} & a_{22}\end{vmatrix}=2$，$\begin{vmatrix}a_{13} & a_{11}\\ a_{23} & a_{21}\end{vmatrix}=1$，则 $\begin{vmatrix}a_{11} & a_{12}+a_{13}\\ a_{21} & a_{22}+a_{23}\end{vmatrix}=$（　　）.

A. 3　　B. −3　　C. −1　　D. 1

(9) 设 n 阶行列式 $D=\left|a_{ij}\right|$，A_{ij} 是 D 中元素 a_{ij} 的代数余子式，则下列各式中正确的是（　　）.

A. $\sum_{i=1}^{n}a_{ij}A_{ij}=0$　　B. $\sum_{j=1}^{n}a_{ij}A_{ij}=0$

C. $\sum_{j=1}^{n}a_{ij}A_{ij}=D$　　D. $\sum_{i=1}^{n}a_{i1}A_{i2}=D$

（10）设四阶行列式为 $D_4=\begin{vmatrix} a & b & c & d \\ c & b & d & a \\ d & b & c & a \\ a & b & d & c \end{vmatrix}$，则 $A_{14}+A_{24}+A_{34}+A_{44}=$（　　）.

A. 0　　　　B. $a+b+c+d$

C. $(a+b+c+d)^2$　　　　D. $(a+b+c+d)^4$

2. 填空题.

（1）$\boldsymbol{A}$，$\boldsymbol{B}$ 为三阶矩阵，$|\boldsymbol{A}|=-1$，$|\boldsymbol{B}|=2$，则 $\left|2\left(\boldsymbol{A}^{\mathrm{T}}\boldsymbol{B}^{-1}\right)^2\right|=$________.

（2）若 $\boldsymbol{A},\boldsymbol{B},\boldsymbol{C}$ 均为 n 阶矩阵，且 $\boldsymbol{AB}=\boldsymbol{BC}=\boldsymbol{CA}=\boldsymbol{E}$，则 $\boldsymbol{A}^2+\boldsymbol{B}^2+\boldsymbol{C}^2=$________.

（3）设 $\boldsymbol{A}=\begin{bmatrix} a & a & 1 \\ a & 1 & a \\ 1 & a & a \end{bmatrix}$，则当 a 满足条件________时，$\boldsymbol{A}$ 可逆.

（4）设行列式 $D=\begin{vmatrix} 2 & 2 & 3 \\ 1 & 1 & 2 \\ 2 & x & y \end{vmatrix}$，$A_{ij}$ 是 D 中元素 a_{ij} 的代数余子式，已知 $A_{11}+A_{12}+A_{13}=1$，则 $D=$________.

（5）设 $\boldsymbol{A}=\begin{bmatrix} 0 & 1 \\ 2 & -2 \end{bmatrix}$，$f(x)=\begin{vmatrix} x-1 & x & 0 \\ 0 & x-1 & 2 \\ 1 & 2 & 2 \end{vmatrix}$，则 $f(\boldsymbol{A})=$________.

（6）设矩阵 $\boldsymbol{A}=\begin{bmatrix} 2 & -3 \\ 1 & 4 \end{bmatrix}$，那么 $\boldsymbol{A}$ 的伴随矩阵 $\boldsymbol{A}^*$ 是________.

（7）设 $\boldsymbol{A}$ 为三阶方阵，将 $\boldsymbol{A}$ 按列分块，则 $\boldsymbol{A}=[\boldsymbol{A}_1,\boldsymbol{A}_2,\boldsymbol{A}_3]$，已知 $|\boldsymbol{A}|=3$，则 $|2\boldsymbol{A}_1+\boldsymbol{A}_3,\boldsymbol{A}_3,\boldsymbol{A}_2|=$________.

（8）设 $\boldsymbol{\alpha}=[1,0,-1]^{\mathrm{T}}$，矩阵 $\boldsymbol{A}=\boldsymbol{\alpha}\boldsymbol{\alpha}^{\mathrm{T}}$，$n$ 为正整数，则 $|b\boldsymbol{E}-\boldsymbol{A}^n|=$________.

（9）设齐次线性方程组 $\begin{cases} \lambda x_1+x_2+x_3=0, \\ \lambda x_1+\lambda x_2+x_3=0, \\ \lambda x_1+x_2+\lambda x_3=0 \end{cases}$ 只有零解，则 λ 应满足的条件是________.

（10）设 $\boldsymbol{A},\boldsymbol{B}$ 均为 n 阶方阵，且 $|\boldsymbol{A}|=2,|\boldsymbol{B}|=4$，则 $\left|(\boldsymbol{AB})^{-1}-2(\boldsymbol{AB})^*\right|=$________.

3. 计算下列行列式.

（1）$\begin{vmatrix} 1 & 1 & 1 & 1 \\ 1 & 2 & 4 & 8 \\ 1 & 3 & 9 & 27 \\ 1 & 4 & 16 & 64 \end{vmatrix}$；　　（2）$\begin{vmatrix} a-b-c & 2a & 2a \\ 2b & b-c-a & 2b \\ 2c & 2c & c-a-b \end{vmatrix}$；

（3）$\begin{vmatrix} a & b & c & d \\ a & a+b & a+b+c & a+b+c+d \\ a & 2a+b & 3a+2b+c & 4a+3b+2c+d \\ a & 3a+b & 6a+3b+c & 10a+6b+3c+d \end{vmatrix}$；

（4）$\begin{vmatrix} a & b & b & b \\ b & a & b & b \\ b & b & a & b \\ b & b & b & a \end{vmatrix}$；　（5）$\begin{vmatrix} 1 & a_1 & 0 & \cdots & 0 & 0 \\ 0 & 1 & a_2 & \cdots & 0 & 0 \\ 0 & 0 & 1 & \cdots & 0 & 0 \\ \vdots & \vdots & \vdots & & \vdots & \vdots \\ 0 & 0 & 0 & \cdots & 1 & a_{n-1} \\ a_n & 0 & 0 & \cdots & 0 & 1 \end{vmatrix}$.

4. 用初等变换求下列矩阵的秩.

（1）$\begin{bmatrix} 3 & -3 & -1 & 5 \\ 1 & -2 & -1 & 2 \\ 5 & -1 & 5 & 3 \\ -2 & 2 & 3 & -4 \end{bmatrix}$；　（2）$\begin{bmatrix} 1 & 1 & 2 & 2 & 1 \\ 0 & 2 & 1 & 5 & -1 \\ 2 & 0 & 3 & -1 & 3 \\ 1 & 1 & 0 & 4 & -1 \end{bmatrix}$；

（3）$\begin{bmatrix} 2 & -1 & -1 & 1 & 2 \\ 1 & 1 & -2 & 1 & 4 \\ 4 & -6 & 2 & -2 & 4 \\ 3 & 6 & -9 & 7 & 9 \end{bmatrix}$；　（4）$\begin{bmatrix} 1 & 5 & 6 & -4 & -10 \\ 2 & 3 & 5 & -1 & -6 \\ 6 & -1 & 5 & 7 & 2 \\ 2 & -3 & -1 & 5 & 6 \end{bmatrix}$.

5. 用伴随矩阵法求下列矩阵的逆矩阵.

（1）$\begin{bmatrix} \cos\theta & \sin\theta \\ -\sin\theta & \cos\theta \end{bmatrix}$；　（2）$\begin{bmatrix} 1 & 1 & 1 \\ 1 & 2 & 1 \\ 1 & 1 & 3 \end{bmatrix}$；

（3）$\begin{bmatrix} -11 & 2 & 2 \\ -4 & 0 & 1 \\ 6 & -1 & -1 \end{bmatrix}$.

6. 试求方阵

$$\boldsymbol{A}=\begin{bmatrix} 1 & a & a \\ a & 1 & a \\ a & a & 1 \end{bmatrix}$$

的秩.

7. 当 k 为何值时

$$\begin{cases} kx_1 + x_4 = 0, \\ x_1 + 2x_2 - x_4 = 0, \\ (k+2)x_1 - x_2 + 4x_4 = 0, \\ 2x_1 + x_2 + 3x_3 + kx_4 = 0 \end{cases}$$

只有零解？

8. 问 λ 为何值时，齐次线性方程组

$$\begin{cases} (5-\lambda)x + 2y + 2z = 0, \\ 2x + (6-\lambda)y = 0, \\ 2x + (4-\lambda)z = 0 \end{cases}$$

有非零解？

9. 设 A 是三阶矩阵且 $AA^{\mathrm{T}}=E$，$|A|<0$，若 $|2A+B|=5$，求 $\left|E+\frac{1}{2}AB^{\mathrm{T}}\right|$.

10. 设矩阵 A 可逆，证明其伴随矩阵也可逆，且 $(A^*)^{-1}=(A^{-1})^*$.

11. A,B 为 n 阶方阵，且

$$A=\begin{bmatrix}1+x & 1 & \cdots & 1\\ 1 & 1+x & \cdots & 1\\ \vdots & \vdots & & \vdots\\ 1 & 1 & \cdots & 1+x\end{bmatrix},\quad B=\begin{bmatrix}x & & & \\ & x & & \\ & & \ddots & \\ & & & x\end{bmatrix},$$

$x\neq 0$，$C=AB^{-1}$，求行列式 $|A|,|B|,|C|$ 的值.

12. 设 A 为 n 阶方阵，A^* 是其伴随矩阵，试证明

$$r(A^*)=\begin{cases}n, & r(A)=n,\\ 1, & r(A)=n-1,\\ 0, & r(A)<n-1.\end{cases}$$

B组

1. 选择题.

（1）行列式 $\begin{vmatrix}0 & a & b & 0\\ a & 0 & 0 & b\\ 0 & c & d & 0\\ c & 0 & 0 & d\end{vmatrix}=$（　　）.

A. $(ad-bc)^2$　　　　B. $-(ad-bc)^2$

C. $a^2d^2-b^2c^2$　　　　D. $b^2c^2-a^2d^2$　　　　（2014）

（2）四阶行列式 $\begin{vmatrix}a_1 & 0 & 0 & b_1\\ 0 & a_2 & b_2 & 0\\ 0 & b_3 & a_3 & 0\\ b_4 & 0 & 0 & a_4\end{vmatrix}$ 的值等于（　　）.

A. $a_1a_2a_3a_4-b_1b_2b_3b_4$　　　　B. $a_1a_2a_3a_4+b_1b_2b_3b_4$

C. $(a_1a_2-b_1b_2)(a_3a_4-b_3b_4)$　　　　D. $(a_2a_3-b_2b_3)(a_1a_4-b_1b_4)$　　　　（1996）

（3）记行列式

$$\begin{vmatrix}x-2 & x-1 & x-2 & x-3\\ 2x-2 & 2x-1 & 2x-2 & 2x-3\\ 3x-3 & 3x-2 & 4x-5 & 3x-5\\ 4x & 4x-3 & 5x-7 & 4x-3\end{vmatrix}$$

为 $f(x)$，则方程 $f(x)=0$ 的根的个数为（　　）.

A. 1　　　　B. 2　　　　C. 3　　　　D. 4　　　　（1999）

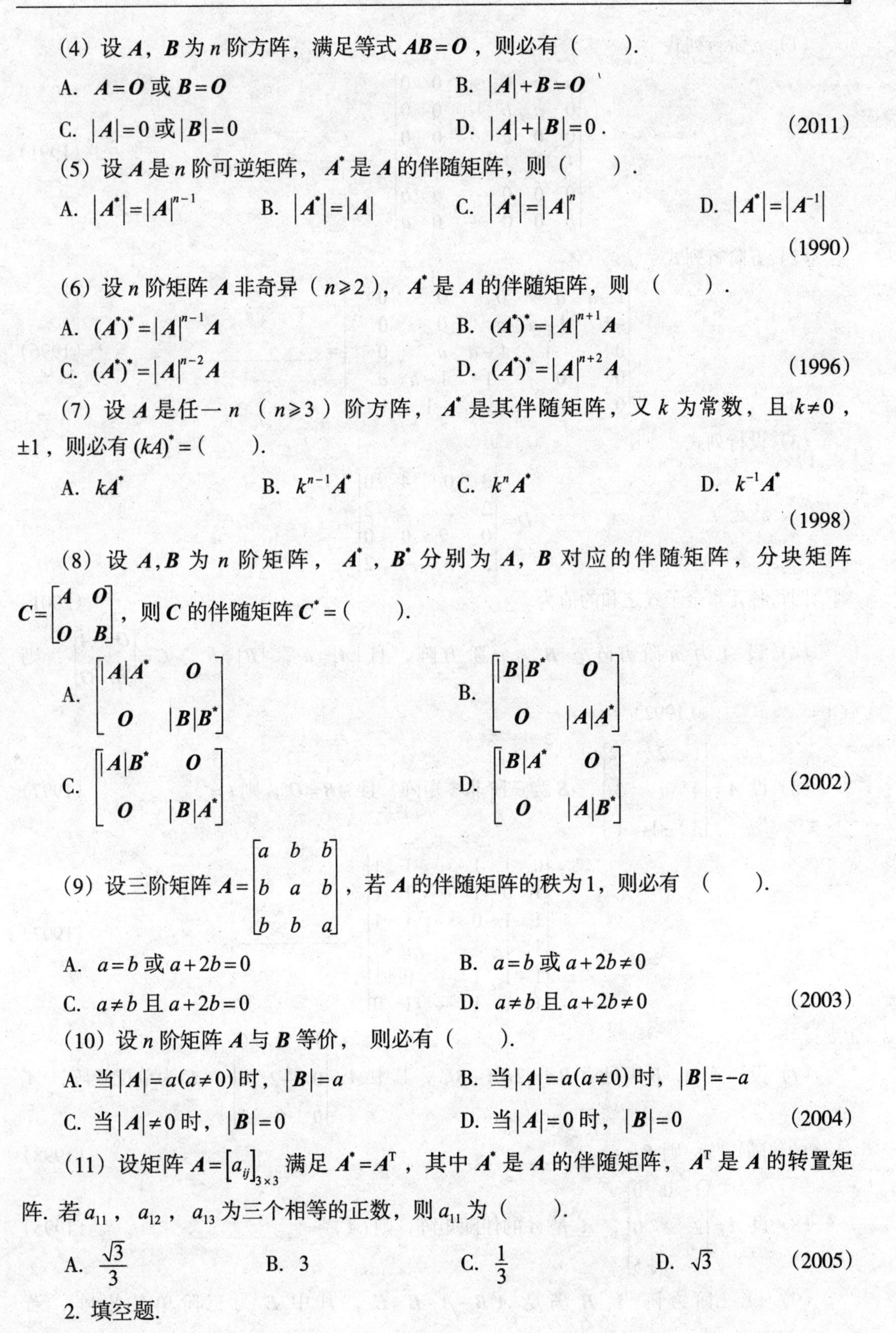

(4) 设 $\boldsymbol{A}$，$\boldsymbol{B}$ 为 n 阶方阵，满足等式 $\boldsymbol{AB}=\boldsymbol{O}$，则必有（　　）.

A. $\boldsymbol{A}=\boldsymbol{O}$ 或 $\boldsymbol{B}=\boldsymbol{O}$　　B. $|\boldsymbol{A}|+\boldsymbol{B}=\boldsymbol{O}$

C. $|\boldsymbol{A}|=0$ 或 $|\boldsymbol{B}|=0$　　D. $|\boldsymbol{A}|+|\boldsymbol{B}|=0$.　　(2011)

(5) 设 $\boldsymbol{A}$ 是 n 阶可逆矩阵，$\boldsymbol{A}^*$ 是 $\boldsymbol{A}$ 的伴随矩阵，则（　　）.

A. $|\boldsymbol{A}^*|=|\boldsymbol{A}|^{n-1}$　　B. $|\boldsymbol{A}^*|=|\boldsymbol{A}|$　　C. $|\boldsymbol{A}^*|=|\boldsymbol{A}|^n$　　D. $|\boldsymbol{A}^*|=|\boldsymbol{A}^{-1}|$

(1990)

(6) 设 n 阶矩阵 $\boldsymbol{A}$ 非奇异（$n\geqslant 2$），$\boldsymbol{A}^*$ 是 $\boldsymbol{A}$ 的伴随矩阵，则（　　）.

A. $(\boldsymbol{A}^*)^*=|\boldsymbol{A}|^{n-1}\boldsymbol{A}$　　B. $(\boldsymbol{A}^*)^*=|\boldsymbol{A}|^{n+1}\boldsymbol{A}$

C. $(\boldsymbol{A}^*)^*=|\boldsymbol{A}|^{n-2}\boldsymbol{A}$　　D. $(\boldsymbol{A}^*)^*=|\boldsymbol{A}|^{n+2}\boldsymbol{A}$　　(1996)

(7) 设 $\boldsymbol{A}$ 是任一 n（$n\geqslant 3$）阶方阵，$\boldsymbol{A}^*$ 是其伴随矩阵，又 k 为常数，且 $k\neq 0$，± 1，则必有 $(kA)^*=$（　　）.

A. $k\boldsymbol{A}^*$　　B. $k^{n-1}\boldsymbol{A}^*$　　C. $k^n\boldsymbol{A}^*$　　D. $k^{-1}\boldsymbol{A}^*$

(1998)

(8) 设 $\boldsymbol{A},\boldsymbol{B}$ 为 n 阶矩阵，$\boldsymbol{A}^*$，$\boldsymbol{B}^*$ 分别为 $\boldsymbol{A}$，$\boldsymbol{B}$ 对应的伴随矩阵，分块矩阵 $\boldsymbol{C}=\begin{bmatrix}\boldsymbol{A} & \boldsymbol{O}\\ \boldsymbol{O} & \boldsymbol{B}\end{bmatrix}$，则 $\boldsymbol{C}$ 的伴随矩阵 $\boldsymbol{C}^*=$（　　）.

A. $\begin{bmatrix}|\boldsymbol{A}|\boldsymbol{A}^* & \boldsymbol{O}\\ \boldsymbol{O} & |\boldsymbol{B}|\boldsymbol{B}^*\end{bmatrix}$　　B. $\begin{bmatrix}|\boldsymbol{B}|\boldsymbol{B}^* & \boldsymbol{O}\\ \boldsymbol{O} & |\boldsymbol{A}|\boldsymbol{A}^*\end{bmatrix}$

C. $\begin{bmatrix}|\boldsymbol{A}|\boldsymbol{B}^* & \boldsymbol{O}\\ \boldsymbol{O} & |\boldsymbol{B}|\boldsymbol{A}^*\end{bmatrix}$　　D. $\begin{bmatrix}|\boldsymbol{B}|\boldsymbol{A}^* & \boldsymbol{O}\\ \boldsymbol{O} & |\boldsymbol{A}|\boldsymbol{B}^*\end{bmatrix}$　　(2002)

(9) 设三阶矩阵 $\boldsymbol{A}=\begin{bmatrix}a & b & b\\ b & a & b\\ b & b & a\end{bmatrix}$，若 $\boldsymbol{A}$ 的伴随矩阵的秩为1，则必有（　　）.

A. $a=b$ 或 $a+2b=0$　　B. $a=b$ 或 $a+2b\neq 0$

C. $a\neq b$ 且 $a+2b=0$　　D. $a\neq b$ 且 $a+2b\neq 0$　　(2003)

(10) 设 n 阶矩阵 $\boldsymbol{A}$ 与 $\boldsymbol{B}$ 等价，则必有（　　）.

A. 当 $|\boldsymbol{A}|=a(a\neq 0)$ 时，$|\boldsymbol{B}|=a$　　B. 当 $|\boldsymbol{A}|=a(a\neq 0)$ 时，$|\boldsymbol{B}|=-a$

C. 当 $|\boldsymbol{A}|\neq 0$ 时，$|\boldsymbol{B}|=0$　　D. 当 $|\boldsymbol{A}|=0$ 时，$|\boldsymbol{B}|=0$　　(2004)

(11) 设矩阵 $\boldsymbol{A}=\left[a_{ij}\right]_{3\times 3}$ 满足 $\boldsymbol{A}^*=\boldsymbol{A}^{\mathrm{T}}$，其中 $\boldsymbol{A}^*$ 是 $\boldsymbol{A}$ 的伴随矩阵，$\boldsymbol{A}^{\mathrm{T}}$ 是 $\boldsymbol{A}$ 的转置矩阵. 若 a_{11}，a_{12}，a_{13} 为三个相等的正数，则 a_{11} 为（　　）.

A. $\dfrac{\sqrt{3}}{3}$　　B. 3　　C. $\dfrac{1}{3}$　　D. $\sqrt{3}$　　(2005)

2. 填空题.

（1）n阶行列式

$$\begin{vmatrix} a & b & 0 & \cdots & 0 & 0 \\ 0 & a & b & \cdots & 0 & 0 \\ 0 & 0 & a & \cdots & 0 & 0 \\ \vdots & \vdots & \vdots & & \vdots & \vdots \\ 0 & 0 & 0 & \cdots & a & b \\ b & 0 & 0 & \cdots & 0 & a \end{vmatrix} = \underline{\qquad\qquad}.$$ （1991）

（2）五阶行列式

$$\begin{vmatrix} 1-a & a & 0 & 0 & 0 \\ -1 & 1-a & a & 0 & 0 \\ 0 & -1 & 1-a & a & 0 \\ 0 & 0 & -1 & 1-a & a \\ 0 & 0 & 0 & -1 & 1-a \end{vmatrix} = \underline{\qquad\qquad}.$$ （1996）

（3）设行列式

$$D=\begin{vmatrix} 3 & 0 & 4 & 0 \\ 2 & 2 & 2 & 2 \\ 0 & -7 & 0 & 0 \\ 5 & 3 & -2 & 2 \end{vmatrix},$$

则第四行各元素余子式之和的值为____. （2001）

（4）设 $\boldsymbol{A}$ 为 m 阶方阵，$\boldsymbol{B}$ 为 n 阶方阵，且 $|\boldsymbol{A}|=a$，$|\boldsymbol{B}|=b$，$\boldsymbol{C}=\begin{bmatrix} \boldsymbol{O} & \boldsymbol{A} \\ \boldsymbol{B} & \boldsymbol{O} \end{bmatrix}$，则 $|\boldsymbol{C}|=$________.（1992）

（5）设 $\boldsymbol{A}=\begin{bmatrix} 1 & 2 & -2 \\ 4 & t & 3 \\ 3 & -1 & 1 \end{bmatrix}$，$\boldsymbol{B}$ 为三阶非零矩阵，且 $\boldsymbol{AB}=\boldsymbol{O}$，则 $t=$________. （1997）

（6） $$\begin{vmatrix} 0 & 1 & 1 & \cdots & 1 & 1 \\ 1 & 0 & 1 & \cdots & 1 & 1 \\ 1 & 1 & 0 & \cdots & 1 & 1 \\ \vdots & \vdots & \vdots & & \vdots & \vdots \\ 1 & 1 & 1 & \cdots & 0 & 1 \\ 1 & 1 & 1 & \cdots & 1 & 0 \end{vmatrix} = \underline{\qquad\qquad}.$$ （1997）

（7）设矩阵 $\boldsymbol{A}, \boldsymbol{B}$ 满足 $\boldsymbol{A}^*\boldsymbol{BA}=2\boldsymbol{BA}-8\boldsymbol{E}$，其中 $\boldsymbol{A}=\begin{bmatrix} 1 & 0 & 0 \\ 0 & -2 & 0 \\ 0 & 0 & 1 \end{bmatrix}$，$\boldsymbol{E}$ 为单位矩阵，$\boldsymbol{A}^*$ 是 $\boldsymbol{A}$ 的伴随矩阵，则 $\boldsymbol{B}=$________. （1998）

（8）设 $\boldsymbol{A}=\begin{bmatrix} 1 & 0 & 0 \\ 2 & 2 & 0 \\ 3 & 4 & 5 \end{bmatrix}$，$\boldsymbol{A}^*$ 是 $\boldsymbol{A}$ 的伴随矩阵，则 $(\boldsymbol{A}^*)^{-1}=$________. （1995）

（9）设三阶方阵 $\boldsymbol{A}, \boldsymbol{B}$ 满足 $\boldsymbol{A}^2\boldsymbol{B}-\boldsymbol{A}-\boldsymbol{B}=\boldsymbol{E}$，其中 $\boldsymbol{E}$ 为三阶单位矩阵，若

$A=\begin{bmatrix}1&0&1\\0&2&0\\-2&0&1\end{bmatrix}$，则 $|B|=$ ________.　(2003)

(10) 设 A，B 为三阶矩阵，且 $|A|=3, |B|=2, |A^{-1}+B|=2$，则 $|A+B^{-1}|=$ ________.　(2010)

(11) 设矩阵 $A=\begin{bmatrix}0&1&0&0\\0&0&1&0\\0&0&0&1\\0&0&0&0\end{bmatrix}$，则 A^3 的秩为________.　(2007)

(12) 设矩阵 $A=\begin{bmatrix}2&1\\-1&2\end{bmatrix}$，$E$ 为二阶单位矩阵，矩阵 B 满足 $BA=B+2E$，则 $|B|=$ ________.　(2010)

(13) 设 $A=[a_{ij}]$ 是三阶非零矩阵，$|A|$ 为 A 的行列式，A_{ij} 为 a_{ij} 的代数余子式，若 $a_{ij}+A_{ij}=0(i,j=1,2,3)$，则 $|A|=$ ________.　(2013)

(14) 设 A 为三阶矩阵，$|A|=3$，A^* 为 A 的伴随矩阵，若交换 A 的第一行与第二行得到矩阵 B，则 $|BA^*|=$ ________.　(2012)

3. 设 A 为 10×10 矩阵，

$$A=\begin{bmatrix}0&1&0&\cdots&0&0\\0&0&1&\cdots&0&0\\\vdots&\vdots&\vdots&&\vdots&\vdots\\0&0&0&\cdots&0&1\\10^{10}&0&0&\cdots&0&0\end{bmatrix},$$

计算行列式 $|A-\lambda E|$，其中 E 是十阶单位矩阵，λ 是常数.　(1990)

4. 已知 $A=\begin{bmatrix}1&1&-1\\0&1&1\\0&0&-1\end{bmatrix}$，且 $A^2-AB=E$，其中 E 是三阶单位矩阵，求矩阵 B.（1997）

5. 设 $(2E-C^{-1}B)A^{\mathrm{T}}=C^{-1}$，其中 E 是四阶单位矩阵，A^{T} 是四阶矩阵 A 的转置矩阵，

$$B=\begin{bmatrix}1&2&-3&-2\\0&1&2&-3\\0&0&1&2\\0&0&0&1\end{bmatrix},\quad C=\begin{bmatrix}1&2&0&1\\0&1&2&0\\0&0&1&2\\0&0&0&1\end{bmatrix},$$

求 A.　(1998)

6. 设矩阵

$$A=\begin{bmatrix}1 & 1 & -1\\ -1 & 1 & 1\\ 1 & -1 & 1\end{bmatrix},$$

矩阵 X 满足 $A^*X=A^{-1}+2X$，其中 A^* 是 A 的伴随矩阵，求矩阵 X．（1999）

7. 已知实矩阵 $A=\left[a_{ij}\right]_{3\times 3}$ 满足条件：

（1）$a_{ij}=A_{ij}\,(i,j=1,2,3)$，其中 A_{ij} 为 a_{ij} 的代数余子式；

（2）$a_{11}\neq 0$．

计算行列式 $|A|$．（1992）

8. 设 A 为 n 阶非零矩阵，A^* 是 A 的伴随矩阵，A^{T} 是 A 的转置矩阵，当 $A^*=A^{\mathrm{T}}$ 时，证明 $|A|\neq 0$．（1994）

9. 设矩阵 A 的伴随矩阵

$$A^*=\begin{bmatrix}1 & 0 & 0 & 0\\ 0 & 1 & 0 & 0\\ 1 & 0 & 1 & 0\\ 0 & -3 & 0 & 8\end{bmatrix},$$

且 $ABA^{-1}=BA^{-1}+3E$，其中 E 是四阶单位矩阵，求矩阵 B．（2000）

10. 已知三阶矩阵 A 的逆矩阵为

$$A^{-1}=\begin{bmatrix}1 & 1 & 1\\ 1 & 2 & 1\\ 1 & 1 & 3\end{bmatrix},$$

试求伴随矩阵 A^* 的逆矩阵.（1993）

11. 设 A 为 n 阶非奇异矩阵，α 为 n 维列向量，b 为常数，记分块矩阵

$$P=\begin{bmatrix}E & O\\ -\alpha^{\mathrm{T}}A^* & |A|\end{bmatrix},\quad Q=\begin{bmatrix}A & \alpha\\ \alpha^{\mathrm{T}} & b\end{bmatrix},$$

其中，A^* 是矩阵 A 的伴随矩阵，E 为 n 阶单位矩阵.

（1）计算并化简 PQ；

（2）证明矩阵 Q 可逆的充分必要条件是 $\alpha^{\mathrm{T}}A^{-1}\alpha\neq b$．（1997）

第三章　向量组的线性相关性

本章将介绍 n 维向量的基本概念及其运算，讨论 n 维向量组的线性相关性，并利用矩阵的秩与有关知识来研究向量组的线性相关性. 这些问题都是线性代数和近代数学中最基本的问题. 本章内容比较抽象，又是以后各章内容的理论基础.

第一节　n 维向量及其线性运算

在空间中引进笛卡儿坐标系后，空间中的点和向量都和三维数组建立了一一对应关系. 下面把三维空间中的向量推广到 n 维空间.

一、n 维向量的定义

定义 3.1　n 个数 $a_1, a_2, \cdots, a_n$ 构成的有序数组

$$\boldsymbol{\alpha}=[a_1, a_2, \cdots, a_n]$$

称为一个 **n 维向量**，其中 $a_1, a_2, \cdots, a_n$ 称为向量 $\boldsymbol{\alpha}$ 的分量（坐标），a_i 称为向量 $\boldsymbol{\alpha}$ 的第 i 个分量（$i=1, 2, \cdots, n$）.

有时，根据问题的需要，向量 $\boldsymbol{\alpha}$ 也可以竖起来写成

$$\boldsymbol{\alpha}=\begin{bmatrix} a_1 \\ a_2 \\ \vdots \\ a_n \end{bmatrix},$$

或者

$$\boldsymbol{\alpha}=[a_1, a_2, \cdots, a_n]^{\mathrm{T}}.$$

为了加以区别，前者称为**行向量**，后者称为**列向量**. 它们的区别只是写法不同，本书下面讨论的向量在没有指明是行向量还是列向量时，都当作列向量. 向量通常用 $\boldsymbol{a}, \boldsymbol{b}, \boldsymbol{\alpha}, \boldsymbol{\beta}$ 等表示. 可以将行向量看成行矩阵，列向量看成列矩阵.

矩阵 $\boldsymbol{A}=[a_{ij}]_{m\times n}$ 中的每一行 $\boldsymbol{\alpha}_i=[a_{i1}, a_{i2}, \cdots, a_{in}]\ (i=1, 2, \cdots, m)$ 都是 n 维行向量，称为矩阵 $\boldsymbol{A}$ 的**行向量**.

因此，矩阵 $\boldsymbol{A}$ 可表示为

$$A=\begin{bmatrix}\boldsymbol{\alpha}_1\\ \boldsymbol{\alpha}_2\\ \vdots\\ \boldsymbol{\alpha}_m\end{bmatrix},$$

其中，$\boldsymbol{\alpha}_1,\boldsymbol{\alpha}_2,\cdots,\boldsymbol{\alpha}_m$ 为矩阵 $\boldsymbol{A}$ 的 n 维行向量.

同理 $\boldsymbol{A}$ 的每一列

$$\boldsymbol{\beta}_j=\begin{bmatrix}a_{1j}\\ a_{2j}\\ \vdots\\ a_{mj}\end{bmatrix}(j=1,2,\cdots,n)$$

是 m 维列向量，称为矩阵 $\boldsymbol{A}$ 的**列向量**. 故 $\boldsymbol{A}$ 也可表示为

$$\boldsymbol{A}=[\boldsymbol{\beta}_1,\boldsymbol{\beta}_2,\cdots,\boldsymbol{\beta}_n],$$

其中，$\boldsymbol{\beta}_1,\boldsymbol{\beta}_2,\cdots,\boldsymbol{\beta}_n$ 为矩阵 $\boldsymbol{A}$ 的 m 维列向量.

n 维向量是解析几何中向量的推广，但当 $n>3$ 时，n 维向量没有直观的几何意义，只是沿用了几何上向量的术语.

规定：分量全为零的向量称为零向量，记作 $\mathbf{0}$，即

$$\mathbf{0}=[0,0,\cdots,0].$$

向量 $\boldsymbol{\alpha}=[a_1,a_2,\cdots,a_n]$ 的各分量的相反数所组成的向量，称为 $\boldsymbol{\alpha}$ 的负向量，记作 $-\boldsymbol{\alpha}$.
即

$$-\boldsymbol{\alpha}=[-a_1,\ -a_2,\cdots,\ -a_n]$$

设 $\boldsymbol{\alpha}=[a_1,a_2,\cdots,a_n]$，$\boldsymbol{\beta}=[b_1,b_2,\cdots,b_n]$ 为两个 n 维向量，若它们各个对应分量相等，即 $a_i=b_i(i=1,2,\cdots,n)$，则称这两个向量相等，记作 $\boldsymbol{\alpha}=\boldsymbol{\beta}$.

若干个同维数的列向量（或同维数的行向量）所组成的集合叫做向量组. n 维向量的全体所组成的集合记为 $\mathbf{R}^n$.

矩阵 $\boldsymbol{A}=[a_{ij}]_{m\times n}$ 的所有行向量组成的向量组称为矩阵 $\boldsymbol{A}$ 的行向量组；矩阵 $\boldsymbol{A}=[a_{ij}]_{m\times n}$ 的所有列向量组成的向量组称为矩阵 $\boldsymbol{A}$ 的列向量组.

n 维向量的概念是客观事物在数量上的一种抽象，有着广泛的实际意义.

例如，一批产品发运到 n 个地区的数量为 $x_1,x_2,\cdots,x_n$，可记为一个 n 维向量

$$\boldsymbol{\alpha}=[x_1,x_2,\cdots,x_n].$$

二、n 维向量的加法和数乘运算

在第一章中学习了矩阵的加法与数乘运算，向量其实就是行矩阵或列矩阵，因此也可对向量进行加法和数乘运算，运算的方法及运算性质与矩阵的完全相同.

设两个 n 维向量

$$\boldsymbol{\alpha}=[a_1,a_2,\cdots,a_n],\quad \boldsymbol{\beta}=[b_1,b_2,\cdots,b_n],$$

则两个向量的加法为

$$\boldsymbol{\alpha}+\boldsymbol{\beta}=[a_1+b_1,a_2+b_2,\cdots,a_n+b_n].$$

由向量加法和负向量定义可得向量减法

$$\boldsymbol{\alpha}-\boldsymbol{\beta}=\boldsymbol{\alpha}+(-\boldsymbol{\beta})=\left[a_1-b_1, a_2-b_2, \cdots, a_n-b_n\right].$$

数乘向量为

$$k\boldsymbol{\alpha}=\left[ka_1, ka_2, \cdots, ka_n\right], \quad k \text{ 为任意实数}.$$

n 维向量的加法和数乘运算统称为向量的**线性运算**，满足下面运算律：

设 $\boldsymbol{\alpha}=\left[a_1, a_2, \cdots, a_n\right]$，$\boldsymbol{\beta}=\left[b_1, b_2, \cdots, b_n\right]$，$\boldsymbol{\gamma}=\left[c_1, c_2, \cdots, c_n\right]$，$k, l$ 为任意实数，则

（1）$\boldsymbol{\alpha}+\boldsymbol{\beta}=\boldsymbol{\beta}+\boldsymbol{\alpha}$；

（2）$(\boldsymbol{\alpha}+\boldsymbol{\beta})+\boldsymbol{\gamma}=\boldsymbol{\alpha}+(\boldsymbol{\beta}+\boldsymbol{\gamma})$；

（3）$\boldsymbol{\alpha}+\mathbf{0}=\boldsymbol{\alpha}$；

（4）$\boldsymbol{\alpha}+(-\boldsymbol{\alpha})=\mathbf{0}$；

（5）$1\boldsymbol{\alpha}=\boldsymbol{\alpha}$；

（6）$k(l\boldsymbol{\alpha})=(kl)\boldsymbol{\alpha}$；

（7）$k(\boldsymbol{\alpha}+\boldsymbol{\beta})=k\boldsymbol{\alpha}+k\boldsymbol{\beta}$；

（8）$(k+l)\boldsymbol{\alpha}=k\boldsymbol{\alpha}+l\boldsymbol{\alpha}$.

例 3.1　设

$$\boldsymbol{\alpha}_1=[2,-4,1,-1], \quad \boldsymbol{\alpha}_2=\left[-3,-1,2,-\frac{5}{2}\right],$$

如果向量 $\boldsymbol{\beta}$ 满足 $3\boldsymbol{\alpha}_1-2(\boldsymbol{\beta}+\boldsymbol{\alpha}_2)=\mathbf{0}$，求向量 $\boldsymbol{\beta}$.

解　由题设条件，有

$$3\boldsymbol{\alpha}_1-2\boldsymbol{\beta}-2\boldsymbol{\alpha}_2=\mathbf{0},$$

所以

$$\begin{aligned}\boldsymbol{\beta}&=\frac{3}{2}\boldsymbol{\alpha}_1-\boldsymbol{\alpha}_2=\frac{3}{2}[2,-4,1,-1]-\left[-3,-1,2,-\frac{5}{2}\right]\\&=\left[6,-5,-\frac{1}{2},1\right].\end{aligned}$$

习题3-1

1. 设 $\boldsymbol{\alpha}=[1,0,4,7]^{\mathrm{T}}$, $\boldsymbol{\beta}=[3,2,-1,6]^{\mathrm{T}}$,

（1）求 $\boldsymbol{\alpha}$ 的负向量；

（2）计算 $3\boldsymbol{\alpha}-2\boldsymbol{\beta}$.

2. 设向量 $\boldsymbol{\alpha}=[1,0,2,3]$，$\boldsymbol{\beta}=[-2,1,-2,0]$，求满足 $\boldsymbol{\alpha}+2\boldsymbol{\beta}-3\boldsymbol{\gamma}=\mathbf{0}$ 的向量 $\boldsymbol{\gamma}$.

3. 已知 $\boldsymbol{\alpha}=[1,0,2,-4]$，$\boldsymbol{\gamma}=[2,3,5,1]$，$\boldsymbol{\gamma}=\boldsymbol{\alpha}-2\boldsymbol{\beta}$，求 $\boldsymbol{\beta}$.

第二节　向量组的线性相关性

本节进一步研究向量之间的关系，即线性关系. 在讨论向量之间的关系时，所涉及到的向量都是 n 维的，即有相同的维数.

两个向量之间最简单的关系是成比例. 所谓向量 $\boldsymbol{\alpha}$ 与 $\boldsymbol{\beta}$ 成比例就是说：有一个数 k，使 $\boldsymbol{\beta}=k\boldsymbol{\alpha}$，把成比例的关系推广到多个向量之间，成比例关系表现为线性组合.

一、向量组的线性组合

定义 3.2　设 $\boldsymbol{\alpha}_1,\boldsymbol{\alpha}_2,\cdots,\boldsymbol{\alpha}_m,\boldsymbol{\beta}\in\mathbf{R}^n$，若存在一组实数 $k_1,k_2,\cdots,k_m$，使

$$\boldsymbol{\beta}=k_1\boldsymbol{\alpha}_1+k_2\boldsymbol{\alpha}_2+\cdots+k_m\boldsymbol{\alpha}_m,$$

则称 $\boldsymbol{\beta}$ 为 $\boldsymbol{\alpha}_1,\boldsymbol{\alpha}_2,\cdots,\boldsymbol{\alpha}_m$ 的线性组合，或称 $\boldsymbol{\beta}$ 可由 $\boldsymbol{\alpha}_1,\boldsymbol{\alpha}_2,\cdots,\boldsymbol{\alpha}_m$ 线性表示，$k_1,k_2,\cdots,k_m$ 称为这个线性组合的系数.

例 3.2　设 $\boldsymbol{\alpha}_1=[1,-1,1]^{\mathrm{T}}$，$\boldsymbol{\alpha}_2=[2,3,0]^{\mathrm{T}}$，$\boldsymbol{\beta}=[4,1,2]^{\mathrm{T}}$，试问 $\boldsymbol{\beta}$ 能否由 $\boldsymbol{\alpha}_1,\boldsymbol{\alpha}_2$ 线性表示?

解　设

$$\boldsymbol{\beta}=x_1\boldsymbol{\alpha}_1+x_2\boldsymbol{\alpha}_2,$$

即

$$x_1\begin{bmatrix}1\\-1\\1\end{bmatrix}+x_2\begin{bmatrix}2\\3\\0\end{bmatrix}=\begin{bmatrix}4\\1\\2\end{bmatrix},$$

这是一个向量形式的非齐次线性方程组，于是由向量的线性运算和向量相等的定义，有

$$\begin{cases}x_1+2x_2=4,\\-x_1+3x_2=1,\\x_1\qquad\ =2.\end{cases}$$

该方程组有解

$$x_1=2,x_2=1,$$

所以 $\boldsymbol{\beta}$ 能由 $\boldsymbol{\alpha}_1,\boldsymbol{\alpha}_2$ 线性表示，且 $\boldsymbol{\beta}=2\boldsymbol{\alpha}_1+\boldsymbol{\alpha}_2$.

例 3.3　设 $\boldsymbol{\alpha}_1=[1,2,-1]^{\mathrm{T}}$，$\boldsymbol{\alpha}_2=[2,-3,1]^{\mathrm{T}}$，$\boldsymbol{\beta}=[1,-2,1]^{\mathrm{T}}$，试问 $\boldsymbol{\beta}$ 能否由 $\boldsymbol{\alpha}_1,\boldsymbol{\alpha}_2$ 线性表示?

解　设

$$\boldsymbol{\beta}=x_1\boldsymbol{\alpha}_1+x_2\boldsymbol{\alpha}_2,$$

即

$$x_1\begin{bmatrix}1\\2\\-1\end{bmatrix}+x_2\begin{bmatrix}2\\-3\\1\end{bmatrix}=\begin{bmatrix}1\\-2\\1\end{bmatrix}.$$

这是一个向量形式的非齐次线性方程组，于是由向量的线性运算和向量相等的定义，有

$$\begin{cases} x_1 + 2x_2 = 1, \\ 2x_1 - 3x_2 = -2, \\ -x_1 + x_2 = 1. \end{cases}$$

易见该方程组无解，故 $\boldsymbol{\beta}$ 不能由 $\boldsymbol{\alpha}_1, \boldsymbol{\alpha}_2$ 线性表示.

由定义 3.2 可知，设 $\boldsymbol{\alpha}_1, \boldsymbol{\alpha}_2, \cdots, \boldsymbol{\alpha}_m, \boldsymbol{\beta} \in \mathbf{R}^n$，则 $\boldsymbol{\beta}$ 可由 $\boldsymbol{\alpha}_1, \boldsymbol{\alpha}_2, \cdots, \boldsymbol{\alpha}_m$ 线性表示仅当线性方程组 $x_1\boldsymbol{\alpha}_1 + x_2\boldsymbol{\alpha}_2 + \cdots + x_m\boldsymbol{\alpha}_m = \boldsymbol{\beta}$ 有解.

向量组中有没有某个向量能由其余向量线性表示，这是向量组的重要性质，称为向量组的线性相关性.

二、向量组的线性相关性

定义 3.3　设 $\boldsymbol{\alpha}_1, \boldsymbol{\alpha}_2, \cdots, \boldsymbol{\alpha}_m \in \mathbf{R}^n$，若存在一组不全为零的实数 $k_1, k_2, \cdots, k_m$，使

$$k_1\boldsymbol{\alpha}_1 + k_2\boldsymbol{\alpha}_2 + \cdots + k_m\boldsymbol{\alpha}_m = \mathbf{0},$$

则称向量组 $\boldsymbol{\alpha}_1, \boldsymbol{\alpha}_2, \cdots, \boldsymbol{\alpha}_m$ 线性相关，否则称向量组 $\boldsymbol{\alpha}_1, \boldsymbol{\alpha}_2, \cdots, \boldsymbol{\alpha}_m$ 线性无关. 换言之，若 $\boldsymbol{\alpha}_1, \boldsymbol{\alpha}_2, \cdots, \boldsymbol{\alpha}_m$ 线性无关，则上式仅当 $k_1 = k_2 = \cdots = k_m = 0$ 才成立.

定理 3.1　向量组 $\boldsymbol{\alpha}_1, \boldsymbol{\alpha}_2, \cdots, \boldsymbol{\alpha}_m$（$m \geqslant 2$）线性相关的充分必要条件是该向量组中至少有一个向量是其余向量的线性组合.

证　充分性

设向量组 $\boldsymbol{\alpha}_1, \boldsymbol{\alpha}_2, \cdots, \boldsymbol{\alpha}_m$ 中有一个向量（不妨假设 $\boldsymbol{\alpha}_m$）是其余 $m-1$ 个向量的线性组合. 即有

$$\boldsymbol{\alpha}_m = k_1\boldsymbol{\alpha}_1 + k_2\boldsymbol{\alpha}_2 + \cdots + k_{m-1}\boldsymbol{\alpha}_{m-1},$$

故　$k_1\boldsymbol{\alpha}_1 + k_2\boldsymbol{\alpha}_2 + \cdots + k_{m-1}\boldsymbol{\alpha}_{m-1} + (-1)\boldsymbol{\alpha}_m = \mathbf{0}$，

由于 $k_1, k_2, \cdots, k_{m-1}, (-1)$ 这 m 个数不全为 0（至少 $-1 \neq 0$），故 $\boldsymbol{\alpha}_1, \boldsymbol{\alpha}_2, \cdots, \boldsymbol{\alpha}_m$ 线性相关.

必要性

设 $\boldsymbol{\alpha}_1, \boldsymbol{\alpha}_2, \cdots, \boldsymbol{\alpha}_m$ 线性相关，则有不全为零的实数 $k_1, k_2, \cdots, k_m$，使

$$k_1\boldsymbol{\alpha}_1 + k_2\boldsymbol{\alpha}_2 + \cdots + k_m\boldsymbol{\alpha}_m = \mathbf{0}.$$

因 $k_1, k_2, \cdots, k_m$ 中至少有一个不为零，不妨设 $k_1 \neq 0$，则有

$$\boldsymbol{\alpha}_1 = \left(-\frac{k_2}{k_1}\right)\boldsymbol{\alpha}_2 + \left(-\frac{k_3}{k_1}\right)\boldsymbol{\alpha}_3 + \cdots + \left(-\frac{k_m}{k_1}\right)\boldsymbol{\alpha}_m,$$

即 $\boldsymbol{\alpha}_1$ 是 $\boldsymbol{\alpha}_2, \boldsymbol{\alpha}_3, \boldsymbol{\alpha}_4, \cdots, \boldsymbol{\alpha}_m$ 的线性组合.

由定义 3.3 可知，仅由一个向量 $\boldsymbol{\alpha}$ 组成的向量组，当 $\boldsymbol{\alpha}$ 为零向量时，$\boldsymbol{\alpha}$ 线性相关；当 $\boldsymbol{\alpha}$ 为非零向量时，$\boldsymbol{\alpha}$ 线性无关.

对于只有两个向量 $\boldsymbol{\alpha}, \boldsymbol{\beta}$ 组成的向量组，设

$$\boldsymbol{\alpha} = [a_1, a_2, \cdots, a_n],\quad \boldsymbol{\beta} = [b_1, b_2, \cdots, b_n],$$

由定理3.1知，$\boldsymbol{\alpha},\boldsymbol{\beta}$ 线性相关当且仅当 $\boldsymbol{\alpha},\boldsymbol{\beta}$ 中至少有一个可由另一个线性表示.不妨设

$$\boldsymbol{\beta}=k\boldsymbol{\alpha},$$

则有

$$b_i=ka_i \quad (i=1,2,\cdots,n),$$

即 $\boldsymbol{\alpha}$ 与 $\boldsymbol{\beta}$ 的对应分量成比例时线性相关，否则线性无关.

例3.4 试证明若 ε_i 是第 i 个分量为1，其余分量均为零的 n 维向量，$i=1,2,\cdots,n$，则向量组 $\boldsymbol{\varepsilon}_1,\boldsymbol{\varepsilon}_2,\cdots,\boldsymbol{\varepsilon}_n$ 是线性无关的.

证 设有一组数 k_1，k_2，$\cdots$，k_n，使

$$k_1\boldsymbol{\varepsilon}_1+k_2\boldsymbol{\varepsilon}_2+\cdots+k_n\boldsymbol{\varepsilon}_n=\mathbf{0},$$

即

$$[k_1,\ k_2,\ \cdots,\ k_n]=[0,\ 0,\ \cdots,\ 0],$$

所以

$$k_1=k_2=\cdots=k_n=0,$$

故向量组 $\boldsymbol{\varepsilon}_1,\boldsymbol{\varepsilon}_2,\cdots,\boldsymbol{\varepsilon}_n$ 是线性无关的.

通常称 $\boldsymbol{\varepsilon}_1,\boldsymbol{\varepsilon}_2,\cdots,\boldsymbol{\varepsilon}_n$ 为 n 维单位坐标向量组.

例3.5 设 $\boldsymbol{\alpha}_1=[1,-2]^{\mathrm{T}}$，$\boldsymbol{\alpha}_2=[2,3]^{\mathrm{T}}$，$\boldsymbol{\alpha}_3=[-1,0]^{\mathrm{T}}$，问：$\boldsymbol{\alpha}_1,\boldsymbol{\alpha}_2,\boldsymbol{\alpha}_3$ 是否线性相关?

解 方法1 设有一组数 x_1,x_2,x_3，使

$$x_1\boldsymbol{\alpha}_1+x_2\boldsymbol{\alpha}_2+x_3\boldsymbol{\alpha}_3=\mathbf{0},$$

即

$$x_1\begin{bmatrix}1\\-2\end{bmatrix}+x_2\begin{bmatrix}2\\3\end{bmatrix}+x_3\begin{bmatrix}-1\\0\end{bmatrix}=\begin{bmatrix}0\\0\end{bmatrix},$$

这是一个向量形式的齐次线性方程组，于是由向量的线性运算和向量相等的定义，有

$$\begin{cases}x_1+2x_2-x_3=0,\\-2x_1+3x_2=0.\end{cases} \tag{3.1}$$

该方程组有非零解 $x_1=3,x_2=2,x_3=7$，即 $3\boldsymbol{\alpha}_1+2\boldsymbol{\alpha}_2+7\boldsymbol{\alpha}_3=\mathbf{0}$，故 $\boldsymbol{\alpha}_1,\boldsymbol{\alpha}_2,\boldsymbol{\alpha}_3$ 线性相关.

方法2 设有一组数 x_1,x_2,x_3，使 $x_1\boldsymbol{\alpha}_1+x_2\boldsymbol{\alpha}_2+x_3\boldsymbol{\alpha}_3=\mathbf{0}$，则有方程组(3.1)，将其系数矩阵化为行阶梯形矩阵，

$$\boldsymbol{A}=\begin{bmatrix}1&2&-1\\-2&3&0\end{bmatrix}\xrightarrow{\mathrm{r}_2+2\mathrm{r}_1}\begin{bmatrix}1&2&-1\\0&7&-2\end{bmatrix}.$$

由于 $r(\boldsymbol{A})=2<3$，根据定理2.5，方程组(3.1)有非零解，从而 $\boldsymbol{\alpha}_1,\boldsymbol{\alpha}_2,\boldsymbol{\alpha}_3$ 线性相关.

由线性相关的定义可知，设 $\boldsymbol{\alpha}_1,\boldsymbol{\alpha}_2,\cdots,\boldsymbol{\alpha}_m\in\mathbf{R}^n$，则 $\boldsymbol{\alpha}_1,\boldsymbol{\alpha}_2,\cdots,\boldsymbol{\alpha}_m$ 线性相关当且仅当齐次线性方程组 $x_1\boldsymbol{\alpha}_1+x_2\boldsymbol{\alpha}_2+\cdots+x_m\boldsymbol{\alpha}_m=\mathbf{0}$，即 $\boldsymbol{A}x=\mathbf{0}$ 有非零解，其中 $\boldsymbol{A}=[\boldsymbol{\alpha}_1,\boldsymbol{\alpha}_2,\cdots,\boldsymbol{\alpha}_m]$，$x=[x_1,x_2,\cdots,x_m]^{\mathrm{T}}$.

定理3.2 设 $\boldsymbol{\alpha}_1,\boldsymbol{\alpha}_2,\cdots,\boldsymbol{\alpha}_m$ 线性无关，$\boldsymbol{\alpha}_1,\boldsymbol{\alpha}_2,\cdots,\boldsymbol{\alpha}_m,\boldsymbol{\beta}$ 线性相关，则 $\boldsymbol{\beta}$ 能由 $\boldsymbol{\alpha}_1,\boldsymbol{\alpha}_2,\cdots,\boldsymbol{\alpha}_m$ 线性表示，且表示式是唯一的.

证 因为 $\boldsymbol{\alpha}_1,\boldsymbol{\alpha}_2,\cdots,\boldsymbol{\alpha}_m,\boldsymbol{\beta}$ 线性相关，所以有不全为零的实数 $k_1,k_2,\cdots,k_m,k$，使得

$$k_1\boldsymbol{\alpha}_1+k_2\boldsymbol{\alpha}_2+\cdots+k_m\boldsymbol{\alpha}_m+k\boldsymbol{\beta}=\mathbf{0}\ .$$

假设 $k=0$，则 $k_1,k_2,\cdots,k_m$ 不全为零，且 $k_1\boldsymbol{\alpha}_1+k_2\boldsymbol{\alpha}_2+\cdots+k_m\boldsymbol{\alpha}_m=\mathbf{0}$，这与 $\boldsymbol{\alpha}_1,\boldsymbol{\alpha}_2,\cdots,\boldsymbol{\alpha}_m$ 线性无关矛盾，故 $k\neq0$. 从而

$$\boldsymbol{\beta}=-\frac{k_1}{k}\boldsymbol{\alpha}_1-\frac{k_2}{k}\boldsymbol{\alpha}_2-\cdots-\frac{k_m}{k}\boldsymbol{\alpha}_m\ ,$$

即 $\boldsymbol{\beta}$ 能由 $\boldsymbol{\alpha}_1,\boldsymbol{\alpha}_2,\cdots,\boldsymbol{\alpha}_m$ 线性表示.

下面证表示式是唯一的：若有表达式 $\boldsymbol{\beta}=k_1\boldsymbol{\alpha}_1+k_2\boldsymbol{\alpha}_2+\cdots+k_m\boldsymbol{\alpha}_m$ 和 $\boldsymbol{\beta}=\lambda_1\boldsymbol{\alpha}_1+\lambda_2\boldsymbol{\alpha}_2+\cdots+\lambda_m\boldsymbol{\alpha}_m$，两式相减，得

$$(k_1-\lambda_1)\boldsymbol{\alpha}_1+(k_2-\lambda_2)\boldsymbol{\alpha}_2+\cdots+(k_m-\lambda_m)\boldsymbol{\alpha}_m=\mathbf{0}\ ,$$

而 $\boldsymbol{\alpha}_1,\boldsymbol{\alpha}_2,\cdots,\boldsymbol{\alpha}_m$ 线性无关，故 $k_1-\lambda_1=k_2-\lambda_2=\cdots=k_m-\lambda_m=0$，即

$$k_i=\lambda_i\ \ (i=1,2,\cdots,m).$$

这说明表达式是唯一的.

习题3-2

1. 试问下列向量 $\boldsymbol{\beta}$ 能否由其余向量线性表示？若能，写出线性表示式：

（1）$\boldsymbol{\beta}=[3,2,1]$，$\boldsymbol{\alpha}_1=[1,0,0]$，$\boldsymbol{\alpha}_2=[0,2,0]$，$\boldsymbol{\alpha}_3=\left[0,0,-\frac{1}{2}\right]$；

（2）$\boldsymbol{\beta}=[1,2,3]$，$\boldsymbol{\alpha}_1=[1,1,0]$，$\boldsymbol{\alpha}_2=[1,2,1]$，$\boldsymbol{\alpha}_3=[0,0,1]$；

（3）$\boldsymbol{\beta}=[1,2,0]$，$\boldsymbol{\alpha}_1=[2,-11,0]$，$\boldsymbol{\alpha}_2=[1,0,2]$；

（4）$\boldsymbol{\beta}=\begin{bmatrix}2\\-5\\3\\0\end{bmatrix},\boldsymbol{\varepsilon}_1=\begin{bmatrix}1\\0\\0\\0\end{bmatrix},\boldsymbol{\varepsilon}_2=\begin{bmatrix}0\\1\\0\\0\end{bmatrix},\boldsymbol{\varepsilon}_3=\begin{bmatrix}0\\0\\1\\0\end{bmatrix},\boldsymbol{\varepsilon}_4=\begin{bmatrix}0\\0\\0\\1\end{bmatrix}$.

2. 设 $\boldsymbol{\alpha}_1=[1,2,0,4]$，$\boldsymbol{\alpha}_2=[2,3,1,5]$，$\boldsymbol{\alpha}_3=[0,1,-1,3]$，讨论 $\boldsymbol{\alpha}_1,\boldsymbol{\alpha}_2,\boldsymbol{\alpha}_3$ 的线性相关性.

3. 设 $\boldsymbol{\alpha}_1=[1,0,1]^{\mathrm{T}}$，$\boldsymbol{\alpha}_2=[0,2,1]^{\mathrm{T}}$，$\boldsymbol{\alpha}_3=[3,4,0]^{\mathrm{T}}$，讨论 $\boldsymbol{\alpha}_1,\boldsymbol{\alpha}_2,\boldsymbol{\alpha}_3$ 的线性相关性.

4. 已知向量组 $\boldsymbol{\alpha}_1,\boldsymbol{\alpha}_2,\boldsymbol{\alpha}_3$ 线性无关，证明向量组

$$\boldsymbol{\beta}_1=\boldsymbol{\alpha}_1+\boldsymbol{\alpha}_2\ ,\ \ \boldsymbol{\beta}_2=\boldsymbol{\alpha}_2+\boldsymbol{\alpha}_3\ ,\ \ \boldsymbol{\beta}_3=\boldsymbol{\alpha}_3+\boldsymbol{\alpha}_1$$

线性无关.

5. 设三阶矩阵 $\boldsymbol{A}=\begin{bmatrix}1&2&-2\\2&1&2\\3&0&4\end{bmatrix}$，三维列向量 $\boldsymbol{\alpha}=[a,1,1]^{\mathrm{T}}$，已知 $\boldsymbol{A\alpha}$ 与 $\boldsymbol{\alpha}$ 线性相关，求 a 的值.

第三节 线性相关性的判别定理

向量组线性相关性是线性相关和线性无关的统称，而向量组的线性相关和线性无关是相对的，只要掌握了向量组的线性相关的判定，向量组的线性无关的判定就同时解决了．线性相关性的定义是判定向量组线性相关性的基本方法，本节将介绍线性相关性判别的其他方法．

首先介绍向量组中部分向量与整个向量组线性相关性的关系．

定理3.3 若 $\boldsymbol{\alpha}_1, \boldsymbol{\alpha}_2, \cdots, \boldsymbol{\alpha}_r$ 线性相关，则 $\boldsymbol{\alpha}_1, \boldsymbol{\alpha}_2, \cdots, \boldsymbol{\alpha}_r, \boldsymbol{\alpha}_{r+1}, \cdots, \boldsymbol{\alpha}_m$ 也线性相关．

证 由于 $\boldsymbol{\alpha}_1, \boldsymbol{\alpha}_2, \cdots, \boldsymbol{\alpha}_r$ 线性相关，故有不全为零的实数 $k_1, k_2, \cdots, k_r$，使得

$$k_1\boldsymbol{\alpha}_1 + k_2\boldsymbol{\alpha}_2 + \cdots + k_r\boldsymbol{\alpha}_r = \mathbf{0} ,$$

从而

$$k_1\boldsymbol{\alpha}_1 + k_2\boldsymbol{\alpha}_2 + \cdots + k_r\boldsymbol{\alpha}_r + 0\boldsymbol{\alpha}_{r+1} + \cdots + 0\boldsymbol{\alpha}_m = \mathbf{0}.$$

由于 $k_1, k_2, \cdots, k_r, 0, \cdots, 0$ 这 m 个数不全为零，所以 $\boldsymbol{\alpha}_1, \boldsymbol{\alpha}_2, \cdots, \boldsymbol{\alpha}_r, \boldsymbol{\alpha}_{r+1}, \cdots, \boldsymbol{\alpha}_m$ 线性相关．

定理3.3说明，一个向量组若部分组线性相关，则整体线性相关；反之，若一个向量组线性无关，则它的任一部分组也线性无关．

推论 含有零向量的向量组是线性相关的．

例3.6 设 $\boldsymbol{\alpha}_1, \boldsymbol{\alpha}_2, \boldsymbol{\alpha}_3$ 线性相关，$\boldsymbol{\alpha}_2, \boldsymbol{\alpha}_3, \boldsymbol{\alpha}_4$ 线性无关，证明向量 $\boldsymbol{\alpha}_1$ 能由 $\boldsymbol{\alpha}_2, \boldsymbol{\alpha}_3$ 线性表示．

证 由于 $\boldsymbol{\alpha}_2, \boldsymbol{\alpha}_3, \boldsymbol{\alpha}_4$ 线性无关，由定理3.3可知 $\boldsymbol{\alpha}_2, \boldsymbol{\alpha}_3$ 线性无关．

又已知 $\boldsymbol{\alpha}_1, \boldsymbol{\alpha}_2, \boldsymbol{\alpha}_3$ 线性相关，由定理3.2可知向量 $\boldsymbol{\alpha}_1$ 能由 $\boldsymbol{\alpha}_2, \boldsymbol{\alpha}_3$ 线性表示．

定理3.4 设有两个向量组

$$\text{A：} \boldsymbol{\alpha}_i = \left[a_{1i}, a_{2i}, \cdots, a_{ni}\right]^{\mathrm{T}} (i = 1, 2, \cdots, m) ;$$

$$\text{B：} \boldsymbol{\beta}_j = \left[a_{p_1 j}, a_{p_2 j}, \cdots, a_{p_n j}\right]^{\mathrm{T}} (j = 1, 2, \cdots, m) ,$$

其中，$p_1 p_2 \cdots p_n$ 是自然数 $1, 2, \cdots, n$ 的某个确定排列，则向量组A与B有相同的线性相关性．

定理3.4说明调整分量次序后，不改变向量组的线性相关性．

证 因为方程组 $x_1\boldsymbol{\alpha}_1 + x_2\boldsymbol{\alpha}_2 + \cdots + x_m\boldsymbol{\alpha}_m = \mathbf{0}$ 与 $x_1\boldsymbol{\beta}_1 + x_2\boldsymbol{\beta}_2 + \cdots + x_m\boldsymbol{\beta}_m = \mathbf{0}$ 是同一个方程组，只是方程的次序不同而已，因此两方程组有相同的解，即两向量组有相同的线性相关性．

定理3.5 设有两个向量组

$$\text{A：} \boldsymbol{\alpha}_j = \left[a_{1j}, a_{2j}, \cdots, a_{rj}\right]^{\mathrm{T}} (j = 1, 2, \cdots, m) ;$$

$$\text{B：} \boldsymbol{\beta}_j = \left[a_{1j}, a_{2j}, \cdots, a_{rj}, a_{r+1,j}\right]^{\mathrm{T}} (j = 1, 2, \cdots, m) ,$$

即 $\boldsymbol{\beta}_j$ 是由 $\boldsymbol{\alpha}_j$ 增加一个分量得到的．若向量组A线性无关，则向量组B也线性无关．

定理3.5说明线性无关的向量组增加分量后仍线性无关；反之，线性相关的向量组减

少分量后仍线性相关.

证 此时方程组 $x_1\boldsymbol{\beta}_1+x_2\boldsymbol{\beta}_2+\cdots+x_m\boldsymbol{\beta}_m=\mathbf{0}$ 比方程组 $x_1\boldsymbol{\alpha}_1+x_2\boldsymbol{\alpha}_2+\cdots+x_m\boldsymbol{\alpha}_m=\mathbf{0}$ 多出一个方程，而后一个方程组只有零解，故前一个方程组也只有零解，所以若向量组A线性无关，则向量组B也线性无关.

推论 r 维向量组的每个向量添上 $n-r$ 个分量，成为 n 维向量组. 若 r 维向量组线性无关，则 n 维向量组也线性无关.

$n-r$ 次应用定理3.5，每次添加一个分量即得推论.

向量组 $\boldsymbol{\alpha}_1,\boldsymbol{\alpha}_2,\cdots,\boldsymbol{\alpha}_m$ 构成矩阵 $\boldsymbol{A}=[\boldsymbol{\alpha}_1,\boldsymbol{\alpha}_2,\cdots,\boldsymbol{\alpha}_m]$，由线性相关的定义可知，向量组 $\boldsymbol{\alpha}_1,\boldsymbol{\alpha}_2,\cdots,\boldsymbol{\alpha}_m$ 线性相关当且仅当齐次线性方程组

$$x_1\boldsymbol{\alpha}_1+x_2\boldsymbol{\alpha}_2+\cdots+x_m\boldsymbol{\alpha}_m=\mathbf{0},$$

即 $\boldsymbol{Ax}=\boldsymbol{O}$ 有非零解， 其中 $\boldsymbol{x}=[x_1,x_2,\cdots,x_m]^{\mathrm{T}}$. 根据定理2.5，可得如下主要定理.

定理3.6 向量组 $\boldsymbol{\alpha}_1,\boldsymbol{\alpha}_2,\cdots,\boldsymbol{\alpha}_m$ 线性相关的充分必要条件是它所构成的矩阵 $\boldsymbol{A}=[\boldsymbol{\alpha}_1,\boldsymbol{\alpha}_2,\cdots,\boldsymbol{\alpha}_m]$ 的秩小于向量的个数 m；该向量组线性无关的充分必要条件是 $r(A)=m$.

推论1 当 $m>n$ 时，m 个 n 维向量 $\boldsymbol{\alpha}_1,\boldsymbol{\alpha}_2,\cdots,\boldsymbol{\alpha}_m$ 一定线性相关.

证 m 个 n 维向量 $\boldsymbol{\alpha}_1,\boldsymbol{\alpha}_2,\cdots,\boldsymbol{\alpha}_m$ 构成矩阵 $\boldsymbol{A}=[\boldsymbol{\alpha}_1,\boldsymbol{\alpha}_2,\cdots,\boldsymbol{\alpha}_m]$.

由于 $m>n$，所以 $r(\boldsymbol{A})\leqslant\min\{m,n\}=n<m$，

从而由定理3.6向量组 $\boldsymbol{\alpha}_1,\boldsymbol{\alpha}_2,\cdots,\boldsymbol{\alpha}_m$ 线性相关.

推论2 n 个 n 维向量线性相关的充分必要条件是它们所构成的方阵行列式等于零.

例3.7 讨论下列向量组的线性相关性：

（1）$\boldsymbol{\alpha}_1=[1,1,2]$，$\boldsymbol{\alpha}_2=[2,2,5]$，$\boldsymbol{\alpha}_3=[2,1,3]$；

（2）$\boldsymbol{\alpha}_1=[1,6,0]$，$\boldsymbol{\alpha}_2=[0,1,9]$，$\boldsymbol{\alpha}_3=[0,0,1]$，$\boldsymbol{\alpha}_4=[1,2,4]$；

（3）$\boldsymbol{\alpha}_1=[1,3,0,0]$，$\boldsymbol{\alpha}_2=[0,2,1,0]$，$\boldsymbol{\alpha}_3=[0,1,0,1]$；

（4）$\boldsymbol{\alpha}_1=[2,3,1,0]$，$\boldsymbol{\alpha}_2=[1,2,5,7]$，$\boldsymbol{\alpha}_3=[5,8,7,7]$.

解 （1）$\boldsymbol{\alpha}_1,\boldsymbol{\alpha}_2,\boldsymbol{\alpha}_3$ 构成矩阵 $\boldsymbol{A}=[\boldsymbol{\alpha}_1,\boldsymbol{\alpha}_2,\boldsymbol{\alpha}_3]$. 由于 $|\boldsymbol{A}|=\begin{vmatrix}1&2&2\\1&2&1\\2&5&3\end{vmatrix}=1\neq0$，故 $\boldsymbol{\alpha}_1,\boldsymbol{\alpha}_2,\boldsymbol{\alpha}_3$ 线性无关.

（2）由于向量组所含向量的个数大于维数，故 $\boldsymbol{\alpha}_1,\boldsymbol{\alpha}_2,\boldsymbol{\alpha}_3,\boldsymbol{\alpha}_4$ 线性相关.

（3）$\boldsymbol{\alpha}_1,\boldsymbol{\alpha}_2,\boldsymbol{\alpha}_3$ 是由线性无关的3维单位坐标向量组 $\boldsymbol{\varepsilon}_1,\boldsymbol{\varepsilon}_2,\boldsymbol{\varepsilon}_3$ 在第二个位置添加分量所构成，故 $\boldsymbol{\alpha}_1,\boldsymbol{\alpha}_2,\boldsymbol{\alpha}_3$ 线性无关.

（4）$\boldsymbol{\alpha}_1,\boldsymbol{\alpha}_2,\boldsymbol{\alpha}_3$ 构成矩阵 $\boldsymbol{A}=[\boldsymbol{\alpha}_1,\boldsymbol{\alpha}_2,\boldsymbol{\alpha}_3]$.

$$\boldsymbol{A}=\begin{bmatrix}2&1&5\\3&2&8\\1&5&7\\0&7&7\end{bmatrix}\xrightarrow{r_1\leftrightarrow r_3}\begin{bmatrix}1&5&7\\3&2&8\\2&1&5\\0&7&7\end{bmatrix}\xrightarrow[r_3-2r_1]{r_2-3r_1}\begin{bmatrix}1&5&7\\0&-13&-13\\0&-9&-9\\0&7&7\end{bmatrix}$$

$$\xrightarrow[r_4 \div 7]{\substack{r_2 \div (-13) \\ r_3 \div (-9)}} \begin{bmatrix} 1 & 5 & 7 \\ 0 & 1 & 1 \\ 0 & 1 & 1 \\ 0 & 1 & 1 \end{bmatrix} \xrightarrow[r_4 - r_2]{r_3 - r_2} \begin{bmatrix} 1 & 5 & 7 \\ 0 & 1 & 1 \\ 0 & 0 & 0 \\ 0 & 0 & 0 \end{bmatrix},$$

求得 $r(A)=2<3$，故 $\boldsymbol{\alpha}_1, \boldsymbol{\alpha}_2, \boldsymbol{\alpha}_3$ 线性相关.

习题3-3

1. 讨论下列向量组的线性相关性.

（1） $\boldsymbol{\alpha}_1=[1,2], \boldsymbol{\alpha}_2=[2,3], \boldsymbol{\alpha}_3=[4,3]$；

（2） $\boldsymbol{\alpha}_1=[1,2,3], \boldsymbol{\alpha}_2=[1,1,1], \boldsymbol{\alpha}_3=\left[\frac{1}{2},1,\frac{3}{2}\right]$；

（3） $\boldsymbol{\alpha}_1=[1,-1,0], \boldsymbol{\alpha}_2=[2,1,1], \boldsymbol{\alpha}_3=[1,3,-1]$；

（4） $\boldsymbol{\alpha}_1=[1,1,3,1], \boldsymbol{\alpha}_2=[4,1,-3,2], \boldsymbol{\alpha}_3=[1,0,-1,2]$；

（5） $\boldsymbol{\alpha}_1=[1,1,2,2,1], \boldsymbol{\alpha}_2=[0,2,1,5,-1], \boldsymbol{\alpha}_3=[2,0,3,-1,3], \boldsymbol{\alpha}_4=[1,1,0,4,-1]$；

（6） $\boldsymbol{\alpha}_1=[1,0,0,3,2], \boldsymbol{\alpha}_2=[0,1,0,2,1], \boldsymbol{\alpha}_3=[0,0,1,1,5]$.

2. a 取什么值时向量组

$$\boldsymbol{\alpha}_1=[a,1,1], \quad \boldsymbol{\alpha}_2=[1,a,-1], \quad \boldsymbol{\alpha}_3=[1,-1,a]$$

线性相关?

3. 讨论向量组 $\boldsymbol{\alpha}_1=[1,1,0]$，$\boldsymbol{\alpha}_2=[1,3,-1]$，$\boldsymbol{\alpha}_3=[5,3,t]$ 线性相关性.

4. 设向量组 $\boldsymbol{\alpha}_1, \boldsymbol{\alpha}_2, \cdots, \boldsymbol{\alpha}_n$ 中前 $n-1$ 个向量线性相关，后 $n-1$ 个向量线性无关，试证明 $\boldsymbol{\alpha}_1$ 能用 $\boldsymbol{\alpha}_2, \boldsymbol{\alpha}_3, \cdots, \boldsymbol{\alpha}_{n-1}$ 线性表示.

第四节　向量组的秩

本节讨论几个向量组之间的线性关系，并由此引出向量组的极大无关组与向量组的秩的概念，进而讨论向量组的秩与矩阵的秩的关系.

一、向量组等价的概念

定义 3.4 设有两个向量组

$$\text{A}: \boldsymbol{\alpha}_1, \boldsymbol{\alpha}_2, \cdots, \boldsymbol{\alpha}_r,$$
$$\text{B}: \boldsymbol{\beta}_1, \boldsymbol{\beta}_2, \cdots, \boldsymbol{\beta}_s,$$

如果向量组A中每一个向量 $\boldsymbol{\alpha}_i(1 \leqslant i \leqslant r)$ 都可以由向量组B线性表示，那么称向量组A可由向量组B线性表示. 又如果向量组B也可由向量组A线性表示，那么称**两个向量组等价**.

设向量组A可由向量组B线性表示为

$$\begin{cases}\boldsymbol{\alpha}_1=k_{11}\boldsymbol{\beta}_1+k_{21}\boldsymbol{\beta}_2+\cdots+k_{s1}\boldsymbol{\beta}_s,\\ \boldsymbol{\alpha}_2=k_{12}\boldsymbol{\beta}_1+k_{22}\boldsymbol{\beta}_2+\cdots+k_{s2}\boldsymbol{\beta}_s,\\ \vdots\\ \boldsymbol{\alpha}_r=k_{1r}\boldsymbol{\beta}_1+k_{2r}\boldsymbol{\beta}_2+\cdots+k_{sr}\boldsymbol{\beta}_s.\end{cases}\tag{3.2}$$

用矩阵乘法形式可表示为

$$[\boldsymbol{\alpha}_1,\boldsymbol{\alpha}_2,\cdots,\boldsymbol{\alpha}_r]=[\boldsymbol{\beta}_1,\boldsymbol{\beta}_2,\cdots,\boldsymbol{\beta}_s]\begin{bmatrix}k_{11}&k_{12}&\cdots&k_{1r}\\k_{21}&k_{22}&\cdots&k_{2r}\\\vdots&\vdots&&\vdots\\k_{s1}&k_{s2}&\cdots&k_{sr}\end{bmatrix}.\tag{3.3}$$

设矩阵 $\boldsymbol{A}=[\boldsymbol{\alpha}_1,\boldsymbol{\alpha}_2,\cdots,\boldsymbol{\alpha}_r]$， $\boldsymbol{B}=[\boldsymbol{\beta}_1,\boldsymbol{\beta}_2,\cdots,\boldsymbol{\beta}_s]$， $\boldsymbol{K}=[k_{ij}]_{s\times r}$ ，则把式(3.3)写成矩阵的形式

$$\boldsymbol{A}=\boldsymbol{BK},\tag{3.4}$$

可见向量组A由向量组B线性表示可简记为(3.4)所示的矩阵乘法；反之若有(3.4)的矩阵形式，则矩阵 $\boldsymbol{A}$ 的列向量组可由矩阵 $\boldsymbol{B}$ 的列向量组线性表示，这种表示方法在一些问题的处理和论证上非常有用.

例如 若 $\boldsymbol{C}=\boldsymbol{AB}$ ，则矩阵 $\boldsymbol{C}$ 的列向量组可由矩阵 $\boldsymbol{A}$ 的列向量组线性表示，同时，因为 $\boldsymbol{C}^{\mathrm{T}}=\boldsymbol{B}^{\mathrm{T}}\boldsymbol{A}^{\mathrm{T}}$ ，故矩阵 $\boldsymbol{C}^{\mathrm{T}}$ 的列向量组可由矩阵 $\boldsymbol{B}^{\mathrm{T}}$ 的列向量组线性表示，即矩阵 $\boldsymbol{C}$ 的行向量组可由矩阵 $\boldsymbol{B}$ 的行向量组线性表示.

向量组之间的线性表示具有传递性，即若向量组A可由向量组B线性表示，向量组B可由向量组C线性表示，则向量组A可由向量组C线性表示.

向量组之间的等价关系具有以下三条性质：

反身性：每一个向量组都与自身是等价的；

对称性：若向量组A与向量组B是等价的，则向量组B与向量组A也是等价的；

传递性：若向量组A与向量组B是等价的，并且向量组B与向量组C是等价的，则向量组A与向量组C也是等价的.

二、向量组的极大无关组与向量组的秩

定义3.5　设向量组A的一个部分组（也可以是全部） $\boldsymbol{\alpha}_1,\boldsymbol{\alpha}_2,\cdots,\boldsymbol{\alpha}_r$ 满足：

(1) $\boldsymbol{\alpha}_1,\boldsymbol{\alpha}_2,\cdots,\boldsymbol{\alpha}_r$ 线性无关；

(2) 向量组A中每一个向量都可由 $\boldsymbol{\alpha}_1,\boldsymbol{\alpha}_2,\cdots,\boldsymbol{\alpha}_r$ 线性表示.

则称 $\boldsymbol{\alpha}_1,\boldsymbol{\alpha}_2,\cdots,\boldsymbol{\alpha}_r$ 是向量组A的一个**极大线性无关组**（简称**极大无关组**），该极大无关组所含有的向量个数 r 称为**向量组A的秩**.

只含零向量的向量组没有极大无关组，规定：只含零向量的向量组秩为0.

一个线性无关向量组的极大无关组就是其本身.一个向量组的任一向量都能由它的极大无关组表示.

任何一个极大无关组都与向量组本身等价.这是因为若 $\boldsymbol{\alpha}_1,\boldsymbol{\alpha}_2,\cdots,\boldsymbol{\alpha}_r$ 是向量组A的一个

极大无关组，由于 $\boldsymbol{\alpha}_1, \boldsymbol{\alpha}_2, \cdots, \boldsymbol{\alpha}_r$ 是向量组A中的向量，故 $\boldsymbol{\alpha}_1, \boldsymbol{\alpha}_2, \cdots, \boldsymbol{\alpha}_r$ 可由向量组A线性表示；又由于向量组A中的每一个向量均可由 $\boldsymbol{\alpha}_1, \boldsymbol{\alpha}_2, \cdots, \boldsymbol{\alpha}_r$ 线性表示，从而向量 $\boldsymbol{\alpha}_1, \boldsymbol{\alpha}_2, \cdots, \boldsymbol{\alpha}_r$ 与向量组A可以相互线性表示.

例3.8 求向量组

$$\mathrm{A}: \boldsymbol{\alpha}_1=\begin{bmatrix}2\\3\\1\end{bmatrix}, \quad \boldsymbol{\alpha}_2=\begin{bmatrix}1\\2\\1\end{bmatrix}, \quad \boldsymbol{\alpha}_3=\begin{bmatrix}3\\2\\-1\end{bmatrix}$$

的极大无关组及秩.

解 由于 $\boldsymbol{\alpha}_1$，$\boldsymbol{\alpha}_2$ 的对应分量不成比例，所以 $\boldsymbol{\alpha}_1$，$\boldsymbol{\alpha}_2$ 线性无关. 又由于 $\boldsymbol{\alpha}_1=\boldsymbol{\alpha}_1+0\boldsymbol{\alpha}_2$，$\boldsymbol{\alpha}_2=0\boldsymbol{\alpha}_1+\boldsymbol{\alpha}_2$，设 $\boldsymbol{\alpha}_3=x_1\boldsymbol{\alpha}_1+x_2\boldsymbol{\alpha}_2$，将 $\boldsymbol{\alpha}_1=\begin{bmatrix}2\\3\\1\end{bmatrix}$，$\boldsymbol{\alpha}_2=\begin{bmatrix}1\\2\\1\end{bmatrix}$ 代入，解得 $x_1=4, x_2=-5$，即

$$\boldsymbol{\alpha}_3=4\boldsymbol{\alpha}_1-5\boldsymbol{\alpha}_2 .$$

所以 $\boldsymbol{\alpha}_1$，$\boldsymbol{\alpha}_2$ 是向量组A的极大无关组，向量组A的秩是2.

同样可知 $\boldsymbol{\alpha}_2$，$\boldsymbol{\alpha}_3$ 也是向量组A的一个极大无关组.

由此可见，一个向量组的极大无关组一般不是唯一的，若向量组的极大无关组不止一个，由于向量组与它每一个极大无关组均等价，由等价关系的传递性可知：向量组的不同极大无关组之间也等价，且所包含向量的个数相同，因此一个向量组的秩是唯一的.

例3.9 求 $\mathbf{R}^n$ 的一个极大无关组.

解 n 维单位坐标向量组 $\boldsymbol{\varepsilon}_1=[1,0,0,\cdots,0]^{\mathrm{T}}, \boldsymbol{\varepsilon}_2=[0,1,0,\cdots,0]^{\mathrm{T}}, \cdots, \boldsymbol{\varepsilon}_n=[0,0,0,\cdots,1]^{\mathrm{T}}$ 按列构成的行列式为

$$\begin{vmatrix}1 & 0 & \cdots & 0\\0 & 1 & \cdots & 0\\\vdots & \vdots & & \vdots\\0 & 0 & \cdots & 1\end{vmatrix}=1\neq 0,$$

所以 n 维单位坐标向量组线性无关，任一 n 维向量 $\boldsymbol{\alpha}=[a_1, a_2, a_3, \cdots, a_n]^{\mathrm{T}}$ 都可用 $\boldsymbol{\varepsilon}_1, \boldsymbol{\varepsilon}_2, \boldsymbol{\varepsilon}_3, \cdots, \boldsymbol{\varepsilon}_n$ 线性表示，即

$$\boldsymbol{\alpha}=[a_1, a_2, a_3, \cdots, a_n]^{\mathrm{T}}=a_1\boldsymbol{\varepsilon}_1+a_2\boldsymbol{\varepsilon}_2+a_3\boldsymbol{\varepsilon}_3+\cdots+a_n\boldsymbol{\varepsilon}_n .$$

从而 $\boldsymbol{\varepsilon}_1, \boldsymbol{\varepsilon}_2, \boldsymbol{\varepsilon}_3, \cdots, \boldsymbol{\varepsilon}_n$ 是 $\mathbf{R}^n$ 的一个极大无关组.

定理3.7 设向量组A与B的秩分别为 r 与 s，如果向量组A可由向量组B线性表示，则 $r\leqslant s$.

证 用反证法.

设向量组A的一个极大无关组为

$$\mathrm{A}_0: \boldsymbol{\alpha}_1, \boldsymbol{\alpha}_2, \cdots, \boldsymbol{\alpha}_r ;$$

向量组B的一个极大无关组为

$$B_0: \boldsymbol{\beta}_1, \boldsymbol{\beta}_2, \cdots, \boldsymbol{\beta}_s.$$

因为向量组 A_0 能由向量组 A 线性表示，向量组 A 能由向量组 B 线性表示，向量组 B 能由向量组 B_0 线性表示，故向量组 A_0 可由向量组 B_0 线性表示，即存在矩阵 $\boldsymbol{K}=(k_{ij})_{s\times r}$，使

$$[\boldsymbol{\alpha}_1, \boldsymbol{\alpha}_2, \cdots, \boldsymbol{\alpha}_r]=[\boldsymbol{\beta}_1, \boldsymbol{\beta}_2, \cdots, \boldsymbol{\beta}_s]\begin{bmatrix} k_{11} & k_{12} & \cdots & k_{1r} \\ k_{21} & k_{22} & \cdots & k_{2r} \\ \vdots & \vdots & & \vdots \\ k_{s1} & k_{s2} & \cdots & k_{sr} \end{bmatrix}.$$

假设 $r>s$，则 $r(\boldsymbol{K})\leqslant s<r$，即齐次线性方程组

$$\boldsymbol{K}\begin{bmatrix} x_1 \\ x_2 \\ \vdots \\ x_r \end{bmatrix}=\boldsymbol{O}$$

有非零解. 设它的一组非零解为

$$x_1=\lambda_1, x_2=\lambda_2, \cdots, x_r=\lambda_r,$$

则

$$\lambda_1\boldsymbol{\alpha}_1+\lambda_2\boldsymbol{\alpha}_2+\cdots+\lambda_r\boldsymbol{\alpha}_r=[\boldsymbol{\alpha}_1, \boldsymbol{\alpha}_2, \cdots, \boldsymbol{\alpha}_r]\begin{bmatrix} \lambda_1 \\ \lambda_2 \\ \vdots \\ \lambda_r \end{bmatrix}$$

$$=[\boldsymbol{\beta}_1, \boldsymbol{\beta}_2, \cdots, \boldsymbol{\beta}_s]\boldsymbol{K}\begin{bmatrix} \lambda_1 \\ \lambda_2 \\ \vdots \\ \lambda_r \end{bmatrix}=[\boldsymbol{\beta}_1, \boldsymbol{\beta}_2, \cdots, \boldsymbol{\beta}_s]\boldsymbol{O}=\boldsymbol{O}.$$

所以 $\boldsymbol{\alpha}_1, \boldsymbol{\alpha}_2, \cdots, \boldsymbol{\alpha}_r$ 线性相关，这与 $\boldsymbol{\alpha}_1, \boldsymbol{\alpha}_2, \cdots, \boldsymbol{\alpha}_r$ 线性无关（$\boldsymbol{\alpha}_1, \boldsymbol{\alpha}_2, \cdots, \boldsymbol{\alpha}_r$ 是向量组 A 的一个极大无关组）矛盾，从而有 $r\leqslant s$.

推论　等价的向量组的秩相等.

证　设向量组 A 与 B 的秩分别为 r 与 s，向量组 A 与向量组 B 等价，即这两个向量组可以相互的线性表示，故 $r\leqslant s$ 与 $s\leqslant r$ 同时成立，所以 $r=s$.

特别地，等价的线性无关的向量组所含向量的个数相同.

用定义求极大无关组和向量组的秩，通常计算量比较大，下面讨论以矩阵为工具求向量组极大无关组和向量组秩的方法.

三、向量组的秩与矩阵的秩的关系

定义 3.6 矩阵 $\boldsymbol{A}$ 的行（列）向量组的秩称为矩阵 $\boldsymbol{A}$ 的行（列）秩.

矩阵的秩与它的行秩和列秩的关系有如下定理：

定理 3.8 矩阵的秩等于它的列秩，也等于它的行秩.

证 设 $\boldsymbol{A}$ 为 $m\times n$ 矩阵. 当 $r(\boldsymbol{A})=0$ 时，即 $\boldsymbol{A}=\boldsymbol{O}$，定理显然成立.

设 $r(\boldsymbol{A})=r>0$，把 $\boldsymbol{A}$ 看作 n 个列向量构成的矩阵，$\boldsymbol{A}=[\boldsymbol{\alpha}_1,\boldsymbol{\alpha}_2,\cdots,\boldsymbol{\alpha}_n]$. 由矩阵秩的定义，存在一个 r 阶子式 $D_r\neq 0$，由定理3.6知 D_r 所在的 r 列线性无关.又由于 $\boldsymbol{A}$ 中所有 $r+1$ 阶子式均为零，知 $\boldsymbol{A}$ 中任意 $r+1$ 个列向量都线性相关.

不妨设 D_r 所在列就是 $\boldsymbol{A}$ 的前 r 列 $\boldsymbol{\alpha}_1,\boldsymbol{\alpha}_2,\cdots,\boldsymbol{\alpha}_r$.对于 $\boldsymbol{A}$ 的任一列向量 $\boldsymbol{\alpha}_k$，当 $1\leqslant k\leqslant r$ 时，$\boldsymbol{\alpha}_k$ 可以用 $\boldsymbol{\alpha}_1,\boldsymbol{\alpha}_2,\cdots,\boldsymbol{\alpha}_r$ 线性表示；当 $r<k\leqslant n$ 时，由于 $\boldsymbol{\alpha}_1,\boldsymbol{\alpha}_2,\cdots,\boldsymbol{\alpha}_r$ 线性无关，而 $\boldsymbol{\alpha}_1,\boldsymbol{\alpha}_2,\cdots,\boldsymbol{\alpha}_r,\boldsymbol{\alpha}_k$ 线性相关，故 $\boldsymbol{\alpha}_k$ 可以用 $\boldsymbol{\alpha}_1,\boldsymbol{\alpha}_2,\cdots,\boldsymbol{\alpha}_r$ 线性表示，因此 D_r 所在的 r 列是 $\boldsymbol{A}$ 的列向量组的一个极大无关组. 所以 $\boldsymbol{A}$ 的列秩等于 r.

由于 $r(\boldsymbol{A})=r(\boldsymbol{A}^{\mathrm{T}})$，又由上面的证明知，$\boldsymbol{A}^{\mathrm{T}}$ 的秩等于 $\boldsymbol{A}^{\mathrm{T}}$ 的列秩，而 $\boldsymbol{A}^{\mathrm{T}}$ 的列秩就是 $\boldsymbol{A}$ 的行秩，所以 $\boldsymbol{A}$ 的行秩也等于 r.

例 3.10 设 $\boldsymbol{\alpha}_1=[1,2,0,4]$，$\boldsymbol{\alpha}_2=[2,0,-1,5]$，$\boldsymbol{\alpha}_3=[0,4,1,3]$，$\boldsymbol{\alpha}_4=[1,6,1,7]$，求向量组 $\boldsymbol{\alpha}_1,\boldsymbol{\alpha}_2,\boldsymbol{\alpha}_3,\boldsymbol{\alpha}_4$ 的秩.

解 向量组 $\boldsymbol{\alpha}_1,\boldsymbol{\alpha}_2,\boldsymbol{\alpha}_3,\boldsymbol{\alpha}_4$ 的秩为其按列构成矩阵

$$\boldsymbol{A}=\begin{bmatrix}1&2&0&1\\2&0&4&6\\0&-1&1&1\\4&5&3&7\end{bmatrix}$$

的列秩，也等于 $r(\boldsymbol{A})$，下面用初等行变换求 $\boldsymbol{A}$ 的秩.

$$\boldsymbol{A}=\begin{bmatrix}1&2&0&1\\2&0&4&6\\0&-1&1&1\\4&5&3&7\end{bmatrix}\xrightarrow[\mathrm{r}_4-4\mathrm{r}_1]{\mathrm{r}_2-2\mathrm{r}_1}\begin{bmatrix}1&2&0&1\\0&-4&4&4\\0&-1&1&1\\0&-3&3&3\end{bmatrix}$$

$$\xrightarrow[\substack{\mathrm{r}_3\div(-1)\\ \mathrm{r}_4\div(-3)}]{\mathrm{r}_2\div(-4)}\begin{bmatrix}1&2&0&1\\0&1&-1&-1\\0&1&-1&-1\\0&1&-1&-1\end{bmatrix}\xrightarrow[\mathrm{r}_4-\mathrm{r}_2]{\mathrm{r}_3-\mathrm{r}_2}\begin{bmatrix}1&2&0&1\\0&1&-1&-1\\0&0&0&0\\0&0&0&0\end{bmatrix},$$

求得 $r(\boldsymbol{A})=2$，因此向量组 $\boldsymbol{\alpha}_1,\boldsymbol{\alpha}_2,\boldsymbol{\alpha}_3,\boldsymbol{\alpha}_4$ 的秩为2.

四、极大无关组的求法

定理 3.9 若矩阵 $\boldsymbol{A}$ 经过初等行变换化为矩阵 $\boldsymbol{B}$，则 $\boldsymbol{A}$ 的列向量组与 $\boldsymbol{B}$ 对应的列向量

组有相同的线性组合关系.

证　对 $m\times n$ 矩阵 $\boldsymbol{A}$ 做初等行变换化为矩阵 $\boldsymbol{B}$，相当于用一个可逆矩阵 $\boldsymbol{P}$ 右乘 $\boldsymbol{A}$，即 $\boldsymbol{PA}=\boldsymbol{B}$. 对 $\boldsymbol{A}$ 和 $\boldsymbol{B}$ 作列分块：

$$\boldsymbol{A}=\left[\boldsymbol{\alpha}_1,\boldsymbol{\alpha}_2,\cdots,\boldsymbol{\alpha}_n\right],\quad \boldsymbol{B}=\left[\boldsymbol{\beta}_1,\boldsymbol{\beta}_2,\cdots,\boldsymbol{\beta}_n\right],$$

则有

$$\boldsymbol{PA}=\left[\boldsymbol{P\alpha}_1,\boldsymbol{P\alpha}_2,\cdots,\boldsymbol{P\alpha}_n\right]=\left[\boldsymbol{\beta}_1,\boldsymbol{\beta}_2,\cdots,\boldsymbol{\beta}_n\right],$$

即

$$\boldsymbol{\beta}_i=\boldsymbol{P\alpha}_i,\quad i=(1,2,\cdots,n).$$

设 $\boldsymbol{A}$ 的某些列 $\boldsymbol{\alpha}_{i1},\boldsymbol{\alpha}_{i2},\cdots,\boldsymbol{\alpha}_{ik}$ 的线性组合为

$$x_1\boldsymbol{\alpha}_{i1}+x_2\boldsymbol{\alpha}_{i2}+\cdots+x_k\boldsymbol{\alpha}_{ik}=\boldsymbol{0},$$

那么有

$$\begin{aligned}x_1\boldsymbol{\beta}_{i1}+x_2\boldsymbol{\beta}_{i2}+\cdots+x_k\boldsymbol{\beta}_{ik}&=x_1\boldsymbol{P\alpha}_{i1}+x_2\boldsymbol{P\alpha}_{i2}+\cdots+x_k\boldsymbol{P\alpha}_{ik}\\&=\boldsymbol{P}(x_1\boldsymbol{\alpha}_{i1}+x_2\boldsymbol{\alpha}_{i2}+\cdots+x_k\boldsymbol{\alpha}_{ik})=\boldsymbol{P}\cdot\boldsymbol{O}=\boldsymbol{0}.\end{aligned}$$

这就证明了 $\boldsymbol{B}$ 的列向量组 $\boldsymbol{\beta}_{i1},\boldsymbol{\beta}_{i2},\cdots,\boldsymbol{\beta}_{ik}$ 与 $\boldsymbol{A}$ 对应的列向量组 $\boldsymbol{\alpha}_{i1},\boldsymbol{\alpha}_{i2},\cdots,\boldsymbol{\alpha}_{ik}$ 有相同的线性组合关系.

例 3.11　设 $\boldsymbol{\alpha}_1=[1,1,0,0]$，$\boldsymbol{\alpha}_2=[1,0,1,1]$，$\boldsymbol{\alpha}_3=[2,-1,3,3]$，$\boldsymbol{\alpha}_4=[0,1,-1,-1]$，求向量组 $\boldsymbol{\alpha}_1,\boldsymbol{\alpha}_2,\boldsymbol{\alpha}_3,\boldsymbol{\alpha}_4$ 的一个极大无关组，并将其余向量用该极大无关组线性表示.

解　向量组 $\boldsymbol{\alpha}_1,\boldsymbol{\alpha}_2,\boldsymbol{\alpha}_3,\boldsymbol{\alpha}_4$ 按列构成矩阵 $\boldsymbol{A}$，用初等行变换化为行最简形矩阵 $\boldsymbol{B}$：

$$\boldsymbol{A}=\begin{bmatrix}1&1&2&0\\1&0&-1&1\\0&1&3&-1\\0&1&3&-1\end{bmatrix}\xrightarrow{r_2+(-1)r_1}\begin{bmatrix}1&1&2&0\\0&-1&-3&1\\0&1&3&-1\\0&1&3&-1\end{bmatrix}$$

$$\xrightarrow[r_4+r_2]{r_3+r_2}\begin{bmatrix}1&1&2&0\\0&-1&-3&1\\0&0&0&0\\0&0&0&0\end{bmatrix}\xrightarrow[(-1)r_2]{r_1+r_2}\begin{bmatrix}1&0&-1&1\\0&1&3&-1\\0&0&0&0\\0&0&0&0\end{bmatrix}=\boldsymbol{B}.$$

$$\boldsymbol{\beta}_1\ \ \boldsymbol{\beta}_2\ \ \boldsymbol{\beta}_3\ \ \boldsymbol{\beta}_4$$

可见 $\boldsymbol{B}$ 的1，2列 $\boldsymbol{\beta}_1,\boldsymbol{\beta}_2$ 线性无关，由于 $\boldsymbol{A}$ 的列向量组与 $\boldsymbol{B}$ 的对应的列向量组有相同的线性组合关系，故与其对应的矩阵 $\boldsymbol{A}$ 的 $\boldsymbol{\alpha}_1,\boldsymbol{\alpha}_2$ 线性无关，由矩阵 $\boldsymbol{B}$ 易得

$$\boldsymbol{\beta}_3=(-1)\boldsymbol{\beta}_1+3\boldsymbol{\beta}_2,\quad \boldsymbol{\beta}_4=\boldsymbol{\beta}_1-\boldsymbol{\beta}_2,$$

因此，$\boldsymbol{\alpha}_3=(-1)\boldsymbol{\alpha}_1+3\boldsymbol{\alpha}_2$，$\boldsymbol{\alpha}_4=\boldsymbol{\alpha}_1-\boldsymbol{\alpha}_2$，$\boldsymbol{\alpha}_1,\boldsymbol{\alpha}_2$ 即为一个极大无关组.

求向量组的极大无关组时，如果所给的是行向量组，那么也要按列排成矩阵再做初等行变换.

例 3.12　用矩阵的秩与向量组的秩的关系证明

$$r(\boldsymbol{AB})\leqslant\min\{r(\boldsymbol{A}),r(\boldsymbol{B})\}.$$

证　设 $\boldsymbol{A}$，$\boldsymbol{B}$ 分别为 $m\times n$ 矩阵和 $n\times k$ 矩阵，$\boldsymbol{AB}=\boldsymbol{C}$，则 $\boldsymbol{C}$ 是 $m\times k$ 矩阵，先证明 $r(\boldsymbol{AB})\leqslant r(\boldsymbol{A})$.

将 $\boldsymbol{A}$ 和 $\boldsymbol{C}$ 看成是列向量构成的矩阵，设

$$A=[\alpha_1,\alpha_2,\cdots,\alpha_n],\quad C=[\beta_1,\beta_2,\cdots,\beta_k],$$

则

$$[\beta_1,\beta_2,\cdots,\beta_k]=[\alpha_1,\alpha_2,\cdots,\alpha_n]\begin{bmatrix} b_{11} & b_{12} & \cdots & b_{1k} \\ b_{21} & b_{22} & \cdots & b_{2k} \\ \vdots & \vdots & & \vdots \\ b_{n1} & b_{n2} & \cdots & b_{nk} \end{bmatrix},$$

即 C 的列向量组可由 A 的列向量组线性表示，所以由定理3.7得向量组 $\beta_1,\beta_2,\cdots,\beta_k$ 的秩小于等于向量组 $\alpha_1,\alpha_2,\cdots,\alpha_n$ 的秩，即

$$r(AB)\leqslant r(A).$$

因 $C^{T}=B^{T}A^{T}$，由上面证明知 $r(C^{T})\leqslant r(B^{T})$，所以 $r(AB)\leqslant r(B)$．故 $r(AB)\leqslant\min\{r(A), r(B)\}$．

类似地可证明两矩阵和的秩的不等式：

$$r(A+B)\leqslant r(A)+r(B).$$

习题3-4

1. 证明向量组 $\alpha_1=[1, 2]$, $\alpha_2=[2, 3]$ 与向量组 $\varepsilon_1=[1, 0]$，$\varepsilon_2=[0, 1]$ 等价.

2. 求下列向量组的秩.

（1）$\alpha_1=[1,2,1,3],\alpha_2=[4,-1,-5,-6],\alpha_3=[1,-3,-4,-7]$；

（2）$\alpha_1=[1,-2,-1,0,2],\alpha_2=[1,-2,-1,-3,3],\alpha_3=[2,-1,0,2,3],\alpha_4=[3,3,3,3,4]$.

3. 写出题2中各向量组的一个极大无关组.

4. 设有向量组

$$\alpha_1=\begin{bmatrix}1\\1\\3\\1\end{bmatrix},\ \alpha_2=\begin{bmatrix}-1\\1\\-1\\3\end{bmatrix},\ \alpha_3=\begin{bmatrix}5\\-2\\8\\-9\end{bmatrix},\ \alpha_4=\begin{bmatrix}-1\\3\\1\\7\end{bmatrix},$$

（1）求此向量组的秩；

（2）判断此向量组的线性相关性；

（3）求此向量组的一个极大无关组；

（4）将向量组中其余向量用这个极大无关组线性表示.

5.利用初等行变换求下列矩阵的列向量组的一个极大无关组.

$$(1)\begin{bmatrix}1 & 1 & 2 & 2 & 1\\0 & 2 & 1 & 5 & -1\\2 & 0 & 3 & -1 & 3\\1 & 1 & 0 & 4 & -1\end{bmatrix};\quad (2)\begin{bmatrix}25 & 31 & 17 & 43\\75 & 94 & 53 & 132\\75 & 94 & 54 & 134\\25 & 32 & 20 & 48\end{bmatrix}.$$

6. 试证明若向量组的秩为 r，则向量组中任意 r 个线性无关的向量即为该向量组的一

个极大无关组.

7. 试证明如果 $\boldsymbol{\alpha}_1, \boldsymbol{\alpha}_2, \cdots, \boldsymbol{\alpha}_r$ 可由 $\boldsymbol{\beta}_1, \boldsymbol{\beta}_2, \cdots, \boldsymbol{\beta}_s$ 线性表示，且 $r>s$，则 $\boldsymbol{\alpha}_1, \boldsymbol{\alpha}_2, \cdots, \boldsymbol{\alpha}_r$ 线性相关.

第五节　向量空间*

一、向量空间的概念

定义 3.7　设 V 是 $\mathbf{R}^n$ 的非空子集，且满足

(1) 若 $\boldsymbol{\alpha}, \boldsymbol{\beta} \in V$，则 $\boldsymbol{\alpha}+\boldsymbol{\beta} \in V$；

(2) 若 $\lambda \in \mathbf{R}, \boldsymbol{\alpha} \in V$，则 $\lambda\boldsymbol{\alpha} \in V$，

则称集合 V 是**向量空间**.

上述定义中（1）和（2）两个条件称为集合 V 对加法与数乘两种运算封闭. 由定义（1）知，一个 n 维向量的集合 V 要构成一个向量空间，必须满足对加法与数乘运算的封闭性.

例如，$\mathbf{R}^n$ 构成一个向量空间，因为任意两个 n 维向量之和仍然是 n 维向量，数 k 乘 n 维向量也仍然是 n 维向量，它们都属于 $\mathbf{R}^n$.

单独一个零向量构成一个向量空间，称为零空间.

例 3.13　集合

$$V=\{[x_1, x_2, x_3] \mid x_1+x_2+x_3=0, x_1, x_2, x_3 \in \mathbf{R}\},$$

试证明 V 是一个向量空间.

证　若 $\boldsymbol{\alpha}=[a_1, a_2, a_3] \in V$，$\boldsymbol{\beta}=[b_1, b_2, b_3] \in V$，则

$$a_1+a_2+a_3=0,\quad b_1+b_2+b_3=0,$$

所以

$$\boldsymbol{\alpha}+\boldsymbol{\beta}=[a_1+b_1, a_2+b_2, a_3+b_3] \in V,$$

$$k\boldsymbol{\alpha}=[ka_1, ka_2, ka_3] \in V,\quad k \text{ 为实数},$$

即 V 对向量加法和数乘有封闭性，故 V 是一个向量空间.

例 3.14　集合

$$V=\{[1, x_2, x_3] \mid x_2, x_3 \in \mathbf{R}\},$$

试证明 V 不是向量空间.

证　因为若 $\boldsymbol{\alpha}=[1, a_2, a_3] \in V$，则

$$2\boldsymbol{\alpha}=[2, 2a_2, 2a_3] \notin V,$$

所以 V 对向量数乘运算不具有封闭性，即 V 不是一个向量空间.

例 3.15　设 $\boldsymbol{\alpha}_1, \boldsymbol{\alpha}_2$ 是两个已知的 n 维向量，证明集合

$$V=\{\boldsymbol{x}=\lambda\boldsymbol{\alpha}_1+\mu\boldsymbol{\alpha}_2 \mid \lambda, \mu \in \mathbf{R}\}$$

是一个向量空间.

证 因为若 $\boldsymbol{x}_1=\lambda_1\boldsymbol{\alpha}_1+\mu_1\boldsymbol{\alpha}_2$， $\boldsymbol{x}_2=\lambda_2\boldsymbol{\alpha}_1+\mu_2\boldsymbol{\alpha}_2\in V$，则有

$$\boldsymbol{x}_1+\boldsymbol{x}_2=(\lambda_1+\lambda_2)\boldsymbol{\alpha}_1+(\mu_1+\mu_2)\boldsymbol{\alpha}_2\in V\ (\lambda_1+\lambda_2,\mu_1+\mu_2\in\mathbf{R}),$$

$$k\boldsymbol{x}_1=(k\lambda_1)\boldsymbol{\alpha}_1+(k\mu_1)\boldsymbol{\alpha}_2\in V\ (k\lambda_1,k\mu_1\in\mathbf{R}),$$

所以 V 对向量加法和数乘有封闭性，即 V 是一个向量空间.

这个向量空间称为由向量组 $\boldsymbol{\alpha}_1,\boldsymbol{\alpha}_2$ 生成的向量空间.

一般地，由向量组 $\boldsymbol{\alpha}_1,\boldsymbol{\alpha}_2,\cdots,\boldsymbol{\alpha}_m\in\mathbf{R}^n$ 的线性组合构成的集合是一个向量空间，记为

$$V=\{\boldsymbol{x}=\lambda_1\boldsymbol{\alpha}_1+\lambda_2\boldsymbol{\alpha}_2+\cdots+\lambda_m\boldsymbol{\alpha}_m|\lambda_1,\lambda_2,\cdots,\lambda_m\in\mathbf{R}\},$$

称 V 为由 $\boldsymbol{\alpha}_1,\boldsymbol{\alpha}_2,\cdots,\boldsymbol{\alpha}_m$ 生成的向量空间.

如果向量空间 V 的非空子集合 V_1 对于 V 中所定义的加法及数乘两种运算是封闭的，则称 V_1 是 V 的**子空间**. 上面例3.13中的集合 V 就是 $\mathbf{R}^3$ 的一个子空间.

二、向量空间的基底与维数

除零空间外，向量空间含有无穷多个向量，在研究时，希望用有限个向量，来表示整个向量空间的向量.例如，在 $\mathbf{R}^3$ 中，通常选用3个线性无关的3维单位坐标向量 $\boldsymbol{\varepsilon}_1=[1,0,0]$，$\boldsymbol{\varepsilon}_2=[0,1,0]$，$\boldsymbol{\varepsilon}_3=[0,0,1]$，对任意的 $\boldsymbol{\alpha}=[a_1,a_2,a_3]\in\mathbf{R}^3$，都可以表示为 $\boldsymbol{\alpha}=a_1\boldsymbol{\varepsilon}_1+a_2\boldsymbol{\varepsilon}_2+a_3\boldsymbol{\varepsilon}_3$，称 $\boldsymbol{\varepsilon}_1,\boldsymbol{\varepsilon}_2,\boldsymbol{\varepsilon}_3$ 为 $\mathbf{R}^3$ 的基.

定义3.8 设 V 是向量空间，如果 V 中的向量组 $\boldsymbol{\alpha}_1,\boldsymbol{\alpha}_2,\cdots,\boldsymbol{\alpha}_r$ 满足：

(1) $\boldsymbol{\alpha}_1,\boldsymbol{\alpha}_2,\cdots,\boldsymbol{\alpha}_r$ 线性无关；

(2) V 中任意向量都可由 $\boldsymbol{\alpha}_1,\boldsymbol{\alpha}_2,\cdots,\boldsymbol{\alpha}_r$ 线性表示，

则称 $\boldsymbol{\alpha}_1,\boldsymbol{\alpha}_2,\cdots,\boldsymbol{\alpha}_r$ 为向量空间 V 的一组**基底**，简称**基**， r 称为 V 的**维数**，记为 $\dim V=r$，并称 V 是 $\boldsymbol{r}$ **维向量空间**.

规定：零空间的维数为0.

把基的定义与极大无关组的定义比较，不难发现，若把向量空间 V 看作向量组 V，则向量空间 V 的基就是向量组 V 的极大无关组，向量空间 V 的维数就是向量组 V 的秩.

例3.16 证明 $\mathbf{R}^n$ 中任意 n 个线性无关的向量都是 $\mathbf{R}^n$ 的基.

证 设 $\boldsymbol{\alpha}_1,\boldsymbol{\alpha}_2,\cdots,\boldsymbol{\alpha}_n$ 是 $\mathbf{R}^n$ 中 n 个线性无关的向量，对任意的 $\boldsymbol{\alpha}\in\mathbf{R}^n$，则 $n+1$ 个 n 维向量 $\boldsymbol{\alpha}_1,\boldsymbol{\alpha}_2,\cdots,\boldsymbol{\alpha}_n$，$\boldsymbol{\alpha}$ 线性相关，故 α 可由 $\boldsymbol{\alpha}_1,\boldsymbol{\alpha}_2,\cdots,\boldsymbol{\alpha}_n$ 线性表示，所以 $\boldsymbol{\alpha}_1,\boldsymbol{\alpha}_2,\cdots,\boldsymbol{\alpha}_n$ 是 $\mathbf{R}^n$ 的一个基.

例3.17 证明 $\boldsymbol{\alpha}_1=[1,1,1,1]^{\mathrm{T}}$，$\boldsymbol{\alpha}_2=[1,3,1,0]^{\mathrm{T}}$，$\boldsymbol{\alpha}_3=[1,0,1,0]^{\mathrm{T}}$，$\boldsymbol{\alpha}_4=[1,0,0,1]^{\mathrm{T}}$ 是 $\mathbf{R}^4$ 的一组基.

证 根据例3.16的结论，只要证明 $\boldsymbol{\alpha}_1,\boldsymbol{\alpha}_2,\boldsymbol{\alpha}_3,\boldsymbol{\alpha}_4$ 线性无关即可.

把 $\boldsymbol{\alpha}_1,\boldsymbol{\alpha}_2,\boldsymbol{\alpha}_3,\boldsymbol{\alpha}_4$ 排成矩阵，$\boldsymbol{A}=[\boldsymbol{\alpha}_1,\boldsymbol{\alpha}_2,\boldsymbol{\alpha}_3,\boldsymbol{\alpha}_4]$，则

$$|\boldsymbol{A}|=\begin{vmatrix}1&1&1&1\\1&3&0&0\\1&1&1&0\\1&0&0&1\end{vmatrix}\overset{c_1-c_4}{=\!=}\begin{vmatrix}0&1&1&1\\1&3&0&0\\1&1&1&0\\0&0&0&1\end{vmatrix}$$

$$=1\times(-1)^{4+4}\begin{vmatrix}0&1&1\\1&3&0\\1&1&1\end{vmatrix}=-3\neq 0,$$

所以 $\boldsymbol{\alpha}_1,\boldsymbol{\alpha}_2,\boldsymbol{\alpha}_3,\boldsymbol{\alpha}_4$ 线性无关，故 $\boldsymbol{\alpha}_1,\boldsymbol{\alpha}_2,\boldsymbol{\alpha}_3,\boldsymbol{\alpha}_4$ 是 $\mathbf{R}^4$ 的一组基.

三、向量空间中向量的坐标

定义 3.9 设 $\boldsymbol{\alpha}_1,\boldsymbol{\alpha}_2,\cdots,\boldsymbol{\alpha}_n$ 为 n 维向量空间 V 的一组基，任一向量 $\boldsymbol{\beta}\,(\boldsymbol{\beta}\in V)$ 可唯一表示为

$$\boldsymbol{\beta}=x_1\boldsymbol{\alpha}_1+x_2\boldsymbol{\alpha}_2+\cdots+x_n\boldsymbol{\alpha}_n,$$

$\boldsymbol{\alpha}_i\,(i=1,2,\cdots,n)$ 的系数构成的有序数组 $x_1,x_2,\cdots,x_n$ 称为向量 $\boldsymbol{\beta}$ 关于基 $\boldsymbol{\alpha}_1,\boldsymbol{\alpha}_2,\cdots,\boldsymbol{\alpha}_n$ 的坐标，并记作

$$x=[x_1,x_2,\cdots,x_n]^{\mathrm{T}}.$$

例 3.18 设 $\boldsymbol{\alpha}_1=[1,\ 0,\ 1]^{\mathrm{T}}$，$\boldsymbol{\alpha}_2=[0,\ 1,\ 0]^{\mathrm{T}}$，$\boldsymbol{\alpha}_3=[1,\ 2,\ 2]^{\mathrm{T}}$，证明 $\boldsymbol{\alpha}_1,\boldsymbol{\alpha}_2,\boldsymbol{\alpha}_3$ 是 $\mathbf{R}^3$ 的一个基，并将 $\boldsymbol{\beta}_1=[1,\ 3,\ 0]^{\mathrm{T}}$，$\boldsymbol{\beta}_2=[-1,\ 0,\ 3]^{\mathrm{T}}$ 表示为 $\boldsymbol{\alpha}_1$，$\boldsymbol{\alpha}_2$，$\boldsymbol{\alpha}_3$ 的线性组合.

证 将 $\boldsymbol{\alpha}_1$，$\boldsymbol{\alpha}_2$，$\boldsymbol{\alpha}_3$ 及 $\boldsymbol{\beta}_1$，$\boldsymbol{\beta}_2$ 按列构成矩阵

$$[\boldsymbol{\alpha}_1,\ \boldsymbol{\alpha}_2,\ \boldsymbol{\alpha}_3\ \ \boldsymbol{\beta}_1,\ \boldsymbol{\beta}_2]=\left[\begin{array}{ccc|cc}1&0&1&1&-1\\0&1&2&3&0\\1&0&2&0&3\end{array}\right]$$

$$\xrightarrow{r_3-r_1}\left[\begin{array}{ccc|cc}1&0&1&1&-1\\0&1&2&3&0\\0&0&1&-1&4\end{array}\right]$$

$$\xrightarrow[r_2-2r_3]{r_1-r_3}\left[\begin{array}{ccc|cc}1&0&0&2&-5\\0&1&0&5&-8\\0&0&1&-1&4\end{array}\right],$$

所以 $\boldsymbol{\alpha}_1$，$\boldsymbol{\alpha}_2$，$\boldsymbol{\alpha}_3$ 是 $\mathbf{R}^3$ 的一个基，且

$$\boldsymbol{\beta}_1=2\boldsymbol{\alpha}_1+5\boldsymbol{\alpha}_2-\boldsymbol{\alpha}_3,$$

$$\boldsymbol{\beta}_2=-5\boldsymbol{\alpha}_1-8\boldsymbol{\alpha}_2+4\boldsymbol{\alpha}_3.$$

由上式可知，$\boldsymbol{\beta}_1$ 关于基 $\boldsymbol{\alpha}_1$，$\boldsymbol{\alpha}_2$，$\boldsymbol{\alpha}_3$ 的坐标为2，5，–1，$\boldsymbol{\beta}_2$ 关于基 $\boldsymbol{\alpha}_1$，$\boldsymbol{\alpha}_2$，$\boldsymbol{\alpha}_3$ 的坐标为–5，–8，4.

四、基变换与坐标变换

设$\boldsymbol{\alpha}_1$，$\boldsymbol{\alpha}_2$，⋯，$\boldsymbol{\alpha}_n$与$\boldsymbol{\beta}_1$，$\boldsymbol{\beta}_2$，⋯，$\boldsymbol{\beta}_n$是向量空间V的两个基，则

$$\begin{cases}\boldsymbol{\beta}_1=a_{11}\boldsymbol{\alpha}_1+a_{21}\boldsymbol{\alpha}_2+\cdots+a_{n1}\boldsymbol{\alpha}_n,\\ \boldsymbol{\beta}_2=a_{12}\boldsymbol{\alpha}_1+a_{22}\boldsymbol{\alpha}_2+\cdots+a_{n2}\boldsymbol{\alpha}_n,\\ \quad\vdots\\ \boldsymbol{\beta}_n=a_{1n}\boldsymbol{\alpha}_1+a_{2n}\boldsymbol{\alpha}_2+\cdots+a_{nn}\boldsymbol{\alpha}_n.\end{cases}\tag{3.5}$$

将式(3.5)用矩阵表示为

$$[\boldsymbol{\beta}_1,\ \boldsymbol{\beta}_2,\ \cdots,\ \boldsymbol{\beta}_n]=[\boldsymbol{\alpha}_1,\ \boldsymbol{\alpha}_2,\ \cdots,\ \boldsymbol{\alpha}_n]\boldsymbol{A},$$

其中，$\boldsymbol{A}=[a_{ij}]_{n\times n}$.

定义 3.10 设$\boldsymbol{\alpha}_1$，$\boldsymbol{\alpha}_2$，⋯，$\boldsymbol{\alpha}_n$与$\boldsymbol{\beta}_1$，$\boldsymbol{\beta}_2$，⋯，$\boldsymbol{\beta}_n$是向量空间V的两个基，若有矩阵$\boldsymbol{A}=[a_{ij}]_{n\times n}$，使

$$[\boldsymbol{\beta}_1,\ \boldsymbol{\beta}_2,\ \cdots,\ \boldsymbol{\beta}_n]=[\boldsymbol{\alpha}_1,\ \boldsymbol{\alpha}_2,\ \cdots,\ \boldsymbol{\alpha}_n]\boldsymbol{A},\tag{3.6}$$

则称矩阵$\boldsymbol{A}=[a_{ij}]_{n\times n}$为从基$\boldsymbol{\alpha}_1$，$\boldsymbol{\alpha}_2$，⋯，$\boldsymbol{\alpha}_n$到基$\boldsymbol{\beta}_1$，$\boldsymbol{\beta}_2$，⋯，$\boldsymbol{\beta}_n$的**过渡矩阵**，称式(3.6)为**基变换**.

V的两个基是由过渡矩阵建立联系的，过渡矩阵$\boldsymbol{A}=[a_{ij}]_{n\times n}$具有如下性质：

(1) 满足式(3.6)矩阵$\boldsymbol{A}=[a_{ij}]_{n\times n}$的第$i$列是$\boldsymbol{\beta}_i$在基$\boldsymbol{\alpha}_1$，$\boldsymbol{\alpha}_2$，⋯，$\boldsymbol{\alpha}_n$下的坐标.

(2) $\boldsymbol{A}=[a_{ij}]_{n\times n}$是可逆矩阵，并且$\boldsymbol{A}^{-1}$是从基$\boldsymbol{\beta}_1$，$\boldsymbol{\beta}_2$，⋯，$\boldsymbol{\beta}_n$到基$\boldsymbol{\alpha}_1$，$\boldsymbol{\alpha}_2$，⋯，$\boldsymbol{\alpha}_n$的过渡矩阵.

设$\boldsymbol{\alpha}_1$，$\boldsymbol{\alpha}_2$，⋯，$\boldsymbol{\alpha}_n$与$\boldsymbol{\beta}_1$，$\boldsymbol{\beta}_2$，⋯，$\boldsymbol{\beta}_n$是向量空间V的两个基，对向量$\boldsymbol{\alpha}\in V$，$\boldsymbol{\alpha}$在两个基下的坐标分别为$\boldsymbol{x}=[x_1,x_2,\cdots,x_n]^{\mathrm{T}}$和$\boldsymbol{y}=[y_1,y_2,\cdots,y_n]^{\mathrm{T}}$，即

$$\boldsymbol{\alpha}=[\boldsymbol{\alpha}_1,\ \boldsymbol{\alpha}_2,\ \cdots,\ \boldsymbol{\alpha}_n]\boldsymbol{x},\tag{3.7}$$

$$\boldsymbol{\alpha}=[\boldsymbol{\beta}_1,\ \boldsymbol{\beta}_2,\ \cdots,\ \boldsymbol{\beta}_n]\boldsymbol{y},\tag{3.8}$$

$$\boldsymbol{\alpha}=[\boldsymbol{\beta}_1,\ \boldsymbol{\beta}_2,\ \cdots,\ \boldsymbol{\beta}_n]\boldsymbol{y}=[\boldsymbol{\alpha}_1,\ \boldsymbol{\alpha}_2,\ \cdots,\ \boldsymbol{\alpha}_n]\boldsymbol{A}\boldsymbol{y}.\tag{3.9}$$

由于$\boldsymbol{\alpha}$在基$\boldsymbol{\alpha}_1$，$\boldsymbol{\alpha}_2$，⋯，$\boldsymbol{\alpha}_n$下的坐标是唯一的，比较式(3.7)和式(3.9)得

$$\boldsymbol{x}=\boldsymbol{A}\boldsymbol{y},$$

因而有下面定理.

定理 3.10 设向量空间V中的向量$\boldsymbol{\alpha}$在基$\boldsymbol{\alpha}_1$，$\boldsymbol{\alpha}_2$，⋯，$\boldsymbol{\alpha}_n$下的坐标为$\boldsymbol{x}=[x_1,x_2,\cdots,x_n]^{\mathrm{T}}$，在基$\boldsymbol{\beta}_1,\boldsymbol{\beta}_2,\cdots,\boldsymbol{\beta}_n$下的坐标为$\boldsymbol{y}=[y_1,y_2,\cdots,y_n]^{\mathrm{T}}$，基$\boldsymbol{\alpha}_1,\boldsymbol{\alpha}_2$，⋯，$\boldsymbol{\alpha}_n$到基$\boldsymbol{\beta}_1,\boldsymbol{\beta}_2$，⋯，$\boldsymbol{\beta}_n$的过渡矩阵为$\boldsymbol{A}=[a_{ij}]_{n\times n}$，则有坐标变换公式

$$\boldsymbol{x}=\boldsymbol{A}\boldsymbol{y}.\tag{3.10}$$

例 3.19 设$\mathbf{R}^3$的两个基为$\boldsymbol{\alpha}_1=[1,\ 0,\ -1]$，$\boldsymbol{\alpha}_2=[2,\ 1,\ 1]$，$\boldsymbol{\alpha}_3=[1,\ 1,\ 1]$和$\boldsymbol{\beta}_1=[0,\ 1,\ 1]$，$\boldsymbol{\beta}_2=[-1,\ 1,\ 0]$，$\boldsymbol{\beta}_3=[1,\ 2,\ 1]$，求从基$\boldsymbol{\alpha}_1$，$\boldsymbol{\alpha}_2$，$\boldsymbol{\alpha}_3$到基$\boldsymbol{\beta}_1$，$\boldsymbol{\beta}_2$，$\boldsymbol{\beta}_3$的过渡矩阵$\boldsymbol{A}$.

解　设 $\boldsymbol{A}=[a_{ij}]_{3\times 3}$ 为所求的过渡矩阵，则

$$[\boldsymbol{\beta}_1,\ \boldsymbol{\beta}_2,\ \boldsymbol{\beta}_3]=[\boldsymbol{\alpha}_1,\ \boldsymbol{\alpha}_2,\ \boldsymbol{\alpha}_3]\boldsymbol{A},$$

即

$$\begin{bmatrix}0 & -1 & 1\\ 1 & 1 & 2\\ 1 & 0 & 1\end{bmatrix}=\begin{bmatrix}1 & 2 & 1\\ 0 & 1 & 1\\ -1 & 1 & 1\end{bmatrix}\boldsymbol{A},$$

求得

$$\boldsymbol{A}=\begin{bmatrix}0 & 1 & 1\\ -1 & -3 & -2\\ 2 & 4 & 4\end{bmatrix}.$$

习题3-5

1. 判别下列集合是否构成向量空间.

（1）$V=\{\boldsymbol{\alpha}=[x_1,x_2,\cdots,x_n] \mid x_1+x_2+\cdots+x_n=0,x_1,x_2,\cdots,x_n\in\mathbf{R}\}$；

（2）$V=\{\boldsymbol{\alpha}=[x_1,x_2,\cdots,x_n] \mid x_1+x_2+\cdots+x_n=1,x_1,x_2,\cdots,x_n\in\mathbf{R}\}$；

（3）$V=\{\boldsymbol{\alpha}=[x_1,x_2,x_3] \mid x_1=5x_2,x_1,x_2,x_3\in\mathbf{R}\}$.

2. 证明 $\boldsymbol{\alpha}_1=[1,\ 1,\ 0]^{\mathrm{T}}$，$\boldsymbol{\alpha}_2=[0,\ 0,\ 2]^{\mathrm{T}}$，$\boldsymbol{\alpha}_3=[0,\ 3,\ 2]^{\mathrm{T}}$ 是 $\mathbf{R}^3$ 的一组基.

3. 证明 $\boldsymbol{\alpha}_1=[1,\ 1,\ 0,\ 1]^{\mathrm{T}}$，$\boldsymbol{\alpha}_2=[2,\ 1,\ 3,\ 1]^{\mathrm{T}}$，$\boldsymbol{\alpha}_3=[1,\ 1,\ 0,\ 0]^{\mathrm{T}}$，$\boldsymbol{\alpha}_4=[0,\ 1,\ -1,\ -1]^{\mathrm{T}}$ 是 $\mathbf{R}^4$ 的一组基，并把向量 $\boldsymbol{\beta}=[2,\ 2,\ 4,\ 1]^{\mathrm{T}}$ 用这个基线性表示.

4. 在 $\mathbf{R}^3$ 中求一个向量 $\boldsymbol{\gamma}$，使它在下面两个基：

（1）$\boldsymbol{\alpha}_1=[1,\ 0,\ 1]^{\mathrm{T}}$，$\boldsymbol{\alpha}_2=[-1,0,\ 0]^{\mathrm{T}}$，$\boldsymbol{\alpha}_3=[0,\ 1,\ 1]^{\mathrm{T}}$；

（2）$\boldsymbol{\beta}_1=[0,\ -1,\ 1]^{\mathrm{T}}$，$\boldsymbol{\beta}_2=[1,\ -1,\ 0]^{\mathrm{T}}$，$\boldsymbol{\beta}_3=[1,\ 0,\ 1]^{\mathrm{T}}$

下有相同的坐标.

5. 在 $\mathbf{R}^3$ 中两个基为

$$\boldsymbol{\alpha}_1=[1,\ 0,\ -1]^{\mathrm{T}},\ \boldsymbol{\alpha}_2=[2,1,\ 1]^{\mathrm{T}},\ \boldsymbol{\alpha}_3=[1,\ 1,\ 1]^{\mathrm{T}}$$

和

$$\boldsymbol{\beta}_1=[0,\ 1,\ 1]^{\mathrm{T}},\ \boldsymbol{\beta}_2=[-1,\ 1,\ 0]^{\mathrm{T}},\ \boldsymbol{\beta}_3=[1,\ 2,\ 1]^{\mathrm{T}}.$$

（1）求从基 $\boldsymbol{\alpha}_1$，$\boldsymbol{\alpha}_2$，$\boldsymbol{\alpha}_3$ 到基 $\boldsymbol{\beta}_1$，$\boldsymbol{\beta}_2$，$\boldsymbol{\beta}_3$ 的过渡矩阵；

（2）求 $\boldsymbol{\alpha}=3\boldsymbol{\alpha}_1+2\boldsymbol{\alpha}_2+\boldsymbol{\alpha}_3$ 在基 $\boldsymbol{\beta}_1$，$\boldsymbol{\beta}_2$，$\boldsymbol{\beta}_3$ 下的坐标.

6. 设4维空间 $\mathbf{R}^4$ 的基变换是把基

$$\boldsymbol{\alpha}_1=[1,2,-1,0]^{\mathrm{T}},\ \boldsymbol{\alpha}_2=[1,-1,1,1]^{\mathrm{T}},\ \boldsymbol{\alpha}_3=[-1,2,1,1]^{\mathrm{T}},\ \boldsymbol{\alpha}_4=[-1,-1,0,1]^{\mathrm{T}}$$

变为基

$\boldsymbol{\beta}_1=[2,\ 1,\ 0,\ 1]^{\mathrm{T}}$，$\boldsymbol{\beta}_2=[0,\ 1,\ 2,\ 2]^{\mathrm{T}}$，$\boldsymbol{\beta}_3=[-2,\ 1,\ 1,\ 2]^{\mathrm{T}}$，$\boldsymbol{\beta}_4=[1,\ 3,\ 1,\ 2]^{\mathrm{T}}$，试求 $\mathbf{R}^4$ 的坐标变换.

总习题三

A 组

1. 选择题.

（1）已知 n 维向量组 $\boldsymbol{\alpha}_1,\boldsymbol{\alpha}_2,\cdots,\boldsymbol{\alpha}_m$（$m>n$），则（　　）.

A. $\boldsymbol{\alpha}_1,\boldsymbol{\alpha}_2,\cdots,\boldsymbol{\alpha}_m$ 一定线性相关

B. $\boldsymbol{\alpha}_1,\boldsymbol{\alpha}_2,\cdots,\boldsymbol{\alpha}_m$ 可能线性相关，也可能线性无关

C. $\boldsymbol{\alpha}_1,\boldsymbol{\alpha}_2,\cdots,\boldsymbol{\alpha}_m$ 一定线性无关

D. 以上均不对

（2）下列各向量线性相关的是（　　）.

A. $\boldsymbol{\alpha}_1=[1,\ 0,\ 0]^{\mathrm{T}}$，$\boldsymbol{\alpha}_2=[0,1,\ 0]^{\mathrm{T}}$，$\boldsymbol{\alpha}_3=[0,\ 0,\ 1]^{\mathrm{T}}$

B. $\boldsymbol{\alpha}_1=[1,\ 2,\ 3]^{\mathrm{T}}$，$\boldsymbol{\alpha}_2=[4,5,\ 6]^{\mathrm{T}}$，$\boldsymbol{\alpha}_3=[2,\ 1,\ 0]^{\mathrm{T}}$

C. $\boldsymbol{\alpha}_1=[1,\ 2,\ 3]^{\mathrm{T}}$，$\boldsymbol{\alpha}_2=[2,4,\ 5]^{\mathrm{T}}$

D. $\boldsymbol{\alpha}_1=[1,\ 2,\ 2]^{\mathrm{T}}$，$\boldsymbol{\alpha}_2=[2,1,\ 2]^{\mathrm{T}}$，$\boldsymbol{\alpha}_3=[2,\ 2,\ 1]^{\mathrm{T}}$

（3）已知 3 阶方阵 $\boldsymbol{B}=[\boldsymbol{\beta}_1,\boldsymbol{\beta}_2,\boldsymbol{\beta}_3]$，其中 $\boldsymbol{\beta}_1,\boldsymbol{\beta}_2,\boldsymbol{\beta}_3$ 为 $\boldsymbol{B}$ 的列向量组，若行列式 $|\boldsymbol{B}|=-2$，则行列式 $|\boldsymbol{\beta}_1-2\boldsymbol{\beta}_3,3\boldsymbol{\beta}_2,\boldsymbol{\beta}_3|=$（　　）.

A. -2　　B. -6　　C. 4　　D. -8

（4）设有向量组 A：$\boldsymbol{\alpha}_1,\boldsymbol{\alpha}_2,\boldsymbol{\alpha}_3,\boldsymbol{\alpha}_4$，其中 $\boldsymbol{\alpha}_1,\boldsymbol{\alpha}_2,\boldsymbol{\alpha}_3$ 线性无关，则（　　）.

A. $\boldsymbol{\alpha}_1,\boldsymbol{\alpha}_3$ 线性无关　　B. $\boldsymbol{\alpha}_1,\boldsymbol{\alpha}_2,\boldsymbol{\alpha}_3,\boldsymbol{\alpha}_4$ 线性无关

C. $\boldsymbol{\alpha}_1,\boldsymbol{\alpha}_2,\boldsymbol{\alpha}_3,\boldsymbol{\alpha}_4$ 线性相关　　D. $\boldsymbol{\alpha}_2,\boldsymbol{\alpha}_3,\boldsymbol{\alpha}_4$ 线性无关

（5）设向量组 $\boldsymbol{\alpha}_1,\boldsymbol{\alpha}_2,\boldsymbol{\alpha}_3,\boldsymbol{\alpha}_4$ 线性相关，则向量组中（　　）.

A. 必有一个向量可以表为其余向量的线性组合

B. 必有两个向量可以表为其余向量的线性组合

C. 必有三个向量可以表为其余向量的线性组合

D. 每一个向量都可以表为其余向量的线性组合

（6）设 $\boldsymbol{\alpha}_1,\boldsymbol{\alpha}_2,\boldsymbol{\alpha}_3,\boldsymbol{\beta}$ 均为 n 维向量，又 $\boldsymbol{\alpha}_1,\boldsymbol{\alpha}_2,\boldsymbol{\beta}$ 线性相关，$\boldsymbol{\alpha}_2,\boldsymbol{\alpha}_3,\boldsymbol{\beta}$ 线性无关，则下列正确的是（　　）.

A. $\boldsymbol{\alpha}_1,\boldsymbol{\alpha}_2,\boldsymbol{\alpha}_3$ 线性相关　　B. $\boldsymbol{\alpha}_1,\boldsymbol{\alpha}_2,\boldsymbol{\alpha}_3$ 线性无关

C. $\boldsymbol{\alpha}_1$ 可由 $\boldsymbol{\alpha}_2,\boldsymbol{\alpha}_3,\boldsymbol{\beta}$ 线性表示　　D. $\boldsymbol{\beta}$ 可由 $\boldsymbol{\alpha}_1,\boldsymbol{\alpha}_2$ 线性表示

（7）设 $\boldsymbol{\alpha}_1,\boldsymbol{\alpha}_2,\cdots,\boldsymbol{\alpha}_s$ 为 n 维列向量，$\boldsymbol{A}$ 是 $m\times n$ 矩阵，则下列选项中正确的是（　　）.

A. 若 $\boldsymbol{\alpha}_1,\boldsymbol{\alpha}_2,\cdots,\boldsymbol{\alpha}_s$ 线性相关，则 $\boldsymbol{A}\boldsymbol{\alpha}_1,\boldsymbol{A}\boldsymbol{\alpha}_2,\cdots,\boldsymbol{A}\boldsymbol{\alpha}_s$ 线性相关

B. 若 $\boldsymbol{\alpha}_1,\boldsymbol{\alpha}_2,\cdots,\boldsymbol{\alpha}_s$ 线性相关，则 $\boldsymbol{A\alpha}_1,\boldsymbol{A\alpha}_2,\cdots,\boldsymbol{A\alpha}_s$ 线性无关

C. 若 $\boldsymbol{\alpha}_1,\boldsymbol{\alpha}_2,\cdots,\boldsymbol{\alpha}_s$ 线性无关，则 $\boldsymbol{A\alpha}_1,\boldsymbol{A\alpha}_2,\cdots,\boldsymbol{A\alpha}_s$ 线性相关

D. 若 $\boldsymbol{\alpha}_1,\boldsymbol{\alpha}_2,\cdots,\boldsymbol{\alpha}_s$ 线性无关，则 $\boldsymbol{A\alpha}_1,\boldsymbol{A\alpha}_2,\cdots,\boldsymbol{A\alpha}_s$ 线性无关

(8) 在下列指明的各向量组中，(　　) 中的向量组是线性无关的.

A. 向量组中有零向量

B. 任何一个向量都不能被其余的向量线性表示

C. 存在一个向量可以被其余的向量线性表示

D. 向量组的向量个数大于向量的维数

(9)　下列命题中错误的是 (　　).

A. 若向量组 $\boldsymbol{\beta}_1,\boldsymbol{\beta}_2,\cdots,\boldsymbol{\beta}_s$ 可由向量组 $\boldsymbol{\alpha}_1,\boldsymbol{\alpha}_2,\cdots,\boldsymbol{\alpha}_t$ 线性表示，则秩 $(\boldsymbol{\alpha}_1,\boldsymbol{\alpha}_2,\cdots,\boldsymbol{\alpha}_t)\geqslant$ 秩 $(\boldsymbol{\beta}_1,\boldsymbol{\beta}_2,\cdots,\boldsymbol{\beta}_s)$

B. 若秩 $(\boldsymbol{\alpha}_1,\boldsymbol{\alpha}_2,\cdots,\boldsymbol{\alpha}_s)$ =秩 $(\boldsymbol{\alpha}_1,\boldsymbol{\alpha}_2,\cdots,\boldsymbol{\alpha}_s,\boldsymbol{\alpha}_{s+1},\cdots,\boldsymbol{\alpha}_n)$，则向量组 $\boldsymbol{\alpha}_1,\boldsymbol{\alpha}_2,\cdots,\boldsymbol{\alpha}_s$ 与向量组 $\boldsymbol{\alpha}_1,\boldsymbol{\alpha}_2,\cdots,\boldsymbol{\alpha}_s,\boldsymbol{\alpha}_{s+1},\cdots,\boldsymbol{\alpha}_n$ 等价

C. 等价的向量组必有相同的极大无关组

D. 若 $\boldsymbol{\alpha}_1,\boldsymbol{\alpha}_2,\cdots,\boldsymbol{\alpha}_s$ 与 $\boldsymbol{\alpha}_1,\boldsymbol{\alpha}_2,\cdots,\boldsymbol{\alpha}_s,\boldsymbol{\alpha}_{s+1},\cdots,\boldsymbol{\alpha}_n$ 等价，则 $\boldsymbol{\alpha}_1,\boldsymbol{\alpha}_2,\cdots,\boldsymbol{\alpha}_s,\boldsymbol{\alpha}_{s+1},\cdots,\boldsymbol{\alpha}_n$ 必线性相关

(10) 向量组 $\begin{bmatrix}1\\0\\0\end{bmatrix}$，$\begin{bmatrix}2\\2\\0\end{bmatrix}$，$\begin{bmatrix}3\\3\\3\end{bmatrix}$，$\begin{bmatrix}1\\2\\3\end{bmatrix}$ 的秩是 (　　).

A. 1　　B. 2　　C. 3　　D. 4

2. 填空题.

(1) 已知向量 $\boldsymbol{\alpha}=\begin{bmatrix}3\\2\\5\\4\end{bmatrix},\boldsymbol{\beta}=\begin{bmatrix}-1\\2\\1\\-2\end{bmatrix}$，且 $\boldsymbol{\alpha}+\boldsymbol{\xi}=\boldsymbol{\beta}$，则向量 $\boldsymbol{\xi}=$________.

(2) 已知 $\boldsymbol{\alpha}_1,\boldsymbol{\alpha}_2$ 为2维列向量，矩阵 $\boldsymbol{A}=[2\boldsymbol{\alpha}_1+\boldsymbol{\alpha}_2,\boldsymbol{\alpha}_1-\boldsymbol{\alpha}_2]$，$\boldsymbol{B}=[\boldsymbol{\alpha}_1,\boldsymbol{\alpha}_2]$，若行列式 $|\boldsymbol{A}|=6$，则 $|\boldsymbol{B}|=$ ________.

(3) 设向量组 $\boldsymbol{\alpha}_1,\boldsymbol{\alpha}_2,\cdots,\boldsymbol{\alpha}_m$ 的秩为 r，则向量组 $\boldsymbol{\alpha}_1+\boldsymbol{\alpha}_2+\cdots+\boldsymbol{\alpha}_m$ 的秩为________.

(4) 设向量组 $\boldsymbol{\alpha}=[1,0,1]^{\mathrm{T}},\boldsymbol{\beta}=[2,k,-1]^{\mathrm{T}},\boldsymbol{\gamma}=[-1,1,-4]^{\mathrm{T}}$ 线性相关，则 $k=$________.

(5) 若向量组 $\boldsymbol{\alpha}_1,\boldsymbol{\alpha}_2,\boldsymbol{\alpha}_3,\boldsymbol{\alpha}_4$ 线性无关，则向量组 $\boldsymbol{\alpha}_1-\boldsymbol{\alpha}_2,\boldsymbol{\alpha}_2-\boldsymbol{\alpha}_3,\boldsymbol{\alpha}_3-\boldsymbol{\alpha}_4,\boldsymbol{\alpha}_4-\boldsymbol{\alpha}_1$ 线性________ (填相关性).

(6) 已知 $\boldsymbol{\alpha}_1=[a,0,c]$，$\boldsymbol{\alpha}_2=[b,c,0]$，$\boldsymbol{\alpha}_3=[0,a,b]$，$\boldsymbol{\alpha}_1,\boldsymbol{\alpha}_2,\boldsymbol{\alpha}_3$ 线性无关，则 a,b,c 必满足关系式__________.　(2002)

(7) 已知向量组 $\boldsymbol{\alpha}_1=[1,2,3,4]^{\mathrm{T}},\boldsymbol{\alpha}_2=[2,3,4,5]^{\mathrm{T}},\boldsymbol{\alpha}_3=[3,4,5,6]^{\mathrm{T}},\boldsymbol{\alpha}_4=[4,5,6,7]^{\mathrm{T}}$，则该向量组的秩为__________.

*(8) 已知 $\mathbf{R}^3$ 的一组基为 $\alpha_1=[1,0,2]^{\mathrm{T}}$，$\boldsymbol{\alpha}_2=[0,1,2]^{\mathrm{T}}$，$\boldsymbol{\alpha}_3=[1,2,0]^{\mathrm{T}}$，则向量

$\boldsymbol{\beta}=[1,-1,3]^{\mathrm{T}}$ 在基 $\boldsymbol{\alpha}_1,\boldsymbol{\alpha}_2,\boldsymbol{\alpha}_3$ 下的坐标为________.

3. 讨论下列向量组的线性相关性:

(1) $\boldsymbol{\alpha}_1=[0,1,2]^{\mathrm{T}}$, $\boldsymbol{\alpha}_2=[1,2,0]^{\mathrm{T}}$, $\boldsymbol{\alpha}_3=[1,0,2]^{\mathrm{T}}$, $\boldsymbol{\alpha}_4=[2,0,1]^{\mathrm{T}}$;

(2) $\boldsymbol{\alpha}_1=[0,1,2,5]^{\mathrm{T}}$, $\boldsymbol{\alpha}_2=[1,-1,0,3]^{\mathrm{T}}$, $\boldsymbol{\alpha}_3=[0,2,3,0]^{\mathrm{T}}$;

(3) $\boldsymbol{\alpha}_1=[1,-1,2,3]$, $\boldsymbol{\alpha}_2=[2,1,-1,-1]$, $\boldsymbol{\alpha}_3=[-1,2,5,0]$, $\boldsymbol{\alpha}_4=[3,1,8,5]$.

4. 设 $\boldsymbol{\beta}=[1,2,1,1],\boldsymbol{\alpha}_1=[1,1,1,1],\boldsymbol{\alpha}_2=[1,1,-1,-1],\boldsymbol{\alpha}_3=[1,-1,1,-1],\boldsymbol{\alpha}_4=[1,-1,-1,1]$, 试判断向量 $\boldsymbol{\beta}$ 是否是 $\boldsymbol{\alpha}_1,\boldsymbol{\alpha}_2,\boldsymbol{\alpha}_3,\boldsymbol{\alpha}_4$ 的线性组合.

5. 讨论向量组

$$\boldsymbol{A}: \boldsymbol{\alpha}_1=\begin{bmatrix}1\\3\\2\\0\end{bmatrix},\boldsymbol{\alpha}_2=\begin{bmatrix}-2\\-1\\1\\5\end{bmatrix},\boldsymbol{\alpha}_3=\begin{bmatrix}3\\5\\2\\-4\end{bmatrix}$$

和

$$\boldsymbol{B}: \boldsymbol{\alpha}_1=\begin{bmatrix}1\\3\\2\\0\end{bmatrix},\boldsymbol{\alpha}_2=\begin{bmatrix}-2\\-1\\1\\5\end{bmatrix},\boldsymbol{\alpha}_3=\begin{bmatrix}3\\5\\2\\-4\end{bmatrix},\boldsymbol{\alpha}_4=\begin{bmatrix}-1\\-3\\-2\\5\end{bmatrix}$$

的线性相关性.

6. 求下列向量组的秩和它的一个极大无关组.

(1) $\boldsymbol{\alpha}_1=[1,2,2,3],\boldsymbol{\alpha}_2=[1,-1,-3,6],\boldsymbol{\alpha}_3=[-2,-1,1,-9],\boldsymbol{\alpha}_4=[1,1,-1,6]$;

(2) $\boldsymbol{\alpha}_1=[1,2,3,4],\boldsymbol{\alpha}_2=[2,3,4,8],\boldsymbol{\alpha}_3=[3,7,-1,0],\boldsymbol{\alpha}_4=[0,1,2,0]$;

(3) $\boldsymbol{\alpha}_1=[1,1,2,2,1],\boldsymbol{\alpha}_2=[0,2,1,5,-1],\boldsymbol{\alpha}_3=[2,0,3,-1,3],\boldsymbol{\alpha}_4=[1,1,0,4,-1]$.

*7. 已知 $\mathbf{R}^3$ 的两个基为

$$\boldsymbol{\alpha}_1=[1,\ 1,\ 1]^{\mathrm{T}}\ \boldsymbol{\alpha}_2=[1,0,\ -1]^{\mathrm{T}},\ \boldsymbol{\alpha}_3=[1,\ 0,\ 1]^{\mathrm{T}},$$

$$\boldsymbol{\beta}_1=[1,\ 2,\ 1]^{\mathrm{T}},\boldsymbol{\beta}_2=[2,\ 3,\ 4]^{\mathrm{T}},\ \boldsymbol{\beta}_3=[3,\ 4,\ 3]^{\mathrm{T}},$$

求由基 $\boldsymbol{\alpha}_1$, $\boldsymbol{\alpha}_2$, $\boldsymbol{\alpha}_3$ 到基 $\boldsymbol{\beta}_1$, $\boldsymbol{\beta}_2$, $\boldsymbol{\beta}_3$ 的过渡矩阵.

B组

1. 选择题.

(1) 若 $\boldsymbol{\alpha}_1,\boldsymbol{\alpha}_2,\boldsymbol{\alpha}_3$, $\boldsymbol{\beta}_1,\boldsymbol{\beta}$ 都是四维列向量, 且四阶行列式 $|\boldsymbol{\alpha}_1\boldsymbol{\alpha}_2\boldsymbol{\alpha}_3\boldsymbol{\beta}_1|=m$, $|\boldsymbol{\alpha}_1\boldsymbol{\alpha}_2\boldsymbol{\beta}_2\boldsymbol{\alpha}_3|=n$, 则四阶行列式 $|\boldsymbol{\alpha}_3\boldsymbol{\alpha}_2\boldsymbol{\alpha}_1(\boldsymbol{\beta}_1+\boldsymbol{\beta}_2)|$ 等于 (　　).

A. $m+n$　　　　B. $-(m+n)$

C. $n-m$　　　　D. $m-n$　　　　(1993)

(2) 设 n 维行向量 $\boldsymbol{\alpha}=[1/2,0,\cdots,1/2]$, 矩阵 $\boldsymbol{A}=\boldsymbol{E}-\boldsymbol{\alpha}^{\mathrm{T}}\boldsymbol{\alpha}$, $\boldsymbol{B}=\boldsymbol{E}+2\boldsymbol{\alpha}^{\mathrm{T}}\boldsymbol{\alpha}$, 其中 $\boldsymbol{E}$ 为 n 阶单位矩阵, 则 $\boldsymbol{AB}$ 等于 (　　).

A. $\boldsymbol{O}$　　　　B. $-\boldsymbol{E}$

C. $\boldsymbol{E}$　　　　D. $\boldsymbol{E}+\boldsymbol{\alpha}^{\mathrm{T}}\boldsymbol{\alpha}$　　　　(1995)

（3）设向量 $\boldsymbol{\beta}$ 可由向量组 $\boldsymbol{\alpha}_1, \boldsymbol{\alpha}_2, \cdots, \boldsymbol{\alpha}_m$ 线性表示，但不能由向量组（Ⅰ）：$\boldsymbol{\alpha}_1, \boldsymbol{\alpha}_2, \cdots, \boldsymbol{\alpha}_{m-1}$ 线性表示，记向量组（Ⅱ）：$\boldsymbol{\alpha}_1, \boldsymbol{\alpha}_2, \cdots, \boldsymbol{\alpha}_{m-1}, \boldsymbol{\beta}$，则（　）.

A. $\boldsymbol{\alpha}_m$ 不能由（Ⅰ）线性表示，也不能由（Ⅱ）线性表示

B. $\boldsymbol{\alpha}_m$ 不能由（Ⅰ）线性表示，但可由（Ⅱ）线性表示

C. $\boldsymbol{\alpha}_m$ 可由（Ⅰ）线性表示，也可由（Ⅱ）线性表 示

D. $\boldsymbol{\alpha}_m$ 可由（Ⅰ）线性表示，但不可由（Ⅱ）线性表示　(1999)

（4）设有向量组 $\boldsymbol{\alpha}_1=[1,-1,2,4], \boldsymbol{\alpha}_2=[0,3,1,2]$，$\boldsymbol{\alpha}_3=[3,0,7,14], \boldsymbol{\alpha}_4=[1,-2,2,0]$，$\boldsymbol{\alpha}_5=[2,1,5,10]$，则该向量组的极大无关组为（　）.

A. $\boldsymbol{\alpha}_1, \boldsymbol{\alpha}_2, \boldsymbol{\alpha}_3$　　B. $\boldsymbol{\alpha}_1, \boldsymbol{\alpha}_2, \boldsymbol{\alpha}_4$

C. $\boldsymbol{\alpha}_1, \boldsymbol{\alpha}_2, \boldsymbol{\alpha}_5$　　D. $\boldsymbol{\alpha}_1, \boldsymbol{\alpha}_2, \boldsymbol{\alpha}_4, \boldsymbol{\alpha}_5$　(1994)

（5）向量组 $\boldsymbol{\alpha}_1, \boldsymbol{\alpha}_2, \cdots, \boldsymbol{\alpha}_s$ 线性无关的充分条件是（　）.

A. $\boldsymbol{\alpha}_1, \boldsymbol{\alpha}_2, \cdots, \boldsymbol{\alpha}_s$ 均不为零向量

B. $\boldsymbol{\alpha}_1, \boldsymbol{\alpha}_2, \cdots, \boldsymbol{\alpha}_s$ 中任意两个向量的分量不成比例

C. $\boldsymbol{\alpha}_1, \boldsymbol{\alpha}_2, \cdots, \boldsymbol{\alpha}_s$ 中任意一个向量均不能由其余 $s-1$ 个向量线性表示

D. $\boldsymbol{\alpha}_1, \boldsymbol{\alpha}_2, \cdots, \boldsymbol{\alpha}_s$ 中有一部分向量线性无关　(1990)

（6）已知向量组 $\boldsymbol{\alpha}_1, \boldsymbol{\alpha}_2, \boldsymbol{\alpha}_3, \boldsymbol{\alpha}_4$ 线性无关，则向量组（　）.

A. $\boldsymbol{\alpha}_1+\boldsymbol{\alpha}_2, \boldsymbol{\alpha}_2+\boldsymbol{\alpha}_3, \boldsymbol{\alpha}_3+\boldsymbol{\alpha}_4, \boldsymbol{\alpha}_4+\boldsymbol{\alpha}_1$ 线性无关

B. $\boldsymbol{\alpha}_1-\boldsymbol{\alpha}_2, \boldsymbol{\alpha}_2-\boldsymbol{\alpha}_3, \boldsymbol{\alpha}_3-\boldsymbol{\alpha}_4, \boldsymbol{\alpha}_4-\boldsymbol{\alpha}_1$ 线性无关

C. $\boldsymbol{\alpha}_1+\boldsymbol{\alpha}_2, \boldsymbol{\alpha}_2+\boldsymbol{\alpha}_3, \boldsymbol{\alpha}_3+\boldsymbol{\alpha}_4, \boldsymbol{\alpha}_4-\boldsymbol{\alpha}_1$ 线性无关

D. $\boldsymbol{\alpha}_1+\boldsymbol{\alpha}_2, \boldsymbol{\alpha}_2+\boldsymbol{\alpha}_3, \boldsymbol{\alpha}_3-\boldsymbol{\alpha}_4, \boldsymbol{\alpha}_4-\boldsymbol{\alpha}_1$ 线性无关　(1994)

（7）设向量组 $\boldsymbol{\alpha}_1, \boldsymbol{\alpha}_2, \boldsymbol{\alpha}_3$ 线性无关，则下列向量组中，线性无关的是（　）.

A. $\boldsymbol{\alpha}_1+\boldsymbol{\alpha}, \boldsymbol{\alpha}_2+\boldsymbol{\alpha}_3, \boldsymbol{\alpha}_3-\boldsymbol{\alpha}_1$

B. $\boldsymbol{\alpha}_1+\boldsymbol{\alpha}_2, \boldsymbol{\alpha}_2+\boldsymbol{\alpha}_3, \boldsymbol{\alpha}_1+2\boldsymbol{\alpha}_2+\boldsymbol{\alpha}_3$

C. $\boldsymbol{\alpha}_1+2\boldsymbol{\alpha}_2, 2\boldsymbol{\alpha}_2+\boldsymbol{\alpha}_3, 3\boldsymbol{\alpha}_2+\boldsymbol{\alpha}_1$

D. $\boldsymbol{\alpha}_1+\boldsymbol{\alpha}_2, 2\boldsymbol{\alpha}_1-3\boldsymbol{\alpha}_2+22\boldsymbol{\alpha}_3, 3\boldsymbol{\alpha}_1+5\boldsymbol{\alpha}_2-5\boldsymbol{\alpha}_3$　(1997)

（8）若向量组 $\boldsymbol{\alpha}, \boldsymbol{\beta}, \boldsymbol{\gamma}$ 线性无关，$\boldsymbol{\alpha}, \boldsymbol{\beta}, \boldsymbol{\delta}$ 线性相关，则（　）.

A. $\boldsymbol{\alpha}$ 必可由 $\boldsymbol{\alpha}, \boldsymbol{\beta}, \boldsymbol{\delta}$ 线性表示　　B. $\boldsymbol{\beta}$ 必不可由 $\boldsymbol{\alpha}, \boldsymbol{\beta}, \boldsymbol{\delta}$ 线性表示

C. $\boldsymbol{\delta}$ 必可由 $\boldsymbol{\alpha}, \boldsymbol{\beta}, \boldsymbol{\gamma}$ 线性表示　　D. $\boldsymbol{\delta}$ 必不可由 $\boldsymbol{\alpha}, \boldsymbol{\beta}, \boldsymbol{\gamma}$ 线性表示　(1998)

（9）设 n 维列向量组 $\boldsymbol{\alpha}_1, \boldsymbol{\alpha}_2, \cdots, \boldsymbol{\alpha}_m (m<n)$ 线性无关，则 n 维列向量组 $\boldsymbol{\beta}_1, \boldsymbol{\beta}_2, \cdots, \boldsymbol{\beta}_m$ 线性无关的充分必要条件为（　）.

A. 向量组 $\boldsymbol{\alpha}_1, \boldsymbol{\alpha}_2, \cdots, \boldsymbol{\alpha}_m$ 可由向量组 $\boldsymbol{\beta}_1, \boldsymbol{\beta}_2, \cdots, \boldsymbol{\beta}_m$ 线性表示

B. 向量组 $\boldsymbol{\beta}_1, \boldsymbol{\beta}_2, \cdots, \boldsymbol{\beta}_m$ 可由向量组 $\boldsymbol{\alpha}_1, \boldsymbol{\alpha}_2, \cdots, \boldsymbol{\alpha}_m$ 线性表示

C. 向量组 $\boldsymbol{\alpha}_1, \boldsymbol{\alpha}_2, \cdots, \boldsymbol{\alpha}_m$ 和向量组 $\boldsymbol{\beta}_1, \boldsymbol{\beta}_2, \cdots, \boldsymbol{\beta}_m$ 等价

D. 矩阵 $\boldsymbol{A}=[\boldsymbol{\alpha}_1, \boldsymbol{\alpha}_2, \cdots, \boldsymbol{\alpha}_m]$ 与矩阵 $\boldsymbol{B}=[\boldsymbol{\beta}_1, \boldsymbol{\beta}_2, \cdots, \boldsymbol{\beta}_m]$ 等价　(2000)

（10）设向量组 $\boldsymbol{\alpha}_1, \boldsymbol{\alpha}_2, \boldsymbol{\alpha}_3$ 线性无关，$\boldsymbol{\beta}_1$ 可由 $\boldsymbol{\alpha}_1, \boldsymbol{\alpha}_2, \boldsymbol{\alpha}_3$ 线性表示，而向量 $\boldsymbol{\beta}_2$ 不能由

$\boldsymbol{\alpha}_1, \boldsymbol{\alpha}_2, \boldsymbol{\alpha}_3$ 线性表示，则对于任意常数 k，必有（　）.

A. $\boldsymbol{\alpha}_1, \boldsymbol{\alpha}_2, \boldsymbol{\alpha}_3, k\boldsymbol{\beta}_1+\boldsymbol{\beta}_2$ 线性无关

B. $\boldsymbol{\alpha}_1, \boldsymbol{\alpha}_2, \boldsymbol{\alpha}_3, k\boldsymbol{\beta}_1+\boldsymbol{\beta}_2$ 线性相关

C. $\boldsymbol{\alpha}_1, \boldsymbol{\alpha}_2, \boldsymbol{\alpha}_3, \boldsymbol{\beta}_1+k\boldsymbol{\beta}_2$ 线性无关

D. $\boldsymbol{\alpha}_1, \boldsymbol{\alpha}_2, \boldsymbol{\alpha}_3, \boldsymbol{\beta}_1+k\boldsymbol{\beta}_2$ 线性相关 （2002）

（11）设向量组Ⅰ：$\boldsymbol{\alpha}_1, \boldsymbol{\alpha}_2, \cdots, \boldsymbol{\alpha}_r$ 可由向量组Ⅱ：$\boldsymbol{\beta}_1, \boldsymbol{\beta}_2, \cdots, \boldsymbol{\beta}_s$ 线性表示，则（　）.

A. 当 $r<s$ 时，向量组Ⅱ必线性相关

B. 当 $r>s$ 时，向量组Ⅱ必线性相关

C. 当 $r<s$ 时，向量组Ⅰ必线性相关

D. 当 $r>s$ 时，向量组Ⅰ必线性相关 （2003）

（12）设 $\boldsymbol{\alpha}_1, \boldsymbol{\alpha}_2, \cdots, \boldsymbol{\alpha}_s$ 均为 n 维向量，下列结论不正确的是（　）.

A. 若对于任意一组不全为零的数 $k_1, k_2, \cdots, k_s$，都有 $k_1\boldsymbol{\alpha}_1+k_2\boldsymbol{\alpha}_2+\cdots+k_s\boldsymbol{\alpha}_s \neq \boldsymbol{O}$，则 $\boldsymbol{\alpha}_1, \boldsymbol{\alpha}_2, \cdots, \boldsymbol{\alpha}_s$ 线性无关

B. 若 $\boldsymbol{\alpha}_1, \boldsymbol{\alpha}_2, \cdots, \boldsymbol{\alpha}_s$ 线性相关，则对任意一组不全为零的实数 $k_1, k_2, \cdots, k_s$ 有 $k_1\boldsymbol{\alpha}_1+k_2\boldsymbol{\alpha}_2+\cdots+k_s\boldsymbol{\alpha}_s \neq \boldsymbol{O}$

C. $\boldsymbol{\alpha}_1, \boldsymbol{\alpha}_2, \cdots, \boldsymbol{\alpha}_s$ 线性无关的充要条件是该向量组的秩为 s

D. $\boldsymbol{\alpha}_1, \boldsymbol{\alpha}_2, \cdots, \boldsymbol{\alpha}_s$ 线性无关的必要条件是其中任意两个向量都线性无关 （2003）

（13）设 $\boldsymbol{\alpha}_1, \boldsymbol{\alpha}_2, \boldsymbol{\alpha}_3$ 均为3维向量，则对任意常数 k, l，向量组 $\boldsymbol{\alpha}_1+k\boldsymbol{\alpha}_3, \boldsymbol{\alpha}_2+l\boldsymbol{\alpha}_3$ 线性无关是向量组 $\boldsymbol{\alpha}_1, \boldsymbol{\alpha}_2, \boldsymbol{\alpha}_3$ 线性无关的（　）.

A. 必要非充分条件　　B. 充分非必要条件；

C. 充分必要条件　　D. 既非充分也非必要条件 （2014）

（14）设向量组 $\boldsymbol{\alpha}_1, \boldsymbol{\alpha}_2, \boldsymbol{\alpha}_3$ 线性无关，则下列向量组线相关的是（　）.

A. $\boldsymbol{\alpha}_1-\boldsymbol{\alpha}_2, \boldsymbol{\alpha}_2-\boldsymbol{\alpha}_3, \boldsymbol{\alpha}_3-\boldsymbol{\alpha}$　　B. $\boldsymbol{\alpha}_1+\boldsymbol{\alpha}_2, \boldsymbol{\alpha}_2+\boldsymbol{\alpha}_3, \boldsymbol{\alpha}_3+\boldsymbol{\alpha}_1$

C. $\boldsymbol{\alpha}_1-2\boldsymbol{\alpha}_2, \boldsymbol{\alpha}_2-2\boldsymbol{\alpha}_3, \boldsymbol{\alpha}_3-2\boldsymbol{\alpha}_1$　　D. $\boldsymbol{\alpha}_1+2\boldsymbol{\alpha}_2, \boldsymbol{\alpha}_2+2\boldsymbol{\alpha}_3, \boldsymbol{\alpha}_3+2\boldsymbol{\alpha}_1$ （2007）

（15）设向量组Ⅰ:$\boldsymbol{\alpha}_1, \boldsymbol{\alpha}_2, \ldots, \boldsymbol{\alpha}_r$ 可由向量组Ⅱ：$\boldsymbol{\beta}_1$, $\boldsymbol{\beta}_2$, …, $\boldsymbol{\beta}_s$ 线性表示，下列命题正确的是（　）.

A. 若向量组Ⅰ线性无关，则 $r \leq s$　　B. 若向量组Ⅰ线性相关，则 $r>s$

C. 若向量组Ⅱ线性无关，则 $r \leq s$　　D. 若向量组Ⅱ线性相关，则 $r>s$ （2010）

（16）设

$$\boldsymbol{\alpha}_1=\begin{bmatrix}0\\0\\c_1\end{bmatrix}, \boldsymbol{\alpha}_2=\begin{bmatrix}0\\1\\c_2\end{bmatrix}, \boldsymbol{\alpha}_3=\begin{bmatrix}1\\-1\\c_3\end{bmatrix}, \boldsymbol{\alpha}_4=\begin{bmatrix}-1\\1\\c_4\end{bmatrix},$$

其中 c_1，c_2，c_3，c_4 为任意常数，则下列向量组线性相关的是（　）.

A. $\boldsymbol{\alpha}_1$，$\boldsymbol{\alpha}_2$，$\boldsymbol{\alpha}_3$　　B. $\boldsymbol{\alpha}_1$，$\boldsymbol{\alpha}_2$，$\boldsymbol{\alpha}_4$

C. $\boldsymbol{\alpha}_1, \boldsymbol{\alpha}_3, \boldsymbol{\alpha}_4$　　D. $\boldsymbol{\alpha}_2, \boldsymbol{\alpha}_3, \boldsymbol{\alpha}_4$　(2012)

(17) 设 $\boldsymbol{A},\boldsymbol{B},\boldsymbol{C}$ 均为 n 阶矩阵，若 $\boldsymbol{AB}=\boldsymbol{C}$，且 $\boldsymbol{B}$ 可逆，则（　）.

A. 矩阵 $\boldsymbol{C}$ 的行向量组与矩阵 $\boldsymbol{A}$ 的行向量组等价

B. 矩阵 $\boldsymbol{C}$ 的列向量组与矩阵 $\boldsymbol{A}$ 的列向量组等价

C. 矩阵 $\boldsymbol{C}$ 的行向量组与矩阵 $\boldsymbol{B}$ 的行向量组等价

D. 矩阵 $\boldsymbol{C}$ 的列向量组与矩阵 $\boldsymbol{B}$ 的列向量组等价　(2013)

2. 填空题.

(1) 已知 $\boldsymbol{\alpha}=[1,2,3]$，$\boldsymbol{\beta}=\left[1,\frac{1}{2},\frac{1}{3}\right]$，设 $\boldsymbol{A}=\boldsymbol{\alpha}^{\mathrm{T}}\boldsymbol{\beta}$，其中 $\boldsymbol{\alpha}^{\mathrm{T}}$ 是 $\boldsymbol{\alpha}$ 的转置，则 $\boldsymbol{A}^n=$ ________.　(1994)

(2) 设 $\boldsymbol{\alpha}=[1,0,-1]^{\mathrm{T}}$，矩阵 $\boldsymbol{A}=\boldsymbol{\alpha}\boldsymbol{\alpha}^{\mathrm{T}}$，$n$ 为正整数，则 $\left|a\boldsymbol{E}-\boldsymbol{A}^n\right|=$ ________.　(2000)

(3) 设 n 维向量 $\boldsymbol{\alpha}=[a,0,\cdots,0,a]^{\mathrm{T}}$，$a<0$，$\boldsymbol{E}$ 是 n 阶单位矩阵，$\boldsymbol{A}=\boldsymbol{E}-\boldsymbol{\alpha}\boldsymbol{\alpha}^{\mathrm{T}}$，$\boldsymbol{B}=\boldsymbol{E}+\frac{1}{a}\boldsymbol{\alpha}\boldsymbol{\alpha}^{\mathrm{T}}$，其中 $\boldsymbol{A}$ 的逆矩阵为 $\boldsymbol{B}$，则 $a=$ ________.　(2003)

(4) 已知向量组

$$\boldsymbol{\alpha}_1=[1,2,3,4],\boldsymbol{\alpha}_2=[2,3,4,5],\boldsymbol{\alpha}_3=[3,4,5,6],\boldsymbol{\alpha}_4=[4,5,6,7],$$

则该向量组的秩是________.　(1990)

(5) 已知向量组 $\boldsymbol{\alpha}_1=[1,2,-1,1],\boldsymbol{\alpha}_2=[2,0,t,0],\boldsymbol{\alpha}_3=[0,-4,5,2]$ 的秩为 2，则 $t=$ ________.　(1997)

(6) 设行向量组 $[2,1,1,1]$，$[2,1,a,a]$，$[3,2,1,a]$，$[4,3,2,1]$ 线性相关，且 $a\neq 1$，则 $a=$ ______.　(2005)

3. 设 4 维向量组 $\boldsymbol{\alpha}_1=[1+a,1,1,1]^{\mathrm{T}},\boldsymbol{\alpha}_2=[2,2+a,2,2]^{\mathrm{T}},\boldsymbol{\alpha}_3=[3,3,3+a,3]^{\mathrm{T}}$，$\boldsymbol{\alpha}_4=[4,4,4,4+a]^{\mathrm{T}}$，问 a 为何值时 $\boldsymbol{\alpha}_1,\boldsymbol{\alpha}_2,\boldsymbol{\alpha}_3,\boldsymbol{\alpha}_4$ 线性相关？当 $\boldsymbol{\alpha}_1,\boldsymbol{\alpha}_2,\boldsymbol{\alpha}_3,\boldsymbol{\alpha}_4$ 线性相关时，求其一个极大线性无关组，并将其余向量用该极大线性无关组线性表示.　(2006)

4. 设 $\boldsymbol{A}=\boldsymbol{E}-\boldsymbol{\xi}\boldsymbol{\xi}^{\mathrm{T}}$，其中 $\boldsymbol{E}$ 是 n 阶单位矩阵，$\boldsymbol{\xi}$ 是 n 维非零列向量，$\boldsymbol{\xi}^{\mathrm{T}}$ 是 $\boldsymbol{\xi}$ 的转置，证明：

(1) $\boldsymbol{A}^2=\boldsymbol{A}$ 的充要条件是 $\boldsymbol{\xi}^{\mathrm{T}}\boldsymbol{\xi}=1$；

(2) 当 $\boldsymbol{\xi}^{T}\boldsymbol{\xi}=1$ 时，$\boldsymbol{A}$ 是不可逆矩阵.　(1996)

5. 设 $\boldsymbol{A}$ 是 $n\times m$ 矩阵，$\boldsymbol{B}$ 是 $m\times n$ 矩阵，其中 $n<m$，$\boldsymbol{E}$ 是 n 阶单位矩阵. 若 $\boldsymbol{AB}=\boldsymbol{E}$，证明 $\boldsymbol{B}$ 的列向量组线性无关.　(1993)

6. 已知向量组（Ⅰ）$\boldsymbol{\alpha}_1,\boldsymbol{\alpha}_2,\boldsymbol{\alpha}_3$；（Ⅱ）$\boldsymbol{\alpha}_1,\boldsymbol{\alpha}_2,\boldsymbol{\alpha}_3,\boldsymbol{\alpha}_4$；（Ⅲ）$\boldsymbol{\alpha}_1,\boldsymbol{\alpha}_2,\boldsymbol{\alpha}_3,\boldsymbol{\alpha}_4,\boldsymbol{\alpha}_5$.如果各向量组的秩分别为 $r(\mathrm{I})=r(\mathrm{II})=3$，$r(\mathrm{III})=4$.

证明向量组 $\boldsymbol{\alpha}_1,\boldsymbol{\alpha}_2,\boldsymbol{\alpha}_3,\boldsymbol{\alpha}_5-\boldsymbol{\alpha}_4$ 的秩为4.　(1995)

7. 已知向量组 $\boldsymbol{\beta}_1=[0,\ 1,\ -1]^{\mathrm{T}}$，$\boldsymbol{\beta}_2=[a,\ 2,\ -1]^{\mathrm{T}}$，$\boldsymbol{\beta}_3=[b,\ 1,\ 0]^{\mathrm{T}}$ 与向量组

$$\boldsymbol{\alpha}_1=[1,\ 2,\ -3]^{\mathrm{T}},\ \boldsymbol{\alpha}_2=[3,0,\ 1]^{\mathrm{T}},\ \boldsymbol{\alpha}_3=[9,\ 6,\ -7]^{\mathrm{T}}$$

具有相同的秩，且 $\boldsymbol{\beta}_3$ 可由 $\boldsymbol{\alpha}_1,\boldsymbol{\alpha}_2,\boldsymbol{\alpha}_3$ 线性表示，求 a,b 的值.　(2000)

第四章 线性方程组

在科学研究和生产实践中，许多实际问题往往涉及到解线性方程组. 因此，对线性方程组的研究具有十分重要的意义，其本身也是线性代数的重要内容之一. 第二章中应用克莱姆法则解线性方程组时，所给线性方程组要满足两个条件：第一，方程的个数应该等于方程组中未知数的个数；第二，方程组的系数行列式不能等于零. 但是，在实际问题中常常遇到的方程组中方程的个数不等于未知量的个数，有时还遇到方程组中方程的个数虽然与未知量的个数相等，但是其系数行列式等于零. 在这些情况下，就不能用克莱姆法则直接求解. 本章针对一般形式的线性方程组讨论以下三个问题：(1) 如何判别一个线性方程组是否有解；(2) 解是否唯一；(3) 如何求解.

第一节 线性方程组的基本概念与高斯消元法

一、线性方程组的基本概念

含 n 个未知量的线性方程组的一般形式为

$$\begin{cases} a_{11}x_1+a_{12}x_2+\cdots+a_{1n}x_n=b_1, \\ a_{21}x_1+a_{22}x_2+\cdots+a_{2n}x_n=b_2, \\ \qquad\qquad\vdots \\ a_{m1}x_1+a_{m2}x_2+\cdots+a_{mn}x_n=b_m, \end{cases} \tag{4.1}$$

其中，$x_1,x_2,\cdots,x_n$ 为未知量，$a_{ij}\ (i=1,2,\cdots,m;j=1,2,\cdots,n)$ 为未知量的系数，$b_i\ (i=1,2,\cdots,m)$ 为常数项.

若常数项 $b_1,b_2,\cdots,b_m$ 全为零，则称式 (4.1) 为**齐次线性方程组**，否则称为**非齐次线性方程组**.

设

$$\boldsymbol{A}=\begin{bmatrix} a_{11} & a_{12} & \cdots & a_{1n} \\ a_{21} & a_{22} & \cdots & a_{2n} \\ \vdots & \vdots & & \vdots \\ a_{m1} & a_{m2} & \cdots & a_{mn} \end{bmatrix}, \boldsymbol{x}=\begin{bmatrix} x_1 \\ x_2 \\ \vdots \\ x_n \end{bmatrix}, \boldsymbol{b}=\begin{bmatrix} b_1 \\ b_2 \\ \vdots \\ b_m \end{bmatrix},$$

则式 (4.1) 写成矩阵形式

$$\boldsymbol{Ax}=\boldsymbol{b}, \tag{4.2}$$

其中 $\boldsymbol{A}$ 称为线性方程组的**系数矩阵**，$\boldsymbol{x}$ 称为**未知数向量**，$\boldsymbol{b}$ 称为常数向量，并称如下的 $m\times(n+1)$ 矩阵

$$\boldsymbol{B}=\left[\boldsymbol{A}\ \vdots\ \boldsymbol{b}\right]=\begin{bmatrix} a_{11} & a_{12} & \cdots & a_{1n} & b_1 \\ a_{21} & a_{22} & \cdots & a_{2n} & b_2 \\ \vdots & \vdots & & \vdots & \vdots \\ a_{m1} & a_{m2} & \cdots & a_{mn} & b_m \end{bmatrix}$$

为线性方程组（4.1）的**增广矩阵**.

若记

$$\boldsymbol{\alpha}_j=\begin{bmatrix} a_{1j} \\ a_{2j} \\ \vdots \\ a_{mj} \end{bmatrix}, j=1,2,\cdots,n,$$

则式（4.1）还可写成向量形式

$$x_1\boldsymbol{\alpha}_1+x_2\boldsymbol{\alpha}_2+\cdots+x_n\boldsymbol{\alpha}_n=\boldsymbol{b}. \tag{4.3}$$

定义 4.1　若将数 $c_1,c_2,\cdots,c_n$ 分别代入式（4.1）中的 $x_1,x_2,\cdots,x_n$ 后，式（4.1）中的每个方程都成为恒等式，则称

$$x_1=c_1, x_2=c_2, \cdots, x_n=c_n$$

为方程组（4.1）的一组解，或称

$$\boldsymbol{x}=\left[c_1, c_2, \cdots, c_n\right]^{\mathrm{T}}$$

为方程组（4.1）的**解向量**，有时也简称为**解**. 方程组（4.1）的全体解所构成的集合，称为方程组的**解集或通解**.

定义 4.2　如果两个方程组解集相同，则称这两个方程组为**同解方程组**或称这两个方程组同解.

二、高斯消元法

在初等数学中，已学过用消元法解二元、三元线性方程组，其基本的思想就是从已知的方程组导出未知数较少的方程组，直到最后得到一个一元一次方程，这种做法可适用于一般的 n 元线性方程组，但是由于未知数个数的增加，解方程组时希望消元是有规律的，以避免混乱，下面介绍高斯消元法. 为叙述方便，先给出在高斯消元过程中常用到的对方程组消元的三种变换（统称为**线性方程组的初等变换**）：

（1）对换方程组中某两个方程的位置；

（2）以非零的常数 k 乘以方程组中某个方程；

（3）用数 k 乘以方程组中某个方程后加到另一个方程上去.

定理 4.1　线性方程组经过初等变换后得到的新方程组与原方程组同解.

证明从略.

下面通过例子来说明高斯消元法的做法.

例 4.1　解线性方程组

$$\begin{cases}x_1-x_2-2x_3-5x_4=10,\\-2x_1+7x_2+6x_3-12x_4=6,\\3x_1-2x_2-5x_3-17x_4=31,\\-5x_1-2x_2+9x_3+27x_4=-63.\end{cases}$$

解 把第一个方程的2倍，–3倍，5倍分别加到第2，3，4个方程上，可以消去2，3，4个方程的未知数 x_1：

$$\begin{cases}x_1-x_2-2x_3-5x_4=10,\\5x_2+2x_3-22x_4=26,\\x_2+x_3-2x_4=1,\\-7x_2-x_3+2x_4=-13.\end{cases}$$

为了使以后少出现分数运算，交换第2，3个方程的位置：

$$\begin{cases}x_1-x_2-2x_3-5x_4=10,\\x_2+x_3-2x_4=1,\\5x_2+2x_3-22x_4=26,\\-7x_2-x_3+2x_4=-13.\end{cases}$$

把第2个方程的–5倍，7倍分别加到第3，4个方程，可以消去第3，4个方程未知数 x_2：

$$\begin{cases}x_1-x_2-2x_3-5x_4=10,\\x_2+x_3-2x_4=1,\\-3x_3-12x_4=21,\\6x_3-12x_4=-6.\end{cases}$$

整理一下方程，第3个方程的左右两边乘以 $-\frac{1}{3}$，第4个方程左右两边乘以 $\frac{1}{6}$ 得

$$\begin{cases}x_1-x_2-2x_3-5x_4=10,\\x_2+x_3-2x_4=1,\\x_3+4x_4=-7,\\x_3-2x_4=-1.\end{cases}$$

把第3个方程的–1倍加到第4个方程，可以消去第4个方程的未知数 x_3：

$$\begin{cases}x_1-x_2-2x_3-5x_4=10,\\x_2+x_3-2x_4=1,\\x_3+4x_4=-7,\\-6x_4=6.\end{cases}\tag{4.4}$$

由定理4.1知方程组（4.4）与原方程组是同解方程组. 由方程组（4.4）易知 $x_4=-1$，代入第三个方程得 $x_3=-3$，代入第二个方程得 $x_2=2$，再回代第一个方程得 $x_1=1$，所以原方程组的解为 $x=[1,2,-3,-1]^{\mathrm{T}}$. 形如方程组（4.4）的方程组称为**阶梯形方程组**. 以上求解方程组的过程就是高斯消元法，即用线性方程组的初等变换将一个线性方程组化为阶梯形方程组的过程称为**高斯消元法**，高斯消元法其实在我国的数学著作《九章算术》中早

就有记载，叫高斯消元法是西方人的叫法，实际比《九章算术》晚了1000多年.

从上述的解题过程可以看出，对方程组作消元变换时，实际上是对原方程组施行一系列的初等变换将其化为阶梯形方程组，然后通过回代求出原方程组的解. 同时可以发现，对方程组作初等变换消元时，只是对未知量的系数和常数项进行运算. 因此，用消元法解线性方程组可以在增广矩阵 $\boldsymbol{B}$ 上实现，即将增广矩阵 $\boldsymbol{B}$ 经矩阵的初等行变换后化为行阶梯形矩阵，行阶梯形矩阵对应的方程组与原方程组同解.

例4.2　解线性方程组

$$\begin{cases} x_1+5x_2-x_3-x_4=-1, \\ x_1-2x_2+x_3+3x_4=3, \\ 3x_1+8x_2-x_3+x_4=1, \\ x_1-9x_2+3x_3+7x_4=7. \end{cases}$$

解　对方程组的增广矩阵 $\boldsymbol{B}=[\boldsymbol{A}\ \vdots\ \boldsymbol{b}^1]$ 施行初等行变换，化为行阶梯形矩阵：

$$\boldsymbol{B}=[\boldsymbol{A}\ \vdots\ \boldsymbol{b}^1]=\left[\begin{array}{cccc|c} 1 & 5 & -1 & -1 & -1 \\ 1 & -2 & 1 & 3 & 3 \\ 3 & 8 & -1 & 1 & 1 \\ 1 & -9 & 3 & 7 & 7 \end{array}\right]$$

$$\xrightarrow[\mathrm{r}_4-\mathrm{r}_1]{\substack{\mathrm{r}_2-\mathrm{r}_1 \\ \mathrm{r}_3-3\mathrm{r}_1}}\left[\begin{array}{cccc|c} 1 & 5 & -1 & -1 & -1 \\ 0 & -7 & 2 & 4 & 4 \\ 0 & -7 & 2 & 4 & 4 \\ 0 & -14 & 4 & 8 & 8 \end{array}\right]$$

$$\xrightarrow[\mathrm{r}_4-2\mathrm{r}_2]{\mathrm{r}_3-\mathrm{r}_2}\left[\begin{array}{cccc|c} 1 & 5 & -1 & -1 & -1 \\ 0 & -7 & 2 & 4 & 4 \\ 0 & 0 & 0 & 0 & 0 \\ 0 & 0 & 0 & 0 & 0 \end{array}\right]$$

$$\xrightarrow{\mathrm{r}_2\div(-7)}\left[\begin{array}{cccc|c} 1 & 5 & -1 & -1 & -1 \\ 0 & 1 & -2/7 & -4/7 & -4/7 \\ 0 & 0 & 0 & 0 & 0 \\ 0 & 0 & 0 & 0 & 0 \end{array}\right].$$

行阶梯形矩阵所对应的方程组为

$$\begin{cases} x_1+5x_2-x_3 \qquad -x_4 \quad =-1, \\ \qquad x_2-\dfrac{2}{7}x_3-\dfrac{4}{7}x_4=-\dfrac{4}{7}, \end{cases} \text{也即} \begin{cases} x_1=\dfrac{13}{7}-\dfrac{3}{7}x_3-\dfrac{13}{7}x_4, \\ x_2=-\dfrac{4}{7}+\dfrac{2}{7}x_3+\dfrac{4}{7}x_4. \end{cases}$$

取 $x_3=c_1, x_4=c_2$（其中 c_1, c_2 为任意常数），则方程组的全部解为

$$\begin{cases} x_1=\dfrac{13}{7}-\dfrac{3}{7}c_1-\dfrac{13}{7}c_2, \\ x_2=-\dfrac{4}{7}+\dfrac{2}{7}c_1+\dfrac{4}{7}c_2, \\ x_3=c_1, \\ x_4=c_2. \end{cases}$$

x_3，x_4 取任意常数，称为**自由未知量**.

推论 若系数矩阵 $\boldsymbol{A}$ 的秩 $r(\boldsymbol{A})<n$，则 n 元齐次线性方程组 $\boldsymbol{Ax}=\boldsymbol{0}$ 有非零解.

证 设 $r(\boldsymbol{A})=r<n$，则 $\boldsymbol{A}$ 的行阶梯形矩阵只有 r 个非零行，从而方程组 $\boldsymbol{Ax}=\boldsymbol{0}$ 有 $n-r$ 个自由未知量，让自由未知量的值都取1，即可得方程组的一个非零解.

这就证明了定理2.5的充分性.

习题4-1

解下列线性方程组.

（1）$\begin{cases}2x_1+2x_2-x_3=6,\\ x_1-2x_2+4x_3=3,\\ 5x_1+7x_2+x_3=28;\end{cases}$

（2）$\begin{cases}x_1+2x_2+3x_3+4x_4=5,\\ 2x_1+4x_2+4x_3+6x_4=8,\\ -x_1-2x_2-x_3-2x_4=-3.\end{cases}$

第二节 齐次线性方程组

一、齐次线性方程组的三种表示形式

设有 m 个方程的 n 元齐次线性方程组，其一般形式为

$$\begin{cases}a_{11}x_1+a_{12}x_2+\cdots+a_{1n}x_n=0,\\ a_{21}x_1+a_{22}x_2+\cdots+a_{2n}x_n=0,\\ \qquad\vdots\\ a_{m1}x_1+a_{m2}x_2+\cdots+a_{mn}x_n=0.\end{cases}\tag{4.5}$$

设

$$\boldsymbol{A}=\begin{bmatrix}a_{11}&a_{12}&\cdots&a_{1n}\\ a_{21}&a_{22}&\cdots&a_{2n}\\ \vdots&\vdots&&\vdots\\ a_{m1}&a_{m2}&\cdots&a_{mn}\end{bmatrix},\quad \boldsymbol{x}=\begin{bmatrix}x_1\\ x_2\\ \vdots\\ x_n\end{bmatrix},\quad \boldsymbol{0}=\begin{bmatrix}0\\ 0\\ \vdots\\ 0\end{bmatrix},$$

方程组（4.5）的**矩阵形式**为

$$\boldsymbol{Ax}=\boldsymbol{0}.\tag{4.6}$$

记 $\boldsymbol{A}=[\boldsymbol{\alpha}_1,\boldsymbol{\alpha}_2,\cdots,\boldsymbol{\alpha}_n]$，方程组(4.5)的向量形式为

$$x_1\boldsymbol{\alpha}_1+x_2\boldsymbol{\alpha}_2+\cdots+x_n\boldsymbol{\alpha}_n=\boldsymbol{0}.\tag{4.7}$$

若 $x_1=\xi_1,x_2=\xi_2,\cdots,x_n=\xi_n$ 是方程组（4.5）的解，则称 $\boldsymbol{\xi}=[\xi_1,\xi_2,\cdots,\xi_n]^{\mathrm{T}}$ 为方程组

(4.5) 的**解向量**，简称**解**.

上面给出了齐次线性方程组的三种不同形式，它们表示同一个线性方程组.

齐次线性方程组总是有解，$\boldsymbol{x}=[0,0,\cdots,0]^{\mathrm{T}}$ 就是它的一个解.因此，对齐次线性方程组而言，关心的是齐次线性方程组在什么情况下有非零解，以及如何求出所有的非零解.

为了研究齐次线性方程组解集合的结构，先讨论解向量的性质，并给出基础解系的概念.

二、齐次线性方程组的基础解系及解的结构

由定理2.5的讨论知道 n 元齐次线性方程组 $\boldsymbol{Ax}=\boldsymbol{0}$ 有非零解的充分必要条件是系数矩阵 $\boldsymbol{A}$ 的秩 $r(\boldsymbol{A})<n$. 那么如何求非零解?

为了研究这个问题，我们先讨论它的解的性质.

性质4.1　齐次线性方程组任意两个解的和仍然是解，数与解的数量乘积仍然是解.

证　设 ξ_1 与 ξ_2 是齐次线性方程组

$$\boldsymbol{Ax}=\boldsymbol{0}$$

的任意两个解，k 是任意常数，则有 $\boldsymbol{A}\xi_1=\boldsymbol{0}$ ，$\boldsymbol{A}\xi_2=\boldsymbol{0}$ ，故

$$\boldsymbol{A}(\xi_1+\xi_2)=\boldsymbol{A}\xi_1+\boldsymbol{A}\xi_2=\boldsymbol{0}+\boldsymbol{0}=\boldsymbol{0},$$
$$\boldsymbol{A}(k\xi_1)=k(\boldsymbol{A}\xi_1)=k\boldsymbol{0}=\boldsymbol{0},$$

所以 $\xi_1+\xi_2$ 与 $k\xi_1$ 都是 $\boldsymbol{Ax}=\boldsymbol{0}$ 的解.

推论　齐次线性方程组 $\boldsymbol{Ax}=\boldsymbol{0}$ 的解 $\xi_1,\xi_2,\cdots,\xi_t$ 的任意线性组合 $k_1\xi_1+k_2\xi_2+\cdots+k_t\xi_t$ 也是 $\boldsymbol{Ax}=\boldsymbol{0}$ 的解.

定义4.3　齐次线性方程组 $\boldsymbol{Ax}=\boldsymbol{0}$ 的一组解 $\xi_1,\xi_2,\cdots,\xi_t$ 若满足

(1) $\xi_1,\xi_2,\cdots,\xi_t$ 线性无关;

(2) $\boldsymbol{Ax}=\boldsymbol{0}$ 的任一解 ξ 都可由 $\xi_1,\xi_2,\cdots,\xi_t$ 线性表示，即

$$\xi=k_1\xi_1+k_2\xi_2+\cdots+k_t\xi_t .$$

则称 $\xi_1,\xi_2,\cdots,\xi_t$ 为 $\boldsymbol{Ax}=\boldsymbol{0}$ 的一个基础解系.

定理4.2　设 $\boldsymbol{A}$ 是 $m\times n$ 矩阵，$r(\boldsymbol{A})=r<n$ ，则齐次线性方程组 $\boldsymbol{Ax}=\boldsymbol{0}$ 存在基础解系，且基础解系含有 $n-r$ 个解向量.

证　不妨设 $\boldsymbol{A}$ 的前 r 个列向量线性无关，$\boldsymbol{A}$ 经一系列初等行变换化为行最简形矩阵 $\boldsymbol{B}$ ，设

$$\boldsymbol{B}=\begin{bmatrix}1 & 0 & \cdots & 0 & b_{11} & \cdots & b_{1,n-r}\\ 0 & 1 & \cdots & 0 & b_{21} & \cdots & b_{2,n-r}\\ \vdots & \vdots & & \vdots & \vdots & & \vdots\\ 0 & 0 & \cdots & 1 & b_{r1} & \cdots & b_{r,n-r}\\ 0 & 0 & \cdots & 0 & 0 & \cdots & 0\\ \vdots & \vdots & & \vdots & \vdots & & \vdots\\ 0 & 0 & \cdots & 0 & 0 & \cdots & 0\end{bmatrix},$$

以 $\boldsymbol{B}$ 为系数矩阵的线性方程组可化为

$$\begin{cases} x_1=-b_{11}x_{r+1}-b_{12}x_{r+2}-\cdots-b_{1,n-r}x_n, \\ x_2=-b_{21}x_{r+1}-b_{22}x_{r+2}-\cdots-b_{2,n-r}x_n, \\ \qquad\vdots \\ x_r=-b_{r1}x_{r+1}-b_{r2}x_{r+2}-\cdots-b_{r,n-r}x_n. \end{cases} \tag{4.8}$$

则方程组（4.5）与（4.8）同解，在式（4.8）中任给 $x_{r+1},x_{r+2},\cdots,x_n$ 一组值，则唯一确定 $x_1,x_2,\cdots,x_r$ 的值，于是得到式（4.8）的一个解，也就是式（4.5）的解，现在令 $x_{r+1},x_{r+2},\cdots,x_n$ 取下列 $n-r$ 组数：

$$\begin{bmatrix} x_{r+1} \\ x_{r+2} \\ \vdots \\ x_n \end{bmatrix}=\begin{bmatrix} 1 \\ 0 \\ \vdots \\ 0 \end{bmatrix},\ \begin{bmatrix} 0 \\ 1 \\ \vdots \\ 0 \end{bmatrix},\cdots,\ \begin{bmatrix} 0 \\ 0 \\ \vdots \\ 1 \end{bmatrix},$$

由方程组（4.8）依次可得

$$\begin{bmatrix} x_1 \\ \vdots \\ x_r \end{bmatrix}=\begin{bmatrix} -b_{11} \\ \vdots \\ -b_{r1} \end{bmatrix},\ \begin{bmatrix} -b_{12} \\ \vdots \\ -b_{r2} \end{bmatrix},\ \cdots,\ \begin{bmatrix} -b_{1,n-r} \\ \vdots \\ -b_{r,n-r} \end{bmatrix},$$

从而得到方程组（4.5）的 $n-r$ 个解

$$\xi_1=\begin{bmatrix} -b_{11} \\ \vdots \\ -b_{r1} \\ 1 \\ 0 \\ \vdots \\ 0 \end{bmatrix},\ \xi_2=\begin{bmatrix} -b_{12} \\ \vdots \\ -b_{r2} \\ 0 \\ 1 \\ \vdots \\ 0 \end{bmatrix},\ \cdots,\ \xi_{n-r}=\begin{bmatrix} -b_{1,n-r} \\ \vdots \\ -b_{r,n-r} \\ 0 \\ 0 \\ \vdots \\ 1 \end{bmatrix}.$$

下面证明 ξ_1，ξ_2，…，ξ_{n-r} 就是方程组（4.5）的基础解系.

（1）由于 ξ_1, ξ_2, …, ξ_{n-r} 的后 $n-r$ 个分量构成的向量组

$$\begin{bmatrix} 1 \\ 0 \\ \vdots \\ 0 \end{bmatrix},\begin{bmatrix} 0 \\ 1 \\ \vdots \\ 0 \end{bmatrix},\cdots,\begin{bmatrix} 0 \\ 0 \\ \vdots \\ 1 \end{bmatrix}$$

线性无关，所以在每个向量前面添加 r 个分量而得到的 $n-r$ 个 n 维向量 ξ_1，ξ_2，…，ξ_{n-r} 线性无关.

（2）设 $\boldsymbol{\xi}=[\lambda_1,\cdots,\lambda_r,\lambda_{r+1},\cdots,\lambda_n]^{\mathrm{T}}$ 是方程组（4.5）的任意解，再作 ξ_1，ξ_2，…，ξ_{n-r}

的线性组合

$$\boldsymbol{\eta}=\lambda_{r+1}\xi_1+\lambda_{r+2}\xi_2+\cdots+\lambda_n\xi_{n-r},$$

则 η 是方程组（4.5）的解. 比较 η 和 ξ 可知，它们的后 $n-r$ 个分量对应相等，由于它们都满足方程组（4.5），而方程组（4.5）与（4.8）是同解方程组，故 ξ,η 都是方程组（4.5）的解，从而知它们的前 r 个分量必对应相等，因此，$\boldsymbol{\xi}=\boldsymbol{\eta}$，即

$$\xi=\lambda_{r+1}\xi_1+\lambda_{r+2}\xi_2+\cdots+\lambda_n\xi_{n-r}.$$

由（1）（2）可知，ξ_1，ξ_2，…，ξ_{n-r} 是方程组（4.5）的一个基础解系，含 $n-r$ 个解向量.

设 A 是 $m\times n$ 矩阵，$r(\boldsymbol{A})=r\leqslant n$，对于齐次线性方程组 $\boldsymbol{Ax}=\boldsymbol{0}$：

（1）当 $r(\boldsymbol{A})=r=n$ 时，方程组只有零解，无基础解系；

（2）当 $r(\boldsymbol{A})=r<n$ 时，方程组有非零解，基础解系含 $n-r$ 个解向量 ξ_1，ξ_2，…，ξ_{n-r}. 则该方程组的任意解可表示为

$$x=k_1\xi_1+k_2\xi_2+\cdots+k_{n-r}\xi_{n-r},$$

其中，$k_1,k_2,\cdots,k_{n-r}$ 为任意常数. 上式称为 $\boldsymbol{Ax}=\boldsymbol{0}$ 的**通解**.

若把所有解向量组成的集合看作向量组，则基础解系为该向量组的极大无关组，由极大无关组的性质知齐次线性方程组的基础解系不是唯一的，因而通解的表达式也不是唯一的.

上面的证明过程提供了一种求基础解系的方法.

例4.3 求齐次线性方程组

$$\begin{cases}x_1-2x_2-x_3+2x_4+4x_5=0,\\2x_1-2x_2-3x_3+2x_5=0,\\4x_1-2x_2-7x_3-4x_4-2x_5=0\end{cases}$$

的一个基础解系和通解.

解 写出系数矩阵 $\boldsymbol{A}$，并作初等行变换将 $\boldsymbol{A}$ 化为行最简形矩阵 $\boldsymbol{B}$：

$$\boldsymbol{A}=\begin{bmatrix}1&-2&-1&2&4\\2&-2&-3&0&2\\4&-2&-7&-4&-2\end{bmatrix}\xrightarrow[r_3-4r_1]{r_2-2r_1}\begin{bmatrix}1&-2&-1&2&4\\0&2&-1&-4&-6\\0&6&-3&-12&-18\end{bmatrix}$$

$$\xrightarrow[r_3-3r_2]{r_1+r_2}\begin{bmatrix}1&0&-2&-2&-2\\0&2&-1&-4&-6\\0&0&0&0&0\end{bmatrix}\xrightarrow{r_2\div 2}\begin{bmatrix}1&0&-2&-2&-2\\0&1&-1/2&-2&-3\\0&0&0&0&0\end{bmatrix}=\boldsymbol{B}.$$

得知 $r(\boldsymbol{A})=r(\boldsymbol{B})=2$，基础解系含 $5-2=3$ 个解向量.

与原方程组同解的方程组为

$$\begin{cases}x_1=2x_3+2x_4+2x_5,\\x_2=\dfrac{1}{2}x_3+2x_4+3x_5,\end{cases}\quad（x_3,x_4,x_5\text{ 为自由未知量}）.\tag{4.9}$$

令

$$\begin{bmatrix}x_3\\x_4\\x_5\end{bmatrix}=\begin{bmatrix}1\\0\\0\end{bmatrix},\begin{bmatrix}0\\1\\0\end{bmatrix},\begin{bmatrix}0\\0\\1\end{bmatrix},$$

代入式（4.9）得

$$\begin{bmatrix}x_1\\x_2\end{bmatrix}=\begin{bmatrix}2\\\frac{1}{2}\end{bmatrix},\begin{bmatrix}2\\2\end{bmatrix},\begin{bmatrix}2\\3\end{bmatrix},$$

从而得基础解系为

$$\xi_1=\left[2,\frac{1}{2},1,0,0\right]^{\mathrm{T}},\xi_2=[2,2,0,1,0]^{\mathrm{T}},\xi_3=[2,3,0,0,1]^{\mathrm{T}}.$$

原方程组的通解为 $\boldsymbol{x}=k_1\xi_1+k_2\xi_2+k_3\xi_3$，其中 k_1,k_2,k_3 为任意常数.

求基础解系和通解除了上述方法外，用下面的方法更简便.

将式（4.9）改写为

$$\begin{cases}x_1=2x_3+2x_4+2x_5,\\x_2=\frac{1}{2}x_3+2x_4+3x_5,\\x_3=x_3,\\x_4=x_4,\\x_5=x_5.\end{cases}$$

再将它改写成向量的形式，并令 $x_3=k_1$，$x_4=k_2$，$x_5=k_3$，得到方程组的通解

$$\begin{bmatrix}x_1\\x_2\\x_3\\x_4\\x_5\end{bmatrix}=k_1\begin{bmatrix}2\\\frac{1}{2}\\1\\0\\0\end{bmatrix}+k_2\begin{bmatrix}2\\2\\0\\1\\0\end{bmatrix}+k_3\begin{bmatrix}2\\3\\0\\0\\1\end{bmatrix},$$

其中 k_1,k_2,k_3 为任意常数.

例4.4 已知齐次线性方程组

$$\begin{cases}(\lambda+3)x_1+x_2+2x_3=0,\\\lambda x_1+(\lambda-1)x_2+x_3=0,\\3(\lambda+1)x_1+\lambda x_2+(\lambda+3)x_3=0,\end{cases}$$

求 λ 的值，使方程组有非零解，并求通解.

解 计算系数行列式

$$|\boldsymbol{A}|=\begin{vmatrix}\lambda+3&1&2\\\lambda&\lambda-1&1\\3(\lambda+1)&\lambda&\lambda+3\end{vmatrix}=\lambda^2(\lambda-1),$$

当$|\boldsymbol{A}|=\lambda^2(\lambda-1)=0$，即$\lambda=0,1$时，方程组有非零解.

当$\lambda=0$时，方程组变成

$$\begin{cases}3x_1+x_2+2x_3=0,\\ -x_2+x_3=0,\\ 3x_1+3x_3=0.\end{cases}$$

其系数矩阵

$$\boldsymbol{A}_1=\begin{bmatrix}3&1&2\\0&-1&1\\3&0&3\end{bmatrix}\to\begin{bmatrix}1&0&1\\0&1&-1\\0&0&0\end{bmatrix},$$

得同解方程组

$$\begin{cases}x_1=-x_3,\\ x_2=x_3,\\ x_3=x_3,\end{cases}$$

通解为

$$\begin{bmatrix}x_1\\x_2\\x_3\end{bmatrix}=k\begin{bmatrix}-1\\1\\1\end{bmatrix}，k\text{为任意常数}.$$

当$\lambda=1$时，方程组变成

$$\begin{cases}4x_1+x_2+2x_3=0,\\ x_1+x_3=0,\\ 6x_1+x_2+4x_3=0.\end{cases}$$

其系数矩阵

$$\boldsymbol{A}_2=\begin{bmatrix}4&1&2\\1&0&1\\6&1&4\end{bmatrix}\to\begin{bmatrix}1&0&1\\0&1&-2\\0&0&0\end{bmatrix},$$

得同解方程组

$$\begin{cases}x_1=-x_3,\\ x_2=2x_3,\\ x_3=x_3.\end{cases}$$

通解为

$$\begin{bmatrix}x_1\\x_2\\x_3\end{bmatrix}=k\begin{bmatrix}-1\\2\\1\end{bmatrix}，k\text{为任意常数}.$$

例4.5　设$\boldsymbol{B}$是一个3阶非零矩阵，它的每一列都是齐次线性方程组

$$\begin{cases} x_1+2x_2-2x_3=0, \\ 2x_1-x_2+\lambda x_3=0, \\ 3x_1+x_2-x_3=0 \end{cases}$$

的解，求 λ 的值和 $|\boldsymbol{B}|$.

解 由于 $\boldsymbol{B}$ 是一个3阶非零矩阵，所以 $\boldsymbol{B}$ 中至少有一列向量是非零向量，又由于 $\boldsymbol{B}$ 的每一列都是上面齐次线性方程组的解，故该齐次线性方程组有非零解，其系数行列式

$$|\boldsymbol{A}|=\begin{vmatrix} 1 & 2 & -2 \\ 2 & -1 & \lambda \\ 3 & 1 & -1 \end{vmatrix}=5\lambda-5=0,$$

得 $\lambda=1$.

当 $\lambda=1$ 时，$r(\boldsymbol{A})=2$，方程组的基础解系含 $n-r(\boldsymbol{A})=3-2=1$ 个解，因而 $\boldsymbol{B}$ 的3个列向量必线性相关，得 $|\boldsymbol{B}|=0$.

本节定理揭示了矩阵 $\boldsymbol{A}$ 的秩与 $\boldsymbol{Ax}=\boldsymbol{0}$ 的基础解系所含向量个数的关系，它不仅对求解齐次线性方程组 $\boldsymbol{Ax}=\boldsymbol{0}$ 有重要意义，而且可以用来解决矩阵的秩的一些问题.

例4.6 设 $\boldsymbol{A}$ 是 $s\times n$ 矩阵，$\boldsymbol{B}$ 是 $n\times m$ 矩阵，$\boldsymbol{AB}=\boldsymbol{O}$. 求证：

$$r(\boldsymbol{B})\leqslant n-r(\boldsymbol{A}) \quad （或\ r(\boldsymbol{A})+r(\boldsymbol{B})\leqslant n）.$$

证 设矩阵 $\boldsymbol{B}$ 与 $\boldsymbol{AB}=\boldsymbol{O}$ 右端的零矩阵的列分块矩阵分别为

$$\boldsymbol{B}=[\boldsymbol{\beta}_1,\boldsymbol{\beta}_2,\cdots,\boldsymbol{\beta}_m],\ \boldsymbol{O}=[\boldsymbol{O},\boldsymbol{O},\cdots,\boldsymbol{O}],$$

由分块矩阵乘法，

$$\boldsymbol{A}[\boldsymbol{\beta}_1,\boldsymbol{\beta}_2,\cdots,\boldsymbol{\beta}_m]=[\boldsymbol{O},\boldsymbol{O},\cdots,\boldsymbol{O}],$$

$$[\boldsymbol{A\beta}_1,\boldsymbol{A\beta}_2,\cdots,\boldsymbol{A\beta}_m]=[\boldsymbol{O},\boldsymbol{O},\cdots,\boldsymbol{O}],$$

有

$$\boldsymbol{A\beta}_j=\boldsymbol{O},\ (j=1,2,\cdots,m),$$

即 $\boldsymbol{\beta}_1,\boldsymbol{\beta}_2,\cdots,\boldsymbol{\beta}_m$（Ⅰ）是齐次线性方程组 $\boldsymbol{Ax}=\boldsymbol{0}$ 的解向量组.

若 $r(\boldsymbol{A})=n$，则 $\boldsymbol{Ax}=\boldsymbol{0}$ 只有零解，$\boldsymbol{B}=\boldsymbol{O}, r(\boldsymbol{B})=0=n-r(\boldsymbol{A})$；

若 $r(\boldsymbol{A})=r<n$，$\xi_1,\xi_2,\cdots,\xi_{n-r}$（Ⅱ）是 $\boldsymbol{Ax}=\boldsymbol{0}$ 的一个基础解系，则（Ⅰ）可由（Ⅱ）线性表示，秩（Ⅰ）$\leq$ 秩(Ⅱ)，而秩（Ⅰ）$=r(\boldsymbol{B})$，秩（Ⅱ）$=n-r(\boldsymbol{A})$.

综上所述，$r(\boldsymbol{B})\leqslant n-r(\boldsymbol{A})$.

习题4-2

1. 解下列齐次线性方程组：

（1）$\begin{cases} x_1+x_2-x_3=0, \\ -2x_1-x_2+2x_3=0, \\ -x_1\qquad 0x_3=0; \end{cases}$

（2）$\begin{cases} x_1+2x_2+3x_3+4x_4=0, \\ 2x_1+4x_2+4x_3+6x_4=0, \\ -x_1-2x_2-x_3-2x_4=0; \end{cases}$

（3）$\begin{cases} x_1+2x_2+4x_3-3x_4=0, \\ 3x_1+5x_2+6x_3-x_4=0, \\ 4x_1+5x_2-2x_3+3x_4=0; \end{cases}$

（4）$\begin{cases} x_1-x_2+5x_3-x_4=0, \\ x_1+x_2-2x_3+3x_4=0, \\ 3x_1-x_2+8x_3+x_4=0, \\ x_1+3x_2-9x_3+7x_4=0; \end{cases}$

（5）$\begin{cases} 2x_1+x_2-x_3-x_4+x_5=0, \\ x_1-x_2+x_3+x_4-2x_5=0, \\ 3x_1+3x_2-3x_3-3x_4+4x_5=0, \\ 4x_1+5x_2-5x_3-5x_4+7x_5=0. \end{cases}$

2. 设 $\boldsymbol{A}=\begin{bmatrix} 2 & -2 & 1 & 3 \\ 9 & -5 & 2 & 8 \end{bmatrix}$，求一个 4×2 矩阵 $\boldsymbol{B}$，使 $r(\boldsymbol{B})=2$，且 $\boldsymbol{AB}=\boldsymbol{O}$.

3. 设 $\boldsymbol{A}$ 为 $m\times n$ 实矩阵，证明

$$r(\boldsymbol{A}^{\mathrm{T}}\boldsymbol{A})=r(\boldsymbol{A}).$$

第三节　非齐次线性方程组

一、非齐次线性方程组的三种表示形式

设有 m 个方程的 n 元非齐次线性方程组，其一般形式为

$$\begin{cases} a_{11}x_1+a_{12}x_2+\cdots+a_{1n}x_n=b_1, \\ a_{21}x_1+a_{22}x_2+\cdots+a_{2n}x_n=b_2, \\ \qquad\vdots \\ a_{m1}x_1+a_{m2}x_2+\cdots+a_{mn}x_n=b_m. \end{cases} \tag{4.10}$$

记

$$\boldsymbol{A}=\begin{bmatrix} a_{11} & a_{12} & \cdots & a_{1n} \\ a_{21} & a_{22} & \cdots & a_{2n} \\ \cdots & \cdots & \cdots & \cdots \\ a_{m1} & a_{m2} & \cdots & a_{mn} \end{bmatrix},\quad \boldsymbol{x}=\begin{bmatrix} x_1 \\ x_2 \\ \vdots \\ x_n \end{bmatrix},\quad \boldsymbol{b}=\begin{bmatrix} b_1 \\ b_2 \\ \vdots \\ b_m \end{bmatrix},$$

则方程组（4.10）也可写作矩阵形式：

$$\boldsymbol{Ax}=\boldsymbol{b}. \tag{4.11}$$

称 $\boldsymbol{Ax}=\boldsymbol{O}$ 为式（4.11）的导出组（或对应的齐次线性方程组），矩阵 $\boldsymbol{B}=[\boldsymbol{A}\vdots\boldsymbol{b}]$ 为（4.11）的增广矩阵.

记 $\boldsymbol{A}=[\boldsymbol{\alpha}_1,\boldsymbol{\alpha}_2,\cdots,\boldsymbol{\alpha}_n]$，方程组（4.11）的向量形式为

$$x_1\boldsymbol{\alpha}_1+x_2\boldsymbol{\alpha}_2+\cdots+x_n\boldsymbol{\alpha}_n=\boldsymbol{b}. \tag{4.12}$$

求解非齐次线性方程组首要的问题是要判断该方程组是否有解. 若方程组有解，则称该方程组是相容的；否则称为不相容的.

下面给出非齐次线性方程组有解的充分必要条件.

二、非齐次线性方程组有解的条件和解的结构

定理4.3 设 $m\times n$ 矩阵 $\boldsymbol{A}$ 是非齐次线性方程组 $\boldsymbol{Ax}=\boldsymbol{b}$ 的系数矩阵，$\boldsymbol{B}=[\boldsymbol{A}\vdots\boldsymbol{b}]$ 是其增广矩阵，则 $\boldsymbol{Ax}=\boldsymbol{b}$ 有解的充要条件是 $r(\boldsymbol{A})=r(\boldsymbol{B})$.

证 必要性. 若 $\boldsymbol{Ax}=\boldsymbol{b}$ 有解，则（4.12）式成立，这表明 $\boldsymbol{b}$ 能由 $\boldsymbol{\alpha}_1,\boldsymbol{\alpha}_2,\cdots,\boldsymbol{\alpha}_n$ 线性表示，从而向量组 $\boldsymbol{\alpha}_1,\boldsymbol{\alpha}_2,\cdots,\boldsymbol{\alpha}_n$ 和向量组 $\boldsymbol{\alpha}_1,\boldsymbol{\alpha}_2,\cdots,\boldsymbol{\alpha}_n,\boldsymbol{b}$ 等价，故向量组 $\boldsymbol{\alpha}_1,\boldsymbol{\alpha}_2,\cdots,\boldsymbol{\alpha}_n$ 的秩和向量组 $\boldsymbol{\alpha}_1,\boldsymbol{\alpha}_2,\cdots,\boldsymbol{\alpha}_n,\boldsymbol{b}$ 的秩相等，即 $r(\boldsymbol{A})=r(\boldsymbol{B})$.

充分性. 若 $\boldsymbol{A}$ 与 $\boldsymbol{B}$ 的秩相等，即 $\boldsymbol{A}$ 的列向量组的极大无关组也是 $\boldsymbol{B}$ 的列向量组的极大无关组，则 $\boldsymbol{b}$ 能由 $\boldsymbol{A}$ 的列向量组的极大无关组线性表示，因而可由 $\boldsymbol{A}$ 的 n 个列向量线性表示，有如（4.12）的表示式，故 $\boldsymbol{Ax}=\boldsymbol{b}$ 有解.

下面给出非齐次线性方程组解的性质.

性质4.2 设 $\boldsymbol{\eta}_1,\boldsymbol{\eta}_2$ 是非齐次线性方程组 $\boldsymbol{Ax}=\boldsymbol{b}$ 的解，则 $\boldsymbol{\eta}_1-\boldsymbol{\eta}_2$ 是导出组 $\boldsymbol{Ax}=\boldsymbol{O}$ 的解.

证

$$\boldsymbol{A}(\boldsymbol{\eta}_1-\boldsymbol{\eta}_2)=\boldsymbol{A\eta}_1-\boldsymbol{A\eta}_2=\boldsymbol{b}-\boldsymbol{b}=\boldsymbol{O},$$

即 $\boldsymbol{\eta}_1-\boldsymbol{\eta}_2$ 是导出组 $\boldsymbol{Ax}=\boldsymbol{O}$ 的解.

性质4.3 设 $\boldsymbol{\eta}$ 是非齐次线性方程组 $\boldsymbol{Ax}=\boldsymbol{b}$ 的解，ξ 是导出组 $\boldsymbol{Ax}=\boldsymbol{O}$ 的解，则 $\xi+\boldsymbol{\eta}$ 仍是 $\boldsymbol{Ax}=\boldsymbol{b}$ 的解.

证

$$\boldsymbol{A}(\boldsymbol{\eta}+\xi)=\boldsymbol{A\eta}+\boldsymbol{A}\xi=\boldsymbol{b}+\boldsymbol{O}=\boldsymbol{b},$$

即 $\xi+\boldsymbol{\eta}$ 是 $\boldsymbol{Ax}=\boldsymbol{b}$ 的解.

定理4.4 设非齐次线性方程组 $\boldsymbol{Ax}=\boldsymbol{b}$ 有解，则其一般解（通解）为

$$\boldsymbol{x}=\xi+\boldsymbol{\eta}^*,$$

其中，$\boldsymbol{\eta}^*$ 是 $\boldsymbol{Ax}=\boldsymbol{b}$ 的一个特解，ξ 是对应的齐次线性方程组 $\boldsymbol{Ax}=\boldsymbol{O}$ 的通解.

证 由性质2知 $\xi+\boldsymbol{\eta}^*$ 是 $\boldsymbol{Ax}=\boldsymbol{b}$ 的解.

设 $\boldsymbol{x}$ 为方程组 $\boldsymbol{Ax}=\boldsymbol{b}$ 的任一解，由性质1知 $\boldsymbol{x}-\boldsymbol{\eta}^*$ 是齐次线性方程组 $\boldsymbol{Ax}=\boldsymbol{0}$ 的解，若 $\xi_1,\xi_2,\cdots,\xi_{n-r}$ 是导出组 $\boldsymbol{Ax}=\boldsymbol{0}$ 的一个基础解系，于是 $\boldsymbol{x}-\boldsymbol{\eta}^*=\xi=k_1\xi_1+k_2\xi_2+\cdots+k_{n-r}\xi_{n-r}$，即

$$\boldsymbol{x}=\xi+\boldsymbol{\eta}^*=k_1\xi_1+k_2\xi_2+\cdots+k_{n-r}\xi_{n-r}+\boldsymbol{\eta}^*,$$

其中 $k_1,k_2,\cdots,k_{n-r}$ 为任意常数.

从而非齐次线性方程组 $\boldsymbol{Ax}=\boldsymbol{b}$ 的通解为

$$\boldsymbol{x}=\boldsymbol{\xi}+\boldsymbol{\eta}^*=k_1\boldsymbol{\xi}_1+k_2\boldsymbol{\xi}_2+\cdots+k_{n-r}\boldsymbol{\xi}_{n-r}+\boldsymbol{\eta}^*,$$

其中 $k_1,k_2,\cdots,k_{n-r}$ 为任意常数.

非齐次线性方程组 $\boldsymbol{Ax}=\boldsymbol{b}$ 解的情形归纳如下：

(1) 若 $r(\boldsymbol{A})\neq r(\boldsymbol{B})$，则方程组 $\boldsymbol{Ax}=\boldsymbol{b}$ 无解；

(2) $r(\boldsymbol{A})=r(\boldsymbol{B})=n$ 时，$\boldsymbol{Ax}=\boldsymbol{b}$ 有唯一解；

(3) $r(\boldsymbol{A})=r(\boldsymbol{B})=r<n$ 时，$\boldsymbol{Ax}=\boldsymbol{b}$ 有无穷多个解，通解为

$$\boldsymbol{x}=k_1\boldsymbol{\xi}_1+k_2\boldsymbol{\xi}_2+\cdots+k_{n-r}\boldsymbol{\xi}_{n-r}+\boldsymbol{\eta}^*,$$

其中 $\boldsymbol{\eta}^*$ 是 $\boldsymbol{Ax}=\boldsymbol{b}$ 的一个解（称为特解），$\boldsymbol{\xi}_1,\boldsymbol{\xi}_2,\cdots,\boldsymbol{\xi}_{n-r}$ 是导出组 $\boldsymbol{Ax}=\boldsymbol{0}$ 的一个基础解系，$k_1,k_2,\cdots,k_{n-r}$ 为任意常数.

例 4.7 求非齐次线性方程组 $\begin{cases}x_1-x_2+2x_3-2x_4=1,\\ \quad x_2+x\ +2x_4=-1,\\ 2x_1-x_2+5x_3-2x_4=1,\\ x_1+x_2+4x_3+2x_4=-1\end{cases}$ 的通解.

解 对该线性方程组的增广矩阵实施初等行变换，得

$$\tilde{\boldsymbol{A}}=\begin{bmatrix}1&-1&2&-2&1\\0&1&1&2&-1\\2&-1&5&-2&1\\1&1&4&2&-1\end{bmatrix}\to\begin{bmatrix}1&-1&2&-2&1\\0&1&1&2&-1\\0&1&1&2&-1\\0&2&2&4&-2\end{bmatrix}\to\begin{bmatrix}1&0&3&0&0\\0&1&1&2&-1\\0&0&0&0&0\\0&0&0&0&0\end{bmatrix}=\tilde{\boldsymbol{R}},$$

由于 $R(\boldsymbol{A})=R(\tilde{\boldsymbol{A}})=2<4$，所以该方程组有无穷多解，行最简形矩阵 $\tilde{\boldsymbol{R}}$ 的第一个非零元在第1列和第2列，所以自由未知量为 x_3，x_4. 于是有

$$\begin{cases}x_1=-3x_3,\\x_2=-x_3-2x_4-1.\end{cases}\tag{4-13}$$

令 $\begin{bmatrix}x_3\\x_4\end{bmatrix}=\begin{bmatrix}0\\0\end{bmatrix}$，代入方程组（4–13），得到 $\begin{bmatrix}x_1\\x_2\end{bmatrix}=\begin{bmatrix}0\\-1\end{bmatrix}$，于是得原方程组的一个特解为

$$\boldsymbol{\eta}=\begin{bmatrix}0\\-1\\0\\0\end{bmatrix}.$$

例 4.8 λ 取何值时，线性方程组

$$\begin{cases}\lambda x_1+x_2+x_3=1,\\x_1+\lambda x_2+x_3=\lambda,\\x_1+x_2+\lambda x_3=\lambda^2\end{cases}$$

(1) 有唯一解？ (2) 无解？ (3) 有无穷多解？并求其解.

解 方程组的系数矩阵和增广矩阵分别为

$$\boldsymbol{A}=\begin{bmatrix}\lambda&1&1\\1&\lambda&1\\1&1&\lambda\end{bmatrix},\boldsymbol{B}=\left[\begin{array}{ccc|c}\lambda&1&1&1\\1&\lambda&1&\lambda\\1&1&\lambda&\lambda^2\end{array}\right],$$

$$|A|=(\lambda-1)^2(\lambda+2).$$

（1）当 $\lambda\neq 1$ 且 $\lambda\neq -2$ 时，$|A|\neq 0$，$r(A)=r(B)=3$，则方程组有唯一解.

（2）当 $\lambda=-2$ 时，

$$B=\left[\begin{array}{ccc|c}-2 & 1 & 1 & 1\\ 1 & -2 & 1 & -2\\ 1 & 1 & -2 & 4\end{array}\right]\rightarrow\left[\begin{array}{ccc|c}1 & -2 & 1 & -2\\ 0 & -3 & 3 & -3\\ 0 & 0 & 0 & 3\end{array}\right],$$

$$r(A)=2,\ r(B)=3,\ r(A)\neq r(B),$$

则方程组无解.

（3）当 $\lambda=1$ 时，

$$B=\left[\begin{array}{ccc|c}1 & 1 & 1 & 1\\ 1 & 1 & 1 & 1\\ 1 & 1 & 1 & 1\end{array}\right]\rightarrow\left[\begin{array}{ccc|c}1 & 1 & 1 & 1\\ 0 & 0 & 0 & 0\\ 0 & 0 & 0 & 0\end{array}\right],$$

$$r(A)=r(B)=1,$$

则方程组有无穷多解.

解同解方程组

$$x_1+x_2+x_3=1,$$

即

$$\begin{cases}x_1 = -x_2-x_3+1,\\ x_2 = x_2,\\ x_3 = x_3,\end{cases}$$

得通解

$$\begin{bmatrix}x_1\\ x_2\\ x_3\end{bmatrix}=k_1\begin{bmatrix}-1\\ 1\\ 0\end{bmatrix}+k_2\begin{bmatrix}-1\\ 0\\ 1\end{bmatrix}+\begin{bmatrix}1\\ 0\\ 0\end{bmatrix},\quad k_1,k_2\text{ 为任意常数.}$$

习题4-3

1.解下列非齐次线性方程组.

（1）$\begin{cases}3x_1+x_2+x_3=5,\\ 3x_1+2x_2+3x_3=3,\\ x_2+2x_3=2;\end{cases}$

（2）$\begin{cases}x_1+3x_3+x_4=2,\\ x_1-3x_2+x_4=-1,\\ 2x_1+x_2+7x_3+2x_4=5,\\ 4x_1+2x_2+14x_3=6;\end{cases}$

（3）$\begin{cases}x_1+x_2=5,\\ 2x_1+x_2+x_3+2x_4=1,\\ 5x_1+3x_2+2x_3+2x_4=3;\end{cases}$

（4）$\begin{cases}x_1-5x_2+2x_3-3x_4=11,\\ 5x_1+3x_2+6x_3-x_4=-1,\\ 2x_1+4x_2+2x_3+x_4=-6.\end{cases}$

2. 设4元非齐次线性方程组 $\boldsymbol{Ax}=\boldsymbol{b}$ 的系数矩阵的秩为3，已知 $\boldsymbol{\eta}_1,\boldsymbol{\eta}_2,\boldsymbol{\eta}_3$ 是它的三个解，且

$$\boldsymbol{\eta}_1=\begin{bmatrix}2\\3\\4\\5\end{bmatrix},\quad \boldsymbol{\eta}_2+\boldsymbol{\eta}_3=\begin{bmatrix}1\\2\\3\\4\end{bmatrix},$$

求该方程组的通解.

3. 写出方程组 $x_1-x_2=a_1,x_2-x_3=a_2,x_3-x_4=a_3,x_4-x_1=a_4$ 有解的充要条件，并求解.

总习题四

A组

1. 选择题.

（1）齐次线性方程组 $\boldsymbol{A}_{m\times n}\boldsymbol{x}_{n\times 1}=\boldsymbol{0}$ 有非零解的充要条件是（ ）.

A. $r(\boldsymbol{A})\leqslant n$　　B. $r(\boldsymbol{A})=n$　　C. $r(\boldsymbol{A})>n$　　D. $r(\boldsymbol{A})<n$

（2）设线性方程组 $\boldsymbol{Ax}=\boldsymbol{b}$ 的增广矩阵通过初等行变换化为

$$\begin{bmatrix}1&0&1&0&3\\0&1&3&0&-1\\0&0&0&1&0\\0&0&0&0&0\end{bmatrix},$$

则此线性方程组对应的齐次线性方程组的基础解系中解向量个数为（ ）.

A. 1　　B. 2　　C. 3　　D. 4

（3）已知 $\boldsymbol{\beta}_1,\boldsymbol{\beta}_2$ 是非齐次线性方程组 $\boldsymbol{Ax}=\boldsymbol{b}$ 的两个不同的解，$\boldsymbol{\alpha}_1,\boldsymbol{\alpha}_2$ 是对应的齐次线性方程组 $\boldsymbol{Ax}=\boldsymbol{0}$ 的基础解系. 设 k_1,k_2 为任意常数，则（ ）是方程组 $\boldsymbol{Ax}=\boldsymbol{b}$ 的通解.

A. $k_1\boldsymbol{\alpha}_1+k_2(\boldsymbol{\alpha}_1+\boldsymbol{\alpha}_2)+\dfrac{\boldsymbol{\beta}_1-\boldsymbol{\beta}_2}{2}$　　B. $k_1\boldsymbol{\alpha}_1+k_2(\boldsymbol{\alpha}_1-\boldsymbol{\alpha}_2)+\dfrac{\boldsymbol{\beta}_1+\boldsymbol{\beta}_2}{2}$

C. $k_1\boldsymbol{\alpha}_1+k_2(\boldsymbol{\beta}_1+\boldsymbol{\beta}_2)+\dfrac{\boldsymbol{\beta}_1-\boldsymbol{\beta}_2}{2}$　　D. $k_1\boldsymbol{\alpha}_1+k_2(\boldsymbol{\beta}_1-\boldsymbol{\beta}_2)+\dfrac{\boldsymbol{\beta}_1+\boldsymbol{\beta}_2}{2}$

（4）设 $\boldsymbol{A}$ 为 n 阶方阵，且 $r(\boldsymbol{A})=n-1$，$\boldsymbol{\alpha}_1,\boldsymbol{\alpha}_2$ 是 $\boldsymbol{Ax}=\boldsymbol{0}$ 的两个不同的解向量，k 为任意常数，则 $\boldsymbol{Ax}=\boldsymbol{0}$ 的通解为（ ）.

A. $k\alpha_1$　　B. $k\alpha_2$　　C. $k(\alpha_1-\alpha_2)$　　D. $k(\alpha_1+\alpha_2)$

（5）设 $\boldsymbol{\alpha}_0$ 是非齐次方程组 $\boldsymbol{Ax}=\boldsymbol{b}$ 的一个解，$\boldsymbol{\alpha}_1,\boldsymbol{\alpha}_2,\cdots,\boldsymbol{\alpha}_r$ 是 $\boldsymbol{Ax}=\boldsymbol{0}$ 的基础解系，则（ ）.

A. $\boldsymbol{\alpha}_0,\boldsymbol{\alpha}_1,\cdots,\boldsymbol{\alpha}_r$ 线性相关

B. $\boldsymbol{\alpha}_0,\boldsymbol{\alpha}_1,\cdots,\boldsymbol{\alpha}_r$ 线性无关

C. $\boldsymbol{\alpha}_0,\boldsymbol{\alpha}_1,\cdots,\boldsymbol{\alpha}_r$ 的线性组合是 $\boldsymbol{Ax}=\boldsymbol{b}$ 的解

D. $\boldsymbol{\alpha}_0,\boldsymbol{\alpha}_1,\cdots,\boldsymbol{\alpha}_r$ 的线性组合是 $\boldsymbol{Ax}=\boldsymbol{0}$ 的解

（6）设 $\boldsymbol{\alpha}_1,\boldsymbol{\alpha}_2$ 是非齐次线性方程组 $\boldsymbol{Ax}=\boldsymbol{b}$ 的解，$\boldsymbol{\beta}$ 是对应的齐次方程组 $\boldsymbol{Ax}=\boldsymbol{0}$ 的解，

则 $\boldsymbol{Ax}=\boldsymbol{b}$ 必有一个解是（　　）.

A. $\boldsymbol{\alpha}_1+\boldsymbol{\alpha}_2$　　B. $\boldsymbol{\alpha}_1-\boldsymbol{\alpha}_2$　　C. $\boldsymbol{\beta}+\boldsymbol{\alpha}_1+\boldsymbol{\alpha}_2$　　D. $\boldsymbol{\beta}+\frac{1}{2}\boldsymbol{\alpha}_1+\frac{1}{2}\boldsymbol{\alpha}_2$

（7）齐次线性方程组 $\begin{cases}x_1+x_2+x_3=0,\\ 2x_2-x_3-x_4=0\end{cases}$ 的基础解系所含解向量的个数为（　　）.

A. 1　　B. 2　　C. 3　　D. 4

（8）设 ξ_1,ξ_2,ξ_3 是齐次线性方程组 $\boldsymbol{Ax}=\boldsymbol{0}$ 的一个基础解系，则下列解向量组中，可以作为该方程组基础解系的是（　　）.

A. $\xi_1,\xi_2,\xi_1+\xi_2$　　B. $\xi_1,\xi_2,\xi_1-\xi_2$

C. $\xi_1+\xi_2,\xi_2+\xi_3,\xi_3+\xi_1$　　D. $\xi_1-\xi_2,\xi_2-\xi_3,\xi_3-\xi_1$

（9）已知 n 元线性方程组 $\boldsymbol{Ax}=\boldsymbol{b}$，系数矩阵的秩 $r(\boldsymbol{A})=n-2$，$\boldsymbol{\alpha}_1$，$\boldsymbol{\alpha}_2$，$\boldsymbol{\alpha}_3$ 是方程组线性无关的解，则方程组的通解为（　　）.（k_1，k_2 为任意常数）

A. $k_1(\boldsymbol{\alpha}_1-\boldsymbol{\alpha}_2)+k_2(\boldsymbol{\alpha}_2+\boldsymbol{\alpha}_1)+\boldsymbol{\alpha}_1$　　B. $k_1(\boldsymbol{\alpha}_1-\boldsymbol{\alpha}_3)+k_2(\boldsymbol{\alpha}_2+\boldsymbol{\alpha}_3)+\boldsymbol{\alpha}_3$

C. $k_1(\boldsymbol{\alpha}_2-\boldsymbol{\alpha}_3)+k_2(\boldsymbol{\alpha}_3+\boldsymbol{\alpha}_2)+\boldsymbol{\alpha}_2$　　D. $k_1(\boldsymbol{\alpha}_2-\boldsymbol{\alpha}_3)+k_2(\boldsymbol{\alpha}_2-\boldsymbol{\alpha}_1)+\boldsymbol{\alpha}_3$

（10）齐次线性方程组 $\begin{cases}x_1-2x_2+x_3+x_4=0,\\ 2x_1-x_2-x_3=0,\\ -2x_1+4x_2-2x_3-2x_4=0,\\ 3x_1-3x_2+x_4=0\end{cases}$ 的基础解系中有（　　）个线性无关的解向量.

A. 1　　B. 2　　C. 3　　D. 4

2. 填空题.

（1）设 $\boldsymbol{Ax}=\boldsymbol{0}$ 为一个四元齐次线性方程组，若 ξ_1,ξ_2,ξ_3 为它的一个基础解系，则 $r(\boldsymbol{A})=$________.

（2）三元齐次线性方程组 $\begin{cases}x_1-x_2=0,\\ x_2+x_3=0\end{cases}$ 的基础解系中所含解向量的个数为________.

（3）设 $\boldsymbol{A}$ 为 4×3 矩阵且秩为2，又3维向量 $\boldsymbol{\eta}_1,\boldsymbol{\eta}_2$ 是方程组 $\boldsymbol{Ax}=\boldsymbol{b}$ 的两个不等的解，则对应的齐次方程组 $\boldsymbol{Ax}=\boldsymbol{0}$ 的通解为________.

（4）设 $\boldsymbol{\eta}_1,\boldsymbol{\eta}_2,\cdots,\boldsymbol{\eta}_s$ 为非齐次线性方程组 $\boldsymbol{Ax}=\boldsymbol{b}$ 的 s 个解，若 $c_1\boldsymbol{\eta}_1+c_2\boldsymbol{\eta}_2+\cdots+c_s\boldsymbol{\eta}_s$ 也是该线性方程组的一个解，则 $c_1+c_2+\cdots+c_s=$________.

（5）如果线性方程组 $\begin{cases}x_1+x_2=-a_1,\\ x_2+x_3=a_2,\\ x_3+x_4=-a_3,\\ x_1+x_4=a_4\end{cases}$ 有解，则常数 a_1,a_2,a_3,a_4 满足条件________.

（6）已知 $\boldsymbol{A}$ 是 $m\times n$ 矩阵，齐次线性方程组 $\boldsymbol{Ax}=\boldsymbol{0}$ 的基础解系为 $\boldsymbol{\eta}_1,\boldsymbol{\eta}_2,\cdots,\boldsymbol{\eta}_s$，若 $r(\boldsymbol{A})=k$，则 $s=$________；当 $k=$________时方程只有零解.

（7）已知 $\boldsymbol{x}_1=[1,0,2]^{\mathrm{T}}$、$\boldsymbol{x}_2=[3,4,5]^{\mathrm{T}}$ 是三元非齐次线性方程组 $\boldsymbol{Ax}=\boldsymbol{b}$ 的两个解向量，则对应齐次线性方程 $\boldsymbol{Ax}=\boldsymbol{0}$ 有一个非零解 $\boldsymbol{\xi}=$________.

3. 解下列齐次线性方程组：

（1）$\begin{cases}x_1+x_2+x_3+2x_4=0,\\2x_1+3x_2-x_3+3x_4=0,\\2x_1+5x_2-7x_3+x_4=0;\end{cases}$　　（2）$\begin{cases}x_1+x_2+x_3+x_4+x_5=0,\\2x_1+3x_2+x_3+x_4-3x_5=0,\\x_1+2x_3+2x_4+6x_5=0,\\4x_1+5x_2+3x_3+4x_4-x_5=0;\end{cases}$

（3）$\begin{cases}x_1-8x_2+10x_3+2x_4=0,\\2x_1+4x_2+5x_3-x_4=0,\\3x_1+8x_2+6x_3-2x_4=0.\end{cases}$

4. 解下列非齐次线性方程组.

（1）$\begin{cases}x_1-x_2+2x_3+x_4=1,\\2x_1-x_2+x_3+2x_4=3,\\x_1\quad -x_3+x_4=2,\\3x_1-x_2+3x_4=5;\end{cases}$　　（2）$\begin{cases}x_1-x_2+x_3-x_4=0,\\x_1-x_2+2x_3-3x_4=1,\\x_1-x_2+3x_3-5x_4=2.\end{cases}$

5. 设线性方程组为$\begin{cases}x_1+x_2+2x_3+3x_4=1,\\x_1+3x_2+6x_3+x_4=3,\\3x_1-x_2-k_1x_3+15x_4=3,\\x_1-5x_2-10x_3+12x_4=k_2,\end{cases}$问$k_1$与$k_2$各取何值时，方程组无解，有唯一解，有无穷多解？有无穷多解时，求其一般解.

6. 设线性方程组为$\begin{cases}x_1+x_2-2x_3+3x_4=0,\\2x_1+x_2-6x_3+4x_4=-1,\\3x_1+2x_2+ax_3+7x_4=-1,\\x_1-x_2-6x_3-x_4=b,\end{cases}$讨论$a,b$取何值时，线性方程组有解，无解，并在有解时求其一般解.

B组

1. 选择题.

（1）齐次线性方程组

$$\begin{cases}\lambda x_1+x_2+\lambda^2x_3=0,\\x_1+\lambda x_2+x_3=0,\\x_1+x_2+\lambda x_3=0\end{cases}$$

的系数矩阵记为$\boldsymbol{A}$，若存在三阶矩阵$\boldsymbol{B}\neq\boldsymbol{O}$，使得$\boldsymbol{AB}=\boldsymbol{O}$，则（　　）.

A. $\lambda=-2$且$|\boldsymbol{B}|=0$　　B. $\lambda=-2$且$|\boldsymbol{B}|\neq0$

C. $\lambda=1$且$|\boldsymbol{B}|=0$　　D. $\lambda=1$且$|\boldsymbol{B}|\neq0$　　（1998）

（2）设$\boldsymbol{A}$是$m\times n$矩阵，齐次线性方程组$\boldsymbol{Ax}=\boldsymbol{O}$仅有零解的充要条件是（　　）.

A. $\boldsymbol{A}$的列向量线性无关　　B. $\boldsymbol{A}$的列向量线性相关

C. $\boldsymbol{A}$的行向量线性无关　　D. $\boldsymbol{A}$的行向量线性相关　　（1995）

（3）要使$\boldsymbol{\alpha}_1=\begin{bmatrix}1\\0\\2\end{bmatrix}$，$\boldsymbol{\alpha}_2=\begin{bmatrix}0\\1\\-1\end{bmatrix}$都是线性方程组$\boldsymbol{Ax}=\boldsymbol{0}$的解，只要系数矩阵$\boldsymbol{A}$为（　　）.

A. $[-2,1,1]$　　B. $\begin{bmatrix}2&0&-1\\0&1&1\end{bmatrix}$

C. $\begin{bmatrix} -1 & 0 & 2 \\ 0 & 1 & -1 \end{bmatrix}$　　D. $\begin{bmatrix} 0 & 1 & -1 \\ 4 & -2 & -2 \\ 0 & 1 & 1 \end{bmatrix}$　（1992）

（4）设 $\boldsymbol{A}$ 是 $m\times n$ 矩阵，$\boldsymbol{Ax}=\boldsymbol{0}$ 是非齐次方程组 $\boldsymbol{Ax}=\boldsymbol{b}$ 对应的齐次方程，则下列结论正确的是（　　）.

A. 若 $\boldsymbol{Ax}=\boldsymbol{0}$ 仅有零解，则 $\boldsymbol{Ax}=\boldsymbol{b}$ 有唯一的解

B. 若 $\boldsymbol{Ax}=\boldsymbol{0}$ 有非零解，则 $\boldsymbol{Ax}=\boldsymbol{b}$ 有无穷多个解

C. 若 $\boldsymbol{Ax}=\boldsymbol{b}$ 有无穷多个解，则 $\boldsymbol{Ax}=\boldsymbol{0}$ 仅有零解

D. 若 $\boldsymbol{Ax}=\boldsymbol{b}$ 有无穷多个解，则 $\boldsymbol{Ax}=\boldsymbol{0}$ 有非零解　（1991）

（5）非齐次线性方程组 $\boldsymbol{Ax}=\boldsymbol{b}$ 中未知量的个数为 n，方程的个数为 m，系数矩阵 $\boldsymbol{A}$ 的秩为 r，则（　　）.

A. $r=m$ 时，方程组 $\boldsymbol{Ax}=\boldsymbol{b}$ 有解

B. $r=n$ 时，方程组 $\boldsymbol{Ax}=\boldsymbol{b}$ 有唯一解

C. $m=n$ 时，方程组 $\boldsymbol{Ax}=\boldsymbol{b}$ 有唯一解

D. $r<n$ 时，方程组 $\boldsymbol{Ax}=\boldsymbol{b}$ 有无穷多解　（1997）

（6）设 $\boldsymbol{A}$ 是 $m\times n$ 矩阵，$\boldsymbol{B}$ 是 $n\times m$ 矩阵，则线性方程组 $\boldsymbol{ABx}=\boldsymbol{0}$（　　）.

A. 当 $n>m$ 时仅有零解　　B. 当 $n>m$ 时必有非零解

C. 当 $m>n$ 时仅有零解　　D. 当 $m>n$ 时必有非零解　（2002）

2. 填空题.

设 n 阶矩阵 $\boldsymbol{A}$ 的各行元素之和均为零，且 $\boldsymbol{A}$ 的秩为 $n-1$，则方程组 $\boldsymbol{Ax}=\boldsymbol{0}$ 的通解为________.　（1994）

3. 设 $\boldsymbol{A}=\begin{bmatrix} 1 & -2 & 3 & -4 \\ 0 & 1 & -1 & 1 \\ 1 & 2 & 0 & -3 \end{bmatrix}$，$\boldsymbol{E}$ 为3阶单位矩阵.

（1）求方程组 $\boldsymbol{Ax}=\boldsymbol{0}$ 的一个基础解系；

（2）求满足 $\boldsymbol{AB}=\boldsymbol{E}$ 的所有矩阵 $\boldsymbol{B}$.　（2014）

4. 设 $\boldsymbol{A}=\begin{bmatrix} 1 & a \\ 1 & 0 \end{bmatrix}, \boldsymbol{B}=\begin{bmatrix} 0 & 1 \\ 1 & b \end{bmatrix}$，问当 a,b 为何值时，存在矩阵 $\boldsymbol{C}$，使得 $\boldsymbol{AC}-\boldsymbol{CA}=\boldsymbol{B}$？并求出所有矩阵 C.　（2013）

5. 设 $\boldsymbol{A}=\begin{bmatrix} 1 & a & 0 & 0 \\ 0 & 1 & a & 0 \\ 0 & 0 & 1 & a \\ a & 0 & 0 & 1 \end{bmatrix}$，$\boldsymbol{b}=\begin{bmatrix} 1 \\ -1 \\ 0 \\ 0 \end{bmatrix}$，

（1）求 $|\boldsymbol{A}|$；

（2）已知线性方程组 $\boldsymbol{Ax}=\boldsymbol{b}$ 有无穷多解，求 a，并求 $\boldsymbol{Ax}=\boldsymbol{b}$ 的通解.　（2012）

6. 设 $\boldsymbol{A}=\begin{bmatrix}\lambda & 1 & 1\\ 0 & \lambda-1 & 0\\ 1 & 1 & \lambda\end{bmatrix}$，$\boldsymbol{b}=\begin{bmatrix}a\\ 1\\ 1\end{bmatrix}$. 已知线性方程组 $\boldsymbol{Ax}=\boldsymbol{b}$ 存在2个不同解.

（1）求 λ, a；

（2）求方程组 $\boldsymbol{Ax}=\boldsymbol{b}$ 的通解.　（2010）

7. 设 $\boldsymbol{A}=\begin{bmatrix}1 & -1 & -1\\ -1 & 1 & 1\\ 0 & -4 & -2\end{bmatrix}$，$\xi_1=\begin{bmatrix}-1\\ 1\\ -2\end{bmatrix}$，

（1）求满足 $\boldsymbol{A}\boldsymbol{\xi}_2=\boldsymbol{\xi}_1$，$\boldsymbol{A}^2\boldsymbol{\xi}_3=\boldsymbol{\xi}_1$ 的所有向量 $\boldsymbol{\xi}_2$，$\boldsymbol{\xi}_3$；

（2）对（1）中的任意向量 $\boldsymbol{\xi}_2$，$\boldsymbol{\xi}_3$，证明 $\boldsymbol{\xi}_1$，$\boldsymbol{\xi}_2$，$\boldsymbol{\xi}_3$ 线性无关.　（2009）

8. 设 n 元线性方程组 $\boldsymbol{Ax}=\boldsymbol{b}$，其中

$$\boldsymbol{A}=\begin{bmatrix}2a & 1 & & \\ a^2 & 2a & \ddots & \\ & \ddots & \ddots & 1\\ & & a^2 & 2a\end{bmatrix}_{n\times n}，\quad \boldsymbol{x}=[x_1, x_2, \cdots, x_n]^{\mathrm{T}}，\quad \boldsymbol{b}=[1, 0, \cdots, 0]^{\mathrm{T}}.$$

（1）求证 $|\boldsymbol{A}|=(n+1)a^n$；

（2）a 为何值，方程组有唯一解？并求 x_1；

（3）a 为何值，方程组有无穷多解？并求通解.　（2008）

9. 设线性方程组

$$\begin{cases}x_1+x_2+x_3=0,\\ x_1+2x_2+ax_3=0,\\ x_1+4x_2+a^2x_3=0\end{cases}\tag{1}$$

与方程

$$x_1+2x_2+x_3=a-1\tag{2}$$

有公共解，求 a 的值及所有公共解.　（2007）

10. 已知齐次线性方程组

$$\begin{cases}x_1+2x_2+3x_3=0,\\ 2x_1+3x_2+5x_3=0,\\ x_1+x_2+ax_3=0\end{cases}\tag{1}$$

和

$$\begin{cases}x_1+bx_2+cx_3=0,\\ 2x_1+b^2x_2+(c+1)x_3=0\end{cases}\tag{2}$$

同解，求 a, b, c 的值.　（2005）

11. 设 $\boldsymbol{\alpha}_1, \boldsymbol{\alpha}_2, \boldsymbol{\alpha}_3$ 是齐次线性方程组 $\boldsymbol{Ax}=\boldsymbol{O}$ 的一个基础解系，证明 $\boldsymbol{\alpha}_1+\boldsymbol{\alpha}_2, \boldsymbol{\alpha}_2+\boldsymbol{\alpha}_3, \boldsymbol{\alpha}_3+\boldsymbol{\alpha}_1$ 也是该方程组的一个基础解系.　（1994）

12. 已知4阶方阵 $\boldsymbol{A}=[\boldsymbol{\alpha}_1, \boldsymbol{\alpha}_2, \boldsymbol{\alpha}_3, \boldsymbol{\alpha}_4]$，$\boldsymbol{\alpha}_1, \boldsymbol{\alpha}_2, \boldsymbol{\alpha}_3, \boldsymbol{\alpha}_4$ 均为4维列向量，其中 $\boldsymbol{\alpha}_2, \boldsymbol{\alpha}_3, \boldsymbol{\alpha}_4$ 线性无关，$\boldsymbol{\alpha}_1=2\boldsymbol{\alpha}_2-\boldsymbol{\alpha}_3$，如果 $\boldsymbol{\beta}=\boldsymbol{\alpha}_1+\boldsymbol{\alpha}_2+\boldsymbol{\alpha}_3+\boldsymbol{\alpha}_4$，求线性方程组 $\boldsymbol{Ax}=\boldsymbol{\beta}$ 的通解.　（2002）

13.设齐次线性方程组

$$\begin{cases} ax_1+bx_2+bx_3+\cdots+bx_n=0, \\ bx_1+ax_2+bx_3+\cdots+bx_n=0, \\ \quad\vdots \\ bx_1+bx_2+bx_3+\cdots+ax_n=0, \end{cases}$$

其中 $a\neq 0, b\neq 0$ ，$n\geqslant 2$. 试讨论 a, b 为何值时，方程仅有零解、有无穷多组解？在有无穷多解时，求出全部解，并用基础解系表示全部解. （2002）

14. 已知齐次线性方程组

$$\begin{cases} (a_1+b)x_1+a_2x_2+a_3x_3+\cdots+a_nx_n=0, \\ a_1x_1+(a_2+b)x_2+a_3x_3+\cdots+a_nx_n=0, \\ a_1x_1+a_2x_2+(a_3+b)x_3+\cdots+a_nx_n=0, \\ \quad\vdots \\ a_1x_1+a_2x_2+a_3x_3+\cdots+(a_n+b)x_n=0, \end{cases}$$

其中，$\sum_{i=1}^{n} a_i\neq 0$. 试讨论 $a_1, a_2, \cdots, a_n$ 和 b 满足何种关系时，

（1）方程组仅有零解；

（2）方程组有非零解. 在有非零解时，求此方程组的一个基础解系. （2003）

15. 已知 $\boldsymbol{\alpha}_1, \boldsymbol{\alpha}_2, \boldsymbol{\alpha}_3, \boldsymbol{\alpha}_4$ 是线性方程组 $\boldsymbol{Ax}=\boldsymbol{0}$ 的一个基础解系，若 $\boldsymbol{\beta}_1=\boldsymbol{\alpha}_1+t\boldsymbol{\alpha}_2$，$\boldsymbol{\beta}_2=\boldsymbol{\alpha}_2+t\boldsymbol{\alpha}_3$，$\boldsymbol{\beta}_3=\boldsymbol{\alpha}_3+t\boldsymbol{\alpha}_4$，$\boldsymbol{\beta}_4=\boldsymbol{\alpha}_4+t\boldsymbol{\alpha}_1$，讨论实数 t 满足什么关系时，$\boldsymbol{\beta}_1, \boldsymbol{\beta}_2, \boldsymbol{\beta}_3, \boldsymbol{\beta}_4$ 也是 $\boldsymbol{Ax}=\boldsymbol{0}$ 的一个基础解系. （2001）

16. 设向量 $\boldsymbol{\alpha}_1, \boldsymbol{\alpha}_2, \cdots, \boldsymbol{\alpha}_t$ 是齐次线性方程组 $\boldsymbol{Ax}=\boldsymbol{0}$ 的一个基础解系，向量 $\boldsymbol{\beta}$ 不是方程组 $\boldsymbol{Ax}=\boldsymbol{0}$ 的解，即 $\boldsymbol{A\beta}\neq\boldsymbol{0}$,试证明向量组 $\boldsymbol{\beta}$，$\boldsymbol{\beta}+\boldsymbol{\alpha}_1$，$\boldsymbol{\beta}+\boldsymbol{\alpha}_2, \cdots, \boldsymbol{\beta}+\boldsymbol{\alpha}_t$ 线性无关. （1996）

17. 设四元线性齐次方程组（Ⅰ）为

$$\begin{cases} x_1+x_2=0, \\ x_2-x_4=0, \end{cases}$$

又已知某线性齐次方程组（Ⅱ）的通解为

$$k_1[0, 1, 1, 0]+k_2[-1, 2, 2, 1].$$

（1）求方程组（Ⅰ）的基础解系.

（2）问线性方程组（Ⅰ）和（Ⅱ）是否有非零公共解？若有，则求出所有的非零公共解；若没有，则说明理由. （1994）

第五章　相似矩阵及二次型

本章将把几何空间 $\mathbf{R}^3$ 中数量积的概念推广到向量空间 $\mathbf{R}^n$ 中，以使 $\mathbf{R}^n$ 中能有向量长度、正交等概念. 然后讨论：对一个 n 阶方阵 $\boldsymbol{A}$，如何求出一个可逆的 n 阶方阵 $\boldsymbol{P}$，使 $\boldsymbol{P}^{-1}\boldsymbol{AP}$ 具有尽可能简单的形式，即矩阵的相似化简问题. 最后讨论二次型化为标准形问题，特别是用正交线性变换将二次型化为标准形的方法，并给出判定二次型正定性的充要条件.

第一节　向量组的正交规范化

为了讨论向量组的正交规范化问题，先引入向量内积的定义.

一、内积的概念

定义 5.1　设有 n 维实向量

$$\boldsymbol{\alpha}=\begin{bmatrix}a_1\\a_2\\\vdots\\a_n\end{bmatrix},\quad \boldsymbol{\beta}=\begin{bmatrix}b_1\\b_2\\\vdots\\b_n\end{bmatrix},$$

令

$$\begin{aligned}[\boldsymbol{\alpha},\boldsymbol{\beta}]&=a_1b_1+a_2b_2+\cdots+a_nb_n\\&=[a_1,a_2,\cdots,a_n]\begin{bmatrix}b_1\\b_2\\\vdots\\b_n\end{bmatrix}=\boldsymbol{\alpha}^{\mathrm{T}}\boldsymbol{\beta},\end{aligned}$$

$[\boldsymbol{\alpha},\boldsymbol{\beta}]$ 称为向量 $\boldsymbol{\alpha}$ 和 $\boldsymbol{\beta}$ 的**内积**.

内积是向量的一种运算，满足下列运算律（其中 $\boldsymbol{\alpha},\boldsymbol{\beta},\boldsymbol{\gamma}$ 为 n 维向量，k 为实数）：

（1）$[\boldsymbol{\alpha},\boldsymbol{\beta}]=[\boldsymbol{\beta},\boldsymbol{\alpha}]$；

（2）$[\boldsymbol{\alpha}+\boldsymbol{\beta},\boldsymbol{\gamma}]=[\boldsymbol{\alpha},\boldsymbol{\gamma}]+[\boldsymbol{\beta},\boldsymbol{\gamma}]$；

（3）$[k\boldsymbol{\alpha},\boldsymbol{\beta}]=k[\boldsymbol{\alpha},\boldsymbol{\beta}]$；

（4）$[\boldsymbol{\alpha},\boldsymbol{\alpha}]\geqslant 0$，等号成立当且仅当 $\boldsymbol{\alpha}=\boldsymbol{O}$.

定义 5.2　实数 $\|\boldsymbol{\alpha}\|=\sqrt{[\boldsymbol{\alpha},\boldsymbol{\alpha}]}=\sqrt{a_1^2+a_2^2+\cdots+a_n^2}$ 称为向量 $\boldsymbol{\alpha}$ 的**长度**（或模，或范数）.

向量长度的性质：

（1）非负性：当 $\boldsymbol{\alpha}\neq\boldsymbol{O}$ 时，$\|\boldsymbol{\alpha}\|>0$；当 $\boldsymbol{\alpha}=\boldsymbol{O}$ 时，$\|\boldsymbol{\alpha}\|=0$；

（2）齐次性：$\|k\boldsymbol{\alpha}\|=|k|\|\boldsymbol{\alpha}\|$；

（3）三角不等式：$\|\boldsymbol{\alpha}+\boldsymbol{\beta}\|\leqslant\|\boldsymbol{\alpha}\|+\|\boldsymbol{\beta}\|$.

若$\|\boldsymbol{\alpha}\|=1$，则称$\boldsymbol{\alpha}$为单位向量.

若$\boldsymbol{\alpha}\neq\boldsymbol{O}$，则$\|\boldsymbol{\alpha}\|\neq 0$，因为$\left[\dfrac{\boldsymbol{\alpha}}{\|\boldsymbol{\alpha}\|},\dfrac{\boldsymbol{\alpha}}{\|\boldsymbol{\alpha}\|}\right]=\dfrac{1}{\|\boldsymbol{\alpha}\|^2}[\boldsymbol{\alpha},\boldsymbol{\alpha}]=\dfrac{1}{\|\boldsymbol{\alpha}\|^2}\|\boldsymbol{\alpha}\|^2=1$，所以$\dfrac{\boldsymbol{\alpha}}{\|\boldsymbol{\alpha}\|}$的模为1，为单位向量，从向量$\boldsymbol{\alpha}$到$\dfrac{\boldsymbol{\alpha}}{\|\boldsymbol{\alpha}\|}$的过程叫作把向量$\boldsymbol{\alpha}$单位化.

例5.1 设向量$\boldsymbol{\alpha}=[2,-1,2]^{\mathrm{T}},\boldsymbol{\beta}=[2,2,-1]^{\mathrm{T}}$，求$[\boldsymbol{\alpha},\boldsymbol{\beta}]$，并把向量$\boldsymbol{\alpha},\boldsymbol{\beta}$单位化.

解

$$[\boldsymbol{\alpha},\boldsymbol{\beta}]=2\times 2+(-1)\times 2+2\times(-1)=0,$$

$$\frac{\boldsymbol{\alpha}}{\|\boldsymbol{\alpha}\|}=\frac{1}{\sqrt{9}}\boldsymbol{\alpha}=\left[\frac{2}{3},-\frac{1}{3},\frac{2}{3}\right]^{\mathrm{T}},$$

$$\frac{\boldsymbol{\beta}}{\|\boldsymbol{\beta}\|}=\frac{1}{\sqrt{9}}\boldsymbol{\beta}=\left[\frac{2}{3},\frac{2}{3},-\frac{1}{3}\right]^{\mathrm{T}}.$$

定义5.3 设实向量$\boldsymbol{\alpha}\neq\boldsymbol{O}$，$\boldsymbol{\beta}\neq\boldsymbol{O}$，称$\boldsymbol{\theta}=\arccos\dfrac{[\boldsymbol{\alpha},\boldsymbol{\beta}]}{\|\boldsymbol{\alpha}\|\cdot\|\boldsymbol{\beta}\|}$ $(0\leqslant\theta\leqslant\pi)$为$n$维向量$\boldsymbol{\alpha}$与$\boldsymbol{\beta}$的**夹角**.

定义5.4 若$[\boldsymbol{\alpha},\boldsymbol{\beta}]=0$，则称$\boldsymbol{\alpha}$与$\boldsymbol{\beta}$正交，记作$\boldsymbol{\alpha}\perp\boldsymbol{\beta}$.

注意：零向量与任何同维数的向量都正交.

二、标准正交化

定义5.5 若向量组$\boldsymbol{\alpha}_1,\boldsymbol{\alpha}_2,\cdots,\boldsymbol{\alpha}_s$中的任意两个向量都正交，并且每个$\boldsymbol{\alpha}_i\,(i=1,2,\cdots,s)$都不是零向量，则这个向量组称为**正交向量组**.

例如，$\boldsymbol{x}=\begin{bmatrix}1\\2\\-2\end{bmatrix}$，$\boldsymbol{y}=\begin{bmatrix}2\\1\\2\end{bmatrix}$，$\boldsymbol{z}=\begin{bmatrix}-2\\2\\1\end{bmatrix}$是正交向量组.

定理5.1 若n维向量组$\boldsymbol{\alpha}_1,\boldsymbol{\alpha}_2,\cdots,\boldsymbol{\alpha}_s$是正交向量组，则向量组$\boldsymbol{\alpha}_1,\boldsymbol{\alpha}_2,\cdots,\boldsymbol{\alpha}_s$线性无关.

证 设有一组数$k_1,k_2,\cdots,k_s$使

$$k_1\boldsymbol{\alpha}_1+k_2\boldsymbol{\alpha}_2+\cdots+k_s\boldsymbol{\alpha}_s=\boldsymbol{O},$$

以$\boldsymbol{\alpha}_1^{\mathrm{T}}$左乘上式两端，得

$$k_1\boldsymbol{\alpha}_1^{\mathrm{T}}\boldsymbol{\alpha}_1=0,$$

又因$\boldsymbol{\alpha}_1\neq\boldsymbol{O}$，故$\boldsymbol{\alpha}_1^{\mathrm{T}}\boldsymbol{\alpha}_1=\|\boldsymbol{\alpha}_1\|^2\neq 0$，所以必有$k_1=0$.

类似地，可证明$k_2=0,\cdots,k_s=0$. 所以向量组$\boldsymbol{\alpha}_1,\boldsymbol{\alpha}_2,\cdots,\boldsymbol{\alpha}_s$线性无关.

若向量组$\boldsymbol{\alpha}_1,\boldsymbol{\alpha}_2,\cdots,\boldsymbol{\alpha}_s$线性无关，在一般情况下，$\boldsymbol{\alpha}_1,\boldsymbol{\alpha}_2,\cdots,\boldsymbol{\alpha}_s$未必是正交向量组. 不过可以从线性无关向量组$\boldsymbol{\alpha}_1,\boldsymbol{\alpha}_2,\cdots,\boldsymbol{\alpha}_s$构造出与之等价的，两两正交的单位向量组，这一过程称为**标准正交化**.

下面介绍如何将线性无关向量组$\boldsymbol{\alpha}_1,\boldsymbol{\alpha}_2,\cdots,\boldsymbol{\alpha}_s$标准正交化（正交规范化），这种方法是由施密特（Schimidt）提出的，故称为**施密特正交化方法**.

设向量组 $\boldsymbol{\alpha}_1,\boldsymbol{\alpha}_2,\cdots,\boldsymbol{\alpha}_s$ 线性无关，可以用下列方法把 $\boldsymbol{\alpha}_1,\boldsymbol{\alpha}_2,\cdots,\boldsymbol{\alpha}_s$ 标准正交化.

取

$$\boldsymbol{\beta}_1=\boldsymbol{\alpha}_1,$$

$$\boldsymbol{\beta}_2=\boldsymbol{\alpha}_2-\frac{[\boldsymbol{\beta}_1,\boldsymbol{\alpha}_2]}{[\boldsymbol{\beta}_1,\boldsymbol{\beta}_1]}\boldsymbol{\beta}_1,$$

$$\boldsymbol{\beta}_3=\boldsymbol{\alpha}_3-\frac{[\boldsymbol{\beta}_1,\boldsymbol{\alpha}_3]}{[\boldsymbol{\beta}_1,\boldsymbol{\beta}_1]}\boldsymbol{\beta}_1-\frac{[\boldsymbol{\beta}_2,\boldsymbol{\alpha}_3]}{[\boldsymbol{\beta}_2,\boldsymbol{\beta}_2]}\boldsymbol{\beta}_2,$$

$$\vdots$$

$$\boldsymbol{\beta}_s=\boldsymbol{\alpha}_s-\frac{[\boldsymbol{\beta}_1,\boldsymbol{\alpha}_s]}{[\boldsymbol{\beta}_1,\boldsymbol{\beta}_1]}\boldsymbol{\beta}_1-\frac{[\boldsymbol{\beta}_2,\boldsymbol{\alpha}_s]}{[\boldsymbol{\beta}_2,\boldsymbol{\beta}_2]}\boldsymbol{\beta}_2-\cdots-\frac{[\boldsymbol{\beta}_{s-1},\boldsymbol{\alpha}_s]}{[\boldsymbol{\beta}_{s-1},\boldsymbol{\beta}_{s-1}]}\boldsymbol{\beta}_{s-1}$$

即可.

可以证明 $\boldsymbol{\beta}_1,\boldsymbol{\beta}_2,\cdots,\boldsymbol{\beta}_s$ 两两正交，且 $\boldsymbol{\beta}_1,\boldsymbol{\beta}_2,\cdots,\boldsymbol{\beta}_s$ 与 $\boldsymbol{\alpha}_1,\boldsymbol{\alpha}_2,\cdots,\boldsymbol{\alpha}_s$ 等价. 下面把它们单位化，即取

$$\boldsymbol{e}_1=\frac{\boldsymbol{\beta}_1}{\|\boldsymbol{\beta}_1\|},\boldsymbol{e}_2=\frac{\boldsymbol{\beta}_2}{\|\boldsymbol{\beta}_2\|},\cdots,\boldsymbol{e}_s=\frac{\boldsymbol{\beta}_s}{\|\boldsymbol{\beta}_s\|},$$

就得到正交单位向量组 $\boldsymbol{e}_1,\boldsymbol{e}_2,\cdots,\boldsymbol{e}_s$.

例 5.2　试用施密特正交化方法把向量组

$$\boldsymbol{\alpha}_1=\begin{bmatrix}1\\1\\1\end{bmatrix},\boldsymbol{\alpha}_2=\begin{bmatrix}-1\\1\\1\end{bmatrix},\boldsymbol{\alpha}_3=\begin{bmatrix}1\\2\\3\end{bmatrix}$$

标准正交化.

解　取

$$\boldsymbol{\beta}_1=\boldsymbol{\alpha}_1,$$

$$\boldsymbol{\beta}_2=\boldsymbol{\alpha}_2-\frac{[\boldsymbol{\beta}_1,\boldsymbol{\alpha}_2]}{[\boldsymbol{\beta}_1,\boldsymbol{\beta}_1]}\boldsymbol{\beta}_1=\begin{bmatrix}-1\\1\\1\end{bmatrix}-\frac{1}{3}\begin{bmatrix}1\\1\\1\end{bmatrix}=\begin{bmatrix}-\frac{4}{3}\\\frac{2}{3}\\\frac{2}{3}\end{bmatrix},$$

$$\boldsymbol{\beta}_3=\boldsymbol{\alpha}_3-\frac{[\boldsymbol{\beta}_1,\boldsymbol{\alpha}_3]}{[\boldsymbol{\beta}_1,\boldsymbol{\beta}_1]}\boldsymbol{\beta}_1-\frac{[\boldsymbol{\beta}_2,\boldsymbol{\alpha}_3]}{[\boldsymbol{\beta}_2,\boldsymbol{\beta}_2]}\boldsymbol{\beta}_2=\begin{bmatrix}1\\2\\3\end{bmatrix}-2\begin{bmatrix}1\\1\\1\end{bmatrix}-\frac{3}{4}\begin{bmatrix}-\frac{4}{3}\\\frac{2}{3}\\\frac{2}{3}\end{bmatrix}=\begin{bmatrix}0\\-\frac{1}{2}\\\frac{1}{2}\end{bmatrix},$$

再把它们单位化，得

$$\boldsymbol{e}_1=\frac{\boldsymbol{\beta}_1}{\|\boldsymbol{\beta}_1\|}=\frac{1}{\sqrt{3}}\begin{bmatrix}1\\1\\1\end{bmatrix}=\begin{bmatrix}\frac{\sqrt{3}}{3}\\\frac{\sqrt{3}}{3}\\\frac{\sqrt{3}}{3}\end{bmatrix},$$

$$e_2=\frac{\boldsymbol{\beta}_2}{\|\boldsymbol{\beta}_2\|}=\frac{3}{2\sqrt{6}}\begin{bmatrix}-\frac{4}{3}\\ \frac{2}{3}\\ \frac{2}{3}\end{bmatrix}=\begin{bmatrix}-\frac{\sqrt{6}}{3}\\ \frac{\sqrt{6}}{6}\\ \frac{\sqrt{6}}{6}\end{bmatrix},$$

$$e_3=\frac{\boldsymbol{\beta}_3}{\|\boldsymbol{\beta}_3\|}=\sqrt{2}\begin{bmatrix}0\\ -\frac{1}{2}\\ \frac{1}{2}\end{bmatrix}=\begin{bmatrix}0\\ -\frac{\sqrt{2}}{2}\\ \frac{\sqrt{2}}{2}\end{bmatrix}.$$

*__定义 5.6__ 设 n 维向量 $\boldsymbol{\alpha}_1,\boldsymbol{\alpha}_2,\cdots,\boldsymbol{\alpha}_r$ 是向量空间 V 的一个基（即 V 的一个极大无关组），如果 $\boldsymbol{\alpha}_1,\boldsymbol{\alpha}_2,\cdots,\boldsymbol{\alpha}_r$ 两两正交，且都是单位向量，则称 $\boldsymbol{\alpha}_1,\boldsymbol{\alpha}_2,\cdots,\boldsymbol{\alpha}_r$ 是 V 的一个**标准正交基（规范正交基）**.

三、正交矩阵

定义 5.7 如果 n 阶方阵 $\boldsymbol{A}$ 满足

$$\boldsymbol{A}^{\mathrm{T}}\boldsymbol{A}=\boldsymbol{A}\boldsymbol{A}^{\mathrm{T}}=\boldsymbol{E},$$

那么称 $\boldsymbol{A}$ 为**正交矩阵**.

定理 5.2 设 $\boldsymbol{A}$，$\boldsymbol{B}$ 都是 n 阶正交矩阵，则

（1）$|\boldsymbol{A}|=1$ 或 $|\boldsymbol{A}|=-1$；

（2）$\boldsymbol{A}^{-1}=\boldsymbol{A}^{\mathrm{T}}$；

（3）$\boldsymbol{A}^{-1}$(即$\boldsymbol{A}^{\mathrm{T}}$) 也是正交矩阵；

（4）$\boldsymbol{AB}$ 也是正交矩阵.

读者可自行证明.

把 $\boldsymbol{A}$ 的列向量记为 $\boldsymbol{\alpha}_1,\boldsymbol{\alpha}_2,\cdots,\boldsymbol{\alpha}_n$，则 $\boldsymbol{A}^{\mathrm{T}}\boldsymbol{A}=\boldsymbol{E}$ 可写成

$$\begin{bmatrix}\boldsymbol{\alpha}_1^{\mathrm{T}}\\ \boldsymbol{\alpha}_2^{\mathrm{T}}\\ \vdots\\ \boldsymbol{\alpha}_n^{\mathrm{T}}\end{bmatrix}\begin{bmatrix}\boldsymbol{\alpha}_1 & \boldsymbol{\alpha}_2 & \cdots & \boldsymbol{\alpha}_n\end{bmatrix}=\boldsymbol{E},$$

由此得

$$\boldsymbol{\alpha}_i^{\mathrm{T}}\boldsymbol{\alpha}_j=\begin{cases}1, i=j,\\ 0, i\neq j.\end{cases}\ (i,j=1,2,\cdots,n).$$

这说明 n 阶矩阵 $\boldsymbol{A}$ 是正交矩阵的充分必要条件是 $\boldsymbol{A}$ 的列向量组为单位正交向量组.

例 5.3 验证方阵

$$\boldsymbol{A}=\begin{bmatrix}\frac{2}{3} & \frac{2}{3} & \frac{1}{3}\\ \frac{2}{3} & -\frac{1}{3} & -\frac{2}{3}\\ \frac{1}{3} & -\frac{2}{3} & \frac{2}{3}\end{bmatrix}$$

为正交矩阵.

解　因为

$$A^{\mathrm{T}}A=\begin{bmatrix}\frac{2}{3}&\frac{2}{3}&\frac{1}{3}\\\frac{2}{3}&-\frac{1}{3}&-\frac{2}{3}\\\frac{1}{3}&-\frac{2}{3}&\frac{2}{3}\end{bmatrix}\begin{bmatrix}\frac{2}{3}&\frac{2}{3}&\frac{1}{3}\\\frac{2}{3}&-\frac{1}{3}&-\frac{2}{3}\\\frac{1}{3}&-\frac{2}{3}&\frac{2}{3}\end{bmatrix}=\begin{bmatrix}1&0&0\\0&1&0\\0&0&1\end{bmatrix},$$

所以 A 是正交矩阵.

习题5-1

1. 计算 $[\alpha,\beta]$，并把向量 α,β 单位化.

（1）$\alpha=[-1,0,3,-5]^{\mathrm{T}},\beta=[4,-2,0,1]^{\mathrm{T}}$；

（2）$\alpha=[1,0,1,-1]^{\mathrm{T}},\beta=[-1,-2,0,-1]^{\mathrm{T}}$.

2. 求向量 $\alpha=[1,2,2,3]$ 与 $\beta=[3,1,5,1]$ 的夹角.

3. 试用施密特正交化方法把下列向量组正交化.

（1）$[\alpha_1,\alpha_2,\alpha_3]=\begin{bmatrix}1&1&1\\1&2&4\\1&3&9\end{bmatrix}$；

（2）$[\alpha_1,\alpha_2,\alpha_3]=\begin{bmatrix}1&1&-1\\0&-1&1\\-1&0&1\\1&1&0\end{bmatrix}$.

4. 下列矩阵是否为正交矩阵?

（1）$\begin{bmatrix}\frac{\sqrt{3}}{2}&-\frac{1}{2}\\\frac{1}{2}&\frac{\sqrt{3}}{2}\end{bmatrix}$；　　（2）$\begin{bmatrix}\frac{1}{9}&-\frac{8}{9}&-\frac{4}{9}\\-\frac{8}{9}&\frac{1}{9}&-\frac{4}{9}\\-\frac{4}{9}&-\frac{4}{9}&\frac{7}{9}\end{bmatrix}$；

（3）$\begin{bmatrix}\frac{\sqrt{2}}{2}&\frac{\sqrt{2}}{6}&\frac{\sqrt{2}}{3}\\0&-\frac{2\sqrt{2}}{3}&\frac{1}{3}\\-\frac{\sqrt{2}}{2}&\frac{\sqrt{2}}{6}&\frac{2}{3}\end{bmatrix}$.

5. 设 α 为 n 维列向量，$\alpha^{\mathrm{T}}\alpha=1$，令 $B=E-2\alpha\alpha^{\mathrm{T}}$，试证 B 是对称的正交矩阵.

6. 已知三维向量

$$\boldsymbol{\alpha}_1=\begin{bmatrix}1\\1\\1\end{bmatrix},\quad \boldsymbol{\alpha}_2=\begin{bmatrix}1\\-2\\1\end{bmatrix}$$

正交，试求 $\boldsymbol{\alpha}_3$ 使 $\boldsymbol{\alpha}_1,\boldsymbol{\alpha}_2,\boldsymbol{\alpha}_3$ 构成正交向量组.

第二节　方阵的特征值与特征向量

一、特征值与特征向量的概念

在一些应用问题中常会用到一系列的运算：$\boldsymbol{A}\boldsymbol{x},\boldsymbol{A}^2\boldsymbol{x},\cdots,\boldsymbol{A}^k\boldsymbol{x},\cdots$. 为了简化运算，希望能找到一个数 λ 和一个非零向量 $\boldsymbol{x}$，使 $\boldsymbol{A}\boldsymbol{x}=\lambda\boldsymbol{x}$，这样的数 λ 和向量 $\boldsymbol{x}$ 就是方阵的特征值与特征向量.

定义 5.8　设 $\boldsymbol{A}$ 为 n 阶方阵，若存在数 λ 和非零的 n 维列向量 $\boldsymbol{x}$，使得

$$\boldsymbol{A}\boldsymbol{x}=\lambda\boldsymbol{x},$$

则称数 λ 为矩阵 $\boldsymbol{A}$ 的**特征值**，非零向量 $\boldsymbol{x}$ 为矩阵 $\boldsymbol{A}$ 对应于特征值 λ 的**特征向量**.

下面给出特征值与特征向量的求法：

$\boldsymbol{A}\boldsymbol{x}=\lambda\boldsymbol{x}$　可以写成

$$(\boldsymbol{A}-\lambda\boldsymbol{E})\boldsymbol{x}=\boldsymbol{O}. \tag{5.1}$$

这是一个含 n 个未知量的齐次线性方程组.根据定义，$\boldsymbol{A}$ 的特征值就是使方程（5.1）有非零解的 λ，而方程（5.1）有非零解的充要条件是

$$|\boldsymbol{A}-\lambda\boldsymbol{E}|=0, \tag{5.2}$$

即

$$\begin{vmatrix}a_{11}-\lambda & a_{12} & \cdots & a_{1n}\\ a_{21} & a_{22}-\lambda & \cdots & a_{2n}\\ \vdots & \vdots & & \vdots\\ a_{n1} & a_{n2} & \cdots & a_{nn}-\lambda\end{vmatrix}=0.$$

方程（5.2）是以 λ 为未知数的一元 n 次方程，称为方阵 $\boldsymbol{A}$ 的**特征方程**. 方程 (5.2) 的左端 $|\boldsymbol{A}-\lambda\boldsymbol{E}|$ 为 λ 的 n 次多项式，此多项式称为 $\boldsymbol{A}$ 的特征多项式.显然，$\boldsymbol{A}$ 的特征值就是其特征方程的解. 特征方程在复数范围内恒有解，其个数为方程的次数（重根按重数记），因此，n 阶方阵 $\boldsymbol{A}$ 有 n 个特征值.

设 λ_i 是方阵 $\boldsymbol{A}$ 的特征值，则由

$$(\boldsymbol{A}-\lambda_i\boldsymbol{E})\boldsymbol{x}=\boldsymbol{O}$$

可求得非零解 $\boldsymbol{x}=\boldsymbol{p}_i$，$\boldsymbol{p}_i$ 就是 $\boldsymbol{A}$ 的对应于特征值 λ_i 的一个特征向量.

综上所述，求矩阵 $\boldsymbol{A}$ 的特征值及特征向量的步骤如下.

第一步，计算特征多项式 $|\boldsymbol{A}-\lambda\boldsymbol{E}|$；

第二步，求出特征多项式$|\boldsymbol{A}-\lambda\boldsymbol{E}|$的全部根，即$\boldsymbol{A}$的全部特征值；

第三步，对于$\boldsymbol{A}$的每个特征值λ_i，求出齐次线性方程组$(\boldsymbol{A}-\lambda_i\boldsymbol{E})\boldsymbol{x}=\boldsymbol{O}$的一个基础解系$\xi_1,\xi_2,\cdots,\xi_t$，对于不全为零的任意常数$k_1,k_2,\cdots,k_t$，则

$$x=k_1\xi_1+k_2\xi_2+\cdots+k_t\xi_t,$$

为$\boldsymbol{A}$的对应于特征值λ_i的全部特征向量.

例5.4　求矩阵

$$\boldsymbol{C}=\begin{bmatrix}1&0&2\\0&3&0\\2&0&1\end{bmatrix}$$

的特征值和特征向量.

解　矩阵$\boldsymbol{C}$的特征多项式为

$$|\boldsymbol{C}-\lambda\boldsymbol{E}|=\begin{vmatrix}1-\lambda&0&2\\0&3-\lambda&0\\2&0&1-\lambda\end{vmatrix}=(1-\lambda)^2(3-\lambda)-4(3-\lambda)=-(\lambda-3)^2(\lambda+1),$$

所以$\boldsymbol{C}$的全部特征值为$\lambda_1=\lambda_2=3$，$\lambda_3=-1$.

当$\lambda_1=\lambda_2=3$时，解方程$(\boldsymbol{C}-3\boldsymbol{E})\boldsymbol{x}=\boldsymbol{O}$，由

$$\boldsymbol{C}-3\boldsymbol{E}=\begin{bmatrix}-2&0&2\\0&0&0\\2&0&-2\end{bmatrix}\overset{r}{\sim}\begin{bmatrix}1&0&-1\\0&0&0\\0&0&0\end{bmatrix}$$

得基础解系

$$\boldsymbol{\alpha}_1=\begin{bmatrix}0\\1\\0\end{bmatrix},\ \boldsymbol{\alpha}_2=\begin{bmatrix}1\\0\\1\end{bmatrix},$$

从而$\boldsymbol{\alpha}_1$、$\boldsymbol{\alpha}_2$就是对应于$\lambda_1=\lambda_2=3$的两个线性无关的特征向量，并且对应于$\lambda_1=\lambda_2=3$的全部特征向量为$k_1\boldsymbol{\alpha}_1+k_2\boldsymbol{\alpha}_2$（$k_1$、$k_2$不同时为零）.

当$\lambda_2=-1$时，解方程$(\boldsymbol{C}+\boldsymbol{E})\boldsymbol{x}=\boldsymbol{O}$，由

$$(\boldsymbol{C}+\boldsymbol{E})=\begin{bmatrix}2&0&2\\0&4&0\\2&0&2\end{bmatrix}\overset{r}{\sim}\begin{bmatrix}1&0&1\\0&1&0\\0&0&0\end{bmatrix},$$

得基础解系

$$\boldsymbol{\alpha}_3=\begin{bmatrix}1\\0\\-1\end{bmatrix},$$

从而$\boldsymbol{\alpha}_3$就是对应于$\lambda_3=-1$的特征向量，并且对应于$\lambda_3=-1$的全部特征向量为$k\boldsymbol{\alpha}_3\ (k\neq0)$.

例5.5　求$\boldsymbol{A}=\begin{bmatrix}1&2&2\\2&1&2\\2&2&1\end{bmatrix}$的特征值与特征向量.

解　$\boldsymbol{A}$的特征多项式为

$$|A-\lambda E|=\begin{vmatrix}1-\lambda & 2 & 2\\ 2 & 1-\lambda & 2\\ 2 & 2 & 1-\lambda\end{vmatrix}=(5-\lambda)(\lambda+1)^2.$$

所以 $\boldsymbol{A}$ 的特征值为 $\lambda_1=5$，$\lambda_2=\lambda_3=-1$.

当 $\lambda_1=5$ 时，解方程 $(\boldsymbol{A}-5\boldsymbol{E})\boldsymbol{x}=\boldsymbol{O}$. 由

$$\boldsymbol{A}-5\boldsymbol{E}=\begin{bmatrix}-4 & 2 & 2\\ 2 & -4 & 2\\ 2 & 2 & -4\end{bmatrix}\to\begin{bmatrix}1 & 0 & -1\\ 0 & 1 & -1\\ 0 & 0 & 0\end{bmatrix}$$

得基础解系 $\boldsymbol{p}_1=\begin{bmatrix}1\\1\\1\end{bmatrix}$，

所以 $\boldsymbol{x}=k_1\boldsymbol{p}_1\ (k_1\neq 0)$ 是对应于 $\lambda_1=5$ 的全部特征向量.

当 $\lambda_2=\lambda_3=-1$ 时，解方程 $(\boldsymbol{A}+\boldsymbol{E})\boldsymbol{x}=\boldsymbol{O}$. 由

$$\boldsymbol{A}+\boldsymbol{E}=\begin{bmatrix}2 & 2 & 2\\ 2 & 2 & 2\\ 2 & 2 & 2\end{bmatrix}\to\begin{bmatrix}1 & 1 & 1\\ 0 & 0 & 0\\ 0 & 0 & 0\end{bmatrix}$$

得基础解系 $\boldsymbol{p}_2=\begin{bmatrix}-1\\1\\0\end{bmatrix}$，$\boldsymbol{p}_3=\begin{bmatrix}-1\\0\\1\end{bmatrix}$，

所以 $\boldsymbol{x}=k_2\boldsymbol{p}_2+k_3p_3$（$k_2,k_3$ 不同时为0）是对应于 $\lambda_2=\lambda_3=-1$ 的全部特征向量.

例5.6 试证明若 λ 是矩阵 $\boldsymbol{A}$ 的特征值，$\boldsymbol{x}$ 是 $\boldsymbol{A}$ 的属于 λ 的特征向量，则

(1) λ^m 是 $\boldsymbol{A}^m$ 的特征值（m 是正整数）;

(2) 当 $\boldsymbol{A}$ 可逆时，λ^{-1} 是 $\boldsymbol{A}^{-1}$ 的特征值.

证 (1) 由已知

$$\boldsymbol{Ax}=\lambda\boldsymbol{x},$$

所以 $\boldsymbol{A}(\boldsymbol{Ax})=\boldsymbol{A}(\lambda\boldsymbol{x})=\lambda(\boldsymbol{Ax})=\lambda(\lambda\boldsymbol{x})$，即 $\boldsymbol{A}^2\boldsymbol{x}=\lambda^2\boldsymbol{x}$.

再继续施行上述步骤 $m-2$ 次，就得 $\boldsymbol{A}^m\boldsymbol{x}=\lambda^m\boldsymbol{x}$，所以 λ^m 是 $\boldsymbol{A}^m$ 的特征值，且 $\boldsymbol{x}$ 是 $\boldsymbol{A}^m$ 的属于 λ^m 的特征向量.

(2) 当 $\boldsymbol{A}$ 可逆时，$\lambda\neq 0$.（因为若 $\lambda=0$，则由 $\boldsymbol{Ax}=\lambda\boldsymbol{x}$ 得 $\boldsymbol{Ax}=\boldsymbol{O}$，因为 $\boldsymbol{A}$ 可逆，必有 $\boldsymbol{x}=\boldsymbol{O}$，这与特征向量 $\boldsymbol{x}$ 是非零向量矛盾）

由 $\boldsymbol{Ax}=\lambda\boldsymbol{x}$ 可得

$$\boldsymbol{A}^{-1}(\boldsymbol{Ax})=\boldsymbol{A}^{-1}(\lambda\boldsymbol{x})=\lambda\boldsymbol{A}^{-1}\boldsymbol{x},$$

所以 $\boldsymbol{A}^{-1}\boldsymbol{x}=\lambda^{-1}\boldsymbol{x}$，故 λ^{-1} 是 $\boldsymbol{A}^{-1}$ 的特征值，且 $\boldsymbol{x}$ 是 $\boldsymbol{A}^{-1}$ 的属于 λ^{-1} 的特征向量.

由例5.6知，若 λ 为 n 阶方阵 $\boldsymbol{A}$ 的特征值，对任意一个多项式 $f(x)=\sum\limits_{i=0}^{m}a_ix^i$，则 $f(\lambda)=\sum\limits_{i=0}^{m}a_i\lambda^i$ 为矩阵 $f(\boldsymbol{A})=\sum\limits_{i=0}^{m}a_i\boldsymbol{A}^i$ 的特征值（规定 $\boldsymbol{A}^0=\boldsymbol{E}$）.

二、特征值与特征向量的性质

定理5.3　设n阶方阵$\boldsymbol{A}=\left[a_{ij}\right]$的$n$个特征值为$\lambda_1,\lambda_2,\cdots,\lambda_n$，则

（1）$\lambda_1+\lambda_2+\cdots+\lambda_n=a_{11}+a_{22}+\cdots+a_{nn}$；

（2）$\prod_{i=1}^{n}\lambda_i=\lambda_1\lambda_2\cdots\lambda_n=|\boldsymbol{A}|$.

证明从略.

通常把$\sum_{i=1}^{n}a_{ii}$（主对角元素之和）称为矩阵$\boldsymbol{A}$的**迹**，记作$\mathrm{tr}(\boldsymbol{A})$，即

$$\mathrm{tr}(\boldsymbol{A})=\sum_{i=1}^{n}a_{ii}.$$

推论　n阶方阵$\boldsymbol{A}$可逆的充要条件是$\boldsymbol{A}$的n个特征值非零.

由以上讨论可知，对于方阵$\boldsymbol{A}$的每一个特征值，都可以求出其全部的特征向量. 对于属于不同特征值的特征向量，它们之间存在什么关系呢？这一问题的讨论在对角化理论中有很重要的作用. 对此给出以下结论.

定理5.4　属于不同特征值的特征向量一定线性无关.

证　设$\lambda_1,\lambda_2,\cdots,\lambda_m$是矩阵$\boldsymbol{A}$的不同特征值，而$\boldsymbol{p}_1,\boldsymbol{p}_2,\cdots,\boldsymbol{p}_m$分别是属于$\lambda_1,\lambda_2,\cdots,\lambda_m$的特征向量，要证$\boldsymbol{p}_1,\boldsymbol{p}_2,\cdots,\boldsymbol{p}_m$是线性无关的.

设有常数$x_1,x_2,\cdots,x_m$使

$$x_1\boldsymbol{p}_1+x_2\boldsymbol{p}_2+\cdots+x_m\boldsymbol{p}_m=\boldsymbol{O}.$$

则　$\boldsymbol{A}\left(x_1\boldsymbol{p}_1+x_2\boldsymbol{p}_2+\cdots+x_m\boldsymbol{p}_m\right)=\boldsymbol{O}$，

即

$$\lambda_1x_1\boldsymbol{p}_1+\lambda_2x_2\boldsymbol{p}_2+\cdots+\lambda_mx_m\boldsymbol{p}_m=\boldsymbol{O},$$

类推之，有

$$\lambda_1^kx_1\boldsymbol{p}_1+\lambda_2^kx_2\boldsymbol{p}_2+\cdots+\lambda_m^kx_m\boldsymbol{p}_m=\boldsymbol{O}\,(k=1,2,\cdots,m-1).$$

即

$$\begin{cases}x_1\boldsymbol{p}_1+x_2\boldsymbol{p}_2+\cdots+x_m\boldsymbol{p}_m=\boldsymbol{O},\\ \lambda_1(x_1\boldsymbol{p}_1)+\lambda_2(x_2\boldsymbol{p}_2)+\cdots+\lambda_m(x_m\boldsymbol{p}_m)=\boldsymbol{O},\\ \qquad\vdots\\ \lambda_1^{m-1}(x_1\boldsymbol{p}_1)+\lambda_2^{m-1}(x_2\boldsymbol{p}_2)+\cdots+\lambda_m^{m-1}(x_m\boldsymbol{p}_m)=\boldsymbol{O},\end{cases}$$

写成矩阵形式，得

$$\left[x_1\boldsymbol{p}_1,x_2\boldsymbol{p}_2,\cdots,x_m\boldsymbol{p}_m\right]\begin{bmatrix}1&\lambda_1&\cdots&\lambda_1^{m-1}\\1&\lambda_2&\cdots&\lambda_2^{m-1}\\\vdots&\vdots&&\vdots\\1&\lambda_m&\cdots&\lambda_m^{m-1}\end{bmatrix}=[\boldsymbol{O},\boldsymbol{O},\cdots,\boldsymbol{O}].$$

上式等号左端第二个矩阵的行列式为范德蒙行列式，当各$\lambda_i\,(i=1,2,\cdots,m)$不相等

时，该行列式不等于零，从而矩阵可逆.于是有

$$[x_1\boldsymbol{p}_1, x_2\boldsymbol{p}_2, \cdots, x_m\boldsymbol{p}_m]=[\boldsymbol{O}, \boldsymbol{O}, \cdots, \boldsymbol{O}],$$

即 $x_j\boldsymbol{p}_j=O(j=1,2,\cdots,m)$，但 $\boldsymbol{p}_j\neq\boldsymbol{O}$，故 $x_j=0(j=1,2,\cdots,m)$，所以向量组 $\boldsymbol{p}_1$，$\boldsymbol{p}_2$，…，$\boldsymbol{p}_m$ 线性无关.

习题5–2

1. 求下列矩阵的特征值与特征向量.

（1）$\begin{bmatrix}3 & 4\\5 & 2\end{bmatrix}$；（2）$\begin{bmatrix}-1 & 1 & 0\\-4 & 3 & 0\\1 & 0 & 2\end{bmatrix}$；（3）$\begin{bmatrix}-2 & 1 & 1\\0 & 2 & 0\\-4 & 1 & 3\end{bmatrix}$.

2. 设 n 阶方阵 $\boldsymbol{A}$ 满足 $\boldsymbol{A}^2=\boldsymbol{A}$，求 $\boldsymbol{A}$ 的特征值.

3. 设 n 阶方阵 $\boldsymbol{A}$ 为正交矩阵，求 $\boldsymbol{A}$ 的特征值.

4. 试证明若 λ 是可逆矩阵 $\boldsymbol{A}$ 的特征值，$\boldsymbol{x}$ 是 $\boldsymbol{A}$ 的属于 λ 的特征向量，则 $\dfrac{|\boldsymbol{A}|}{\lambda}$ 为 $\boldsymbol{A}^*$ 的特征值.

5. 已知 $\boldsymbol{\xi}=\begin{bmatrix}1\\1\\-1\end{bmatrix}$ 是矩阵 $\boldsymbol{A}=\begin{bmatrix}2 & -1 & 2\\5 & a & 3\\-1 & b & -2\end{bmatrix}$ 的一个特征向量，试确定参数 a,b 及特征向量 $\boldsymbol{\xi}$ 所对应的特征值.

6.已知矩阵 $\boldsymbol{A}=\begin{bmatrix}7 & 4 & -1\\4 & 7 & -1\\-4 & 4 & a\end{bmatrix}$ 的特征值为 $\lambda_1=3$（且 λ_1 为 $\boldsymbol{A}$ 特征方程的二重根）和 $\lambda_2=11$，求 a 的值，并求出其特征向量.

7. 设矩阵 $\boldsymbol{A}_{3\times3}$ 的特征值为 $\lambda_1=1, \lambda_2=2, \lambda_3=-3$，求 $\det(\boldsymbol{A}^3-3\boldsymbol{A}+\boldsymbol{E})$.

第三节 相似矩阵与矩阵的对角化

这一节讨论矩阵的相似问题，找出与 $\boldsymbol{A}$ 相似的矩阵中最简单的矩阵.矩阵的相似关系可以用来简化运算，在其他学科中也有极广泛的应用.

一、相似矩阵的概念与性质

定义5.9 对于 n 阶方阵 $\boldsymbol{A}$ 和 $\boldsymbol{B}$，若有可逆矩阵 $\boldsymbol{P}$，使得

$$\boldsymbol{P}^{-1}\boldsymbol{A}\boldsymbol{P}=\boldsymbol{B},$$

则称矩阵 $\boldsymbol{A}$ 与 $\boldsymbol{B}$ 相似，或称 $\boldsymbol{B}$ 是 $\boldsymbol{A}$ 的**相似矩阵**，记作 $\boldsymbol{A}\sim\boldsymbol{B}$.

对 A 进行运算 $P^{-1}AP$，称为对 A 进行相似变换，可逆矩阵 P 称为把 A 变成 B 的相似变换矩阵.

"相似"是矩阵之间的一种关系，这种关系具有下列三个性质：

（1）自反性：$A\sim A$，即 $E^{-1}AE=A$.

（2）对称性：如果 $A\sim B$，那么 $B\sim A$.

证　因为 $A\sim B$，则有 P，使得 $P^{-1}AP=B$.该等式两边左乘 $(P^{-1})^{-1}$，右乘 P^{-1} 有

$$(P^{-1})^{-1}B(P^{-1})=A,$$

所以 $B\sim A$.

（3）传递性：如果 $A\sim B$, $B\sim C$，那么 $A\sim C$.

证　因为 $A\sim B$, $B\sim C$，则有 P 和 Q，使 $B=P^{-1}AP$，$C=Q^{-1}BQ$，于是

$$C=Q^{-1}(P^{-1}AP)Q=(PQ)^{-1}A(PQ).$$

所以，$A\sim C$.

由于相似关系具有对称性，当 $A\sim B$ 时，既可以说 A 与 B 相似，也可以说 B 与 A 相似.

相似矩阵还具有下面一些性质：

（1）相似矩阵必有相同的行列式.

证　设 $B=P^{-1}AP$，则

$$|B|=|P^{-1}AP|=|P^{-1}|\cdot|A|\cdot|P|=|P|^{-1}\cdot|A|\cdot|P|=|A|.$$

（2）相似矩阵或者同时可逆，或者同时不可逆. 而且如果 $B=P^{-1}AP$，那么当可逆时，它们的逆也相似，即 $B^{-1}=P^{-1}A^{-1}P$.

（3）若 $B_1=P^{-1}A_1P$，$B_2=P^{-1}A_2P$，则

$$B_1+B_2=P^{-1}(A_1+A_2)P,\quad B_1B_2=P^{-1}(A_1A_2)P,$$

$$kB_1=P^{-1}(kA_1)P.$$

（4）若 n 阶矩阵 A 与 B 相似，则 A 与 B 的特征多项式相同，从而 A 与 B 的特征值亦相同.

证　因为 A 与 B 相似，所以存在可逆矩阵 P，使得 $P^{-1}AP=B$.

于是

$$\begin{aligned}|B-\lambda E|&=|P^{-1}AP-P^{-1}(\lambda E)P|\\&=|P^{-1}(A-\lambda E)P|\\&=|P^{-1}||A-\lambda E||P|\\&=|A-\lambda E|.\end{aligned}$$

即 A 与 B 的特征多项式相同，从而 A 与 B 的特征值亦相同.

推论　若 n 阶方阵 A 与对角矩阵

$$\Lambda=\begin{bmatrix}\lambda_1&&&\\&\lambda_2&&\\&&\ddots&\\&&&\lambda_n\end{bmatrix}$$

相似，则 $\lambda_1,\lambda_2,\cdots,\lambda_n$ 即是 $\boldsymbol{A}$ 的 n 个特征值.

二、矩阵的对角化

给了矩阵 $\boldsymbol{A}$，如何去找矩阵 $\boldsymbol{P}$，使 $\boldsymbol{P}^{-1}\boldsymbol{AP}$ 最简单？即找出与 $\boldsymbol{A}$ 相似的矩阵中最简单的矩阵.

显然最简单的矩阵是数量矩阵 $k\boldsymbol{E}$. 但是与数量矩阵相似的矩阵只有它本身：$\boldsymbol{P}^{-1}(k\boldsymbol{E})\boldsymbol{P}=k\boldsymbol{E}$. 由此可知，不是每个矩阵都与某个数量矩阵相似. 比数量矩阵稍为复杂的是对角矩阵，但也不是每个矩阵都与对角矩阵相似.

若矩阵 $\boldsymbol{A}$ 与一个对角矩阵相似，则称 **$\boldsymbol{A}$ 可相似对角化**，简称为 **$\boldsymbol{A}$ 可对角化**.

下面讨论：（1）方阵可对角化的条件；（2）如果方阵 $\boldsymbol{A}$ 可对角化，即存在可逆矩阵 $\boldsymbol{P}$ 及对角矩阵 $\boldsymbol{\Lambda}$，使得 $\boldsymbol{P}^{-1}\boldsymbol{AP}=\boldsymbol{\Lambda}$，那么，如何求矩阵 $\boldsymbol{P}$ 和 $\boldsymbol{\Lambda}$ 呢？

定理5.5 n 阶方阵 $\boldsymbol{A}$ 可对角化的充分必要条件是 $\boldsymbol{A}$ 有 n 个线性无关的特征向量.

证 必要性. 如果 $\boldsymbol{A}$ 与对角矩阵 $\mathrm{diag}(\lambda_1,\lambda_2,\cdots,\lambda_n)$ 相似，那么有可逆矩阵 $\boldsymbol{P}$，使

$$\boldsymbol{P}^{-1}\boldsymbol{AP}=\mathrm{diag}(\lambda_1,\lambda_2,\cdots,\lambda_n),$$

用 $\boldsymbol{p}_1,\boldsymbol{p}_2,\cdots,\boldsymbol{p}_n$ 表示 $\boldsymbol{P}$ 的 n 个列向量，并将 $\boldsymbol{P}$ 表示成分块矩阵

$$\boldsymbol{P}=[\boldsymbol{p}_1,\boldsymbol{p}_2,\cdots,\boldsymbol{p}_n],$$

于是从 $\boldsymbol{P}^{-1}\boldsymbol{AP}=\mathrm{diag}(\lambda_1,\lambda_2,\cdots,\lambda_n)$ 得到

$$\boldsymbol{AP}=\boldsymbol{P}\,\mathrm{diag}\,(\lambda_1,\lambda_2,\cdots,\lambda_n),$$

即

$$\boldsymbol{A}[\boldsymbol{p}_1,\boldsymbol{p}_2,\cdots,\boldsymbol{p}_n]=[\boldsymbol{p}_1,\boldsymbol{p}_2,\cdots,\boldsymbol{p}_n]\begin{bmatrix}\lambda_1 & & & \\ & \lambda_2 & & \\ & & \ddots & \\ & & & \lambda_n\end{bmatrix}$$

$$=[\lambda_1\boldsymbol{p}_1,\lambda_2\boldsymbol{p}_2,\cdots,\lambda_n\boldsymbol{p}_n].$$

等式两边向量依次相等，所以

$$\boldsymbol{AP}_i=\lambda_i\boldsymbol{P}_i\quad(i=1,2,\cdots,n).$$

即 $\boldsymbol{P}$ 的列向量 $\boldsymbol{p}_1,\boldsymbol{p}_2,\cdots,\boldsymbol{p}_n$ 满足

$$\boldsymbol{AP}_i=\lambda_i\boldsymbol{P}_i\quad(i=1,2,\cdots,n).$$

$\boldsymbol{p}_1,\boldsymbol{p}_2,\cdots,\boldsymbol{p}_n$ 当然都不是零向量，所以都是 $\boldsymbol{A}$ 的特征向量. 因为 $\boldsymbol{P}$ 是可逆矩阵，所以这 n 个特征向量是线性无关的.

充分性. 如果 $\boldsymbol{A}$ 有 n 个线性无关的的征向量 $\boldsymbol{\alpha}_1,\boldsymbol{\alpha}_2,\cdots,\boldsymbol{\alpha}_n$，它们所对应的特征值依次为 $\lambda_1,\lambda_2,\cdots,\lambda_n$，所以

$$\boldsymbol{A\alpha}_i=\lambda_i\boldsymbol{\alpha}_i\quad(i=1,2,\cdots,n).$$

以 $\boldsymbol{\alpha}_1, \boldsymbol{\alpha}_2, \cdots, \boldsymbol{\alpha}_n$ 为列向量做一矩阵 $\boldsymbol{P}$：

$$\boldsymbol{P}=[\boldsymbol{\alpha}_1, \boldsymbol{\alpha}_2, \cdots, \boldsymbol{\alpha}_n].$$

因为 $\boldsymbol{\alpha}_1, \boldsymbol{\alpha}_2, \cdots, \boldsymbol{\alpha}_n$ 是线性无关的，所以 $\boldsymbol{P}$ 是可逆矩阵，而且

$$\boldsymbol{AP}=\boldsymbol{P}\operatorname{diag}(\lambda_1, \lambda_2, \cdots, \lambda_n),$$

即

$$\boldsymbol{P}^{-1}\boldsymbol{AP}=\operatorname{diag}(\lambda_1, \lambda_2, \cdots, \lambda_n).$$

所以 $\boldsymbol{A}$ 与对角矩阵相似.

定理5.5说明：

（1）方阵可对角化的条件；

（2）在 $\boldsymbol{A}$ 可对角化时，与 $\boldsymbol{A}$ 相似的对角矩阵

$$\boldsymbol{\Lambda}=\begin{bmatrix}\lambda_1 & & & \\ & \lambda_2 & & \\ & & \ddots & \\ & & & \lambda_n\end{bmatrix},\quad \lambda_1, \lambda_2, \cdots, \lambda_n$$

是 $\boldsymbol{A}$ 的全部特征值，即与 $\boldsymbol{A}$ 相似的对角矩阵是由 $\boldsymbol{A}$ 的特征值构成的，而可逆矩阵 $\boldsymbol{P}$ 的列向量组就是 $\boldsymbol{A}$ 的 n 个线性无关的特征向量，即可逆矩阵 $\boldsymbol{P}$ 是由对应的特征向量构成的，且 $\boldsymbol{P}$ 的第 i 个列向量是属于对角矩阵 $\boldsymbol{\Lambda}$ 中 λ_i（$i=1, 2, \cdots, n$）的特征向量，即位置上相互对应.

推论1　如果矩阵 $\boldsymbol{A}$ 的特征值都是单根，则 $\boldsymbol{A}$ 与对角矩阵相似 .

推论2　方阵 $\boldsymbol{A}$ 可对角化的充分必要条件是属于 $\boldsymbol{A}$ 的每个重特征值的线性无关的特征向量个数正好等于该特征值的重数.

例5.7　方阵 $\boldsymbol{A}=\begin{bmatrix}4 & 6 & 0\\ -3 & -5 & 0\\ -3 & -6 & 1\end{bmatrix}$ 是否相似于对角矩阵？若是，求可逆矩阵 $\boldsymbol{P}$ 及对角矩阵 $\boldsymbol{\Lambda}$，使得 $\boldsymbol{P}^{-1}\boldsymbol{AP}=\boldsymbol{\Lambda}$.

解　$\boldsymbol{A}$ 的特征多项式

$$|\boldsymbol{A}-\lambda\boldsymbol{E}|=\begin{vmatrix}4-\lambda & 6 & 0\\ -3 & -5-\lambda & 0\\ -3 & -6 & 1-\lambda\end{vmatrix}=-(\lambda-1)^2(\lambda+2),$$

所以 $\boldsymbol{A}$ 的全部特征值为 $\lambda_1=-2$，$\lambda_2=\lambda_3=1$.

当 $\lambda_1=-2$ 时，解方程 $(\boldsymbol{A}+2\boldsymbol{E})\boldsymbol{x}=\boldsymbol{0}$. 由

$$\boldsymbol{A}+2\boldsymbol{E}=\begin{bmatrix}6 & 6 & 0\\ -3 & -3 & 0\\ -3 & -6 & 3\end{bmatrix}\to\begin{bmatrix}1 & 0 & 1\\ 0 & 1 & -1\\ 0 & 0 & 0\end{bmatrix},$$

得基础解系 $\boldsymbol{p}_1=\begin{bmatrix}-1\\ 1\\ 1\end{bmatrix}$，

当 $\lambda_2=\lambda_3=1$时，解方程$(\boldsymbol{A}-\boldsymbol{E})\boldsymbol{x}=\boldsymbol{O}$.由

$$\boldsymbol{A}-\boldsymbol{E}=\begin{bmatrix}3 & 6 & 0\\ -3 & -6 & 0\\ -3 & -6 & 0\end{bmatrix}\to\begin{bmatrix}1 & 2 & 0\\ 0 & 0 & 0\\ 0 & 0 & 0\end{bmatrix}$$

得基础解系

$$\boldsymbol{p}_2=\begin{bmatrix}-2\\ 1\\ 0\end{bmatrix},\quad \boldsymbol{p}_3=\begin{bmatrix}0\\ 0\\ 1\end{bmatrix}.$$

由于 $\boldsymbol{p}_1, \boldsymbol{p}_2, \boldsymbol{p}_3$ 线性无关，所以 $\boldsymbol{A}$ 可对角化.

令

$$\boldsymbol{P}=[\boldsymbol{p}_1, \boldsymbol{p}_2, \boldsymbol{p}_3]=\begin{bmatrix}-1 & -2 & 0\\ 1 & 1 & 0\\ 1 & 0 & 1\end{bmatrix},$$

则有

$$\boldsymbol{P}^{-1}\boldsymbol{A}\boldsymbol{P}=\begin{bmatrix}-2 & 0 & 0\\ 0 & 1 & 0\\ 0 & 0 & 1\end{bmatrix}.$$

注意：对角矩阵主对角元素（$\boldsymbol{A}$的特征值）的排列次序与$\boldsymbol{P}$的列向量（$\boldsymbol{A}$的特征向量）的排列次序一定要一致.

例5.8 判断 $\boldsymbol{A}=\begin{bmatrix}4 & 2 & -5\\ 6 & 4 & -9\\ 5 & 3 & -7\end{bmatrix}$是否可对角化?

解 $\boldsymbol{A}$的特征多项式

$$|\boldsymbol{A}-\lambda\boldsymbol{E}|=\begin{vmatrix}4-\lambda & 2 & -5\\ 6 & 4-\lambda & -9\\ 5 & 3 & -7-\lambda\end{vmatrix}$$

$$=\begin{vmatrix}1-\lambda & 2 & -5\\ 1-\lambda & 4-\lambda & -9\\ 1-\lambda & 3 & -7-\lambda\end{vmatrix}$$

$$=(1-\lambda)\begin{vmatrix}1 & 2 & -5\\ 1 & 4-\lambda & -9\\ 1 & 3 & -7-\lambda\end{vmatrix}$$

$$=(1-\lambda)\lambda^2,$$

所以$\boldsymbol{A}$的全部特征值为 $\lambda_1=\lambda_2=0$，$\lambda_3=1$.

当 $\lambda_1=\lambda_2=0$时，解方程$\boldsymbol{A}\boldsymbol{x}=\boldsymbol{O}$. 因为

$$A=\begin{bmatrix}4&2&-5\\6&4&-9\\5&3&-7\end{bmatrix}\to\begin{bmatrix}1&1&-2\\0&-2&3\\0&0&0\end{bmatrix},$$

所以矩阵 A 的秩为2，故属于 $\lambda_1=\lambda_2=0$ 线性无关的特征向量只有一个，故 A 不能对角化.

由前面的讨论可知，并不是任何一个方阵都可对角化的.但是当方阵 A 为实对称矩阵时，A 必可对角化，且实对称矩阵对于讨论二次型非常重要.

定理5.6　实对称矩阵的特征值全为实数.

证明从略.

显然，当特征值 λ_i 为实数时，齐次线性方程组

$$(A-\lambda_i E)x=O$$

是实系数方程组，所以其解向量都可以取为实向量，即 A 的特征向量可取为实向量.

定理5.7　实对称矩阵 A 的属于不同特征值的特征向量一定是正交向量.

证　设 α_1,α_2 分别是 A 的属于不同特征值 λ_1,λ_2 的实特征向量：

$$A\alpha_1=\lambda_1\alpha_1,\quad A\alpha_2=\lambda_2\alpha_2,\quad \lambda_1\neq\lambda_2.$$

于是

$$[A\alpha_1,\alpha_2]=[\lambda_1\alpha_1,\alpha_2]=\lambda_1[\alpha_1,\alpha_2].$$

而

$$\begin{aligned}[A\alpha_1,\alpha_2]&=(A\alpha_1)^{\mathrm T}\alpha_2=\alpha_1^{\mathrm T}A^{\mathrm T}\alpha_2=\alpha_1^{\mathrm T}A\alpha_2\\&=[\alpha_1,A\alpha_2]=[\alpha_1,\lambda_2\alpha_2]=\lambda_2[\alpha_1,\alpha_2],\end{aligned}$$

所以

$$\lambda_1[\alpha_1,\alpha_2]=\lambda_2[\alpha_1,\alpha_2].$$

但是 $\lambda_1\neq\lambda_2$，所以

$$[\alpha_1,\alpha_2]=0,$$

即 α_1,α_2 是正交的.

定理5.8　设 A 为 n 阶对称矩阵，λ 是 A 的特征方程的 r 重根，则 $A-\lambda E$ 的秩 $r(A-\lambda E)=n-r$，从而对应的特征值 λ 恰有 r 个线性无关的特征向量.

证明从略.

定理5.9（对称矩阵基本定理）　对于任意一个 n 阶实对称矩阵 A，一定存在 n 阶正交矩阵 P，使得

$$P^{-1}AP=P^{\mathrm T}AP=\begin{bmatrix}\lambda_1&&&\\&\lambda_2&&\\&&\ddots&\\&&&\lambda_n\end{bmatrix}=\Lambda.$$

对角矩阵 $\boldsymbol{\Lambda}$ 中的 n 个对角元 $\lambda_1,\lambda_2,\cdots,\lambda_n$ 就是 $\boldsymbol{A}$ 的 n 个特征值.

证 设 $\boldsymbol{A}$ 的互不相等的特征值为 $\lambda_1,\lambda_2,\cdots,\lambda_s$，它们的重数依次为

$$r_1,r_2,\cdots,r_s,\quad r_1+r_2+\cdots+r_s=n.$$

于是由定理5.8对应于特征值 $\lambda_i(i=1,2,\cdots,s)$ 恰有 r_i 个线性无关的特征向量，把它们正交化并单位化，可得 r_i 个单位正交的特征向量. 由 $r_1+r_2+\cdots+r_s=n$ 知，这样的特征向量共有 n 个.

由定理5.7知对应于不同特征值的特征向量正交，故这 n 个单位特征向量两两正交，由于正交的向量组一定线性无关，所以 $\boldsymbol{A}$ 可以对角化，于是以这 n 个单位特征向量为列向量构成正交矩阵 $\boldsymbol{P}$，并有

$$\boldsymbol{P}^{-1}\boldsymbol{A}\boldsymbol{P}=\boldsymbol{\Lambda},$$

其中对角矩阵 $\boldsymbol{\Lambda}$ 的对角元素含 r_1 个 λ_1， r_2 个 λ_2， $\cdots$， r_s 个 λ_s，恰是 $\boldsymbol{A}$ 的 n 个特征值.

定理5.9说明了使实对称矩阵 $\boldsymbol{A}$ 化为对角矩阵的正交矩阵 $\boldsymbol{P}$ 的存在性，而且证明过程也说明了对于 n 阶实对称矩阵 $\boldsymbol{A}$，如何求正交矩阵 $\boldsymbol{P}$，使得 $\boldsymbol{P}^{-1}\boldsymbol{A}\boldsymbol{P}=\boldsymbol{P}^{\mathrm{T}}\boldsymbol{A}\boldsymbol{P}$ 成对角阵.

求正交矩阵 $\boldsymbol{P}$ 与对角矩阵 $\boldsymbol{\Lambda}$ 的步骤：

（1）求出特征多项式 $f(\lambda)=|\boldsymbol{A}-\lambda\boldsymbol{E}|$ 的全部根，即 $\boldsymbol{A}$ 的特征值，设 $\boldsymbol{A}$ 的全部不同的特征值为 $\lambda_1,\lambda_2,\cdots,\lambda_t$；

（2）对每个特征值 $\lambda_i\ (i=1,2,\cdots,t)$，解齐次线性方程组

$$(\boldsymbol{A}-\lambda_i\boldsymbol{E})\boldsymbol{x}=\boldsymbol{O},$$

求出一个基础解系 $\boldsymbol{\alpha}_{i1},\boldsymbol{\alpha}_{i2},\cdots,\boldsymbol{\alpha}_{is_i}$；

（3）将 $\boldsymbol{\alpha}_{i1},\boldsymbol{\alpha}_{i2},\cdots,\boldsymbol{\alpha}_{is_i}$ 正交化、单位化，得到一组正交的单位向量 $\boldsymbol{\eta}_{t1},\boldsymbol{\eta}_{t2},\cdots,\boldsymbol{\eta}_{ts_t}$，它们是 $\boldsymbol{A}$ 的属于 λ_i 线性无关的特征向量；

（4）因为 $\lambda_1,\lambda_2,\cdots,\lambda_t$ 各不相同，所以向量组

$$\boldsymbol{\eta}_{11},\boldsymbol{\eta}_{12},\cdots,\boldsymbol{\eta}_{1s_1},\quad \boldsymbol{\eta}_{21},\boldsymbol{\eta}_{22},\cdots,\boldsymbol{\eta}_{2s_2},\quad\cdots,\quad \boldsymbol{\eta}_{t1},\boldsymbol{\eta}_{t2},\cdots,\boldsymbol{\eta}_{ts_t}$$

仍是正交的单位向量组，它们总共有 n 个. 以这一组向量为列向量，做一个矩阵 $\boldsymbol{P}$，则 $\boldsymbol{P}$ 就是所求的正交矩阵，其特征值就构成了对角矩阵.注意对角矩阵主对角元素的排列次序与 $\boldsymbol{P}$ 的列向量的排列次序一定要一致.

例5.9 设 $\boldsymbol{A}=\begin{bmatrix}4&2&2\\2&4&2\\2&2&4\end{bmatrix}$，求可逆矩阵 $\boldsymbol{P}$，使 $\boldsymbol{P}^{-1}\boldsymbol{A}\boldsymbol{P}$ 为对角矩阵.

解 $\boldsymbol{A}$ 的特征多项式

$$|A-\lambda E|=\begin{vmatrix}4-\lambda & 2 & 2\\ 2 & 4-\lambda & 2\\ 2 & 2 & 4-\lambda\end{vmatrix}=(8-\lambda)\begin{vmatrix}1 & 2 & 2\\ 1 & 4-\lambda & 2\\ 1 & 2 & 4-\lambda\end{vmatrix}$$

$$=(8-\lambda)\begin{vmatrix}1 & 2 & 2\\ 0 & 2-\lambda & 0\\ 0 & 0 & 2-\lambda\end{vmatrix}=(2-\lambda)^2(8-\lambda).$$

所以 A 的全部特征值为 $\lambda_1=\lambda_2=2$ ， $\lambda_3=8$.

当 $\lambda_1=\lambda_2=2$ 时，解方程 $(A-2E)x=O$. 由

$$A-2E=\begin{bmatrix}2 & 2 & 2\\ 2 & 2 & 2\\ 2 & 2 & 2\end{bmatrix}\to\begin{bmatrix}1 & 1 & 1\\ 0 & 0 & 0\\ 0 & 0 & 0\end{bmatrix},$$

得基础解系

$$p_1=\begin{bmatrix}-1\\ 1\\ 0\end{bmatrix},\quad p_2=\begin{bmatrix}-1\\ 0\\ 1\end{bmatrix}.$$

当 $\lambda_3=8$ 时，解方程 $(A-8E)x=O$. 由

$$A-8E=\begin{bmatrix}-4 & 2 & 2\\ 2 & -4 & 2\\ 2 & 2 & -4\end{bmatrix}\to\begin{bmatrix}1 & 0 & -1\\ 0 & 1 & -1\\ 0 & 0 & 0\end{bmatrix},$$

得基础解系

$$p_3=\begin{bmatrix}1\\ 1\\ 1\end{bmatrix}.$$

由于 p_1,p_2,p_3 线性无关，所以 A 可对角化.

令

$$P=[p_1,p_2,p_3]=\begin{bmatrix}-1 & -1 & 1\\ 1 & 0 & 1\\ 0 & 1 & 1\end{bmatrix},$$

则有

$$P^{-1}AP=\begin{bmatrix}2 & 0 & 0\\ 0 & 2 & 0\\ 0 & 0 & 8\end{bmatrix}.$$

注意：如此产生的 P 是可逆矩阵，它未必是正交矩阵，即未必有 $P^{-1}AP=P^{\mathrm{T}}AP$.

例 5.10　对例5.9中矩阵 $A=\begin{bmatrix}4 & 2 & 2\\ 2 & 4 & 2\\ 2 & 2 & 4\end{bmatrix}$，求正交矩阵 P ，使 $P^{-1}AP$ 为对角矩阵.

解 用以下方法求出所需要的正交矩阵.

用施密特正交化方法把在例5.9中已求出的特征向量

$$p_1=\begin{bmatrix}-1\\1\\0\end{bmatrix},\quad p_2=\begin{bmatrix}-1\\0\\1\end{bmatrix}$$

标准正交化：

$$\beta_1=p_1=\begin{bmatrix}-1\\1\\0\end{bmatrix},\quad \text{单位化得 } \alpha_1=\frac{1}{\sqrt{2}}\begin{bmatrix}-1\\1\\0\end{bmatrix},$$

$$\beta_2=p_2-\frac{[p_2,\beta_1]}{[\beta_1,\beta_1]}\beta_1=-\frac{1}{2}\begin{bmatrix}1\\1\\-2\end{bmatrix},\text{单位化得 } \alpha_2=\frac{1}{\sqrt{6}}\begin{bmatrix}-1\\-1\\2\end{bmatrix}.$$

$$p_3=\begin{bmatrix}1\\1\\1\end{bmatrix},\text{单位化得}\quad \alpha_3=\frac{1}{\sqrt{3}}\begin{bmatrix}1\\1\\1\end{bmatrix}.$$

于是找到正交矩阵 $P=\begin{bmatrix}-1/\sqrt{2} & -1/\sqrt{6} & 1/\sqrt{3}\\ 1/\sqrt{2} & -1/\sqrt{6} & 1/\sqrt{3}\\ 0 & 2/\sqrt{6} & 1/\sqrt{3}\end{bmatrix}$，使得 $P^{-1}AP=\Lambda=\begin{bmatrix}2 & & \\ & 2 & \\ & & 8\end{bmatrix}$.

习题5-3

1. 设 A 和 B 都是 n 阶方阵且 $|A|\neq 0$，证明 AB 与 BA 相似.

2. 设 n 阶方阵 A 与 B 相似，证明方阵多项式 $f(A)$ 与 $f(B)$ 必相似，其中多项式为

$$f(x)=\sum_{k=1}^{m}a_k x^k .$$

3. 已知 A 与对角矩阵 $\Lambda=\begin{bmatrix}-1 & 0\\ 0 & 2\end{bmatrix}$ 相似，且将 A 变为 Λ 的相似变换矩阵 $P=\begin{bmatrix}-1 & -4\\ 1 & 1\end{bmatrix}$，求 A^{11}.

4. 求正交矩阵 P，使 $P^{-1}AP$ 为对角矩阵：

（1）$A=\begin{bmatrix}1 & 2\\ 2 & 1\end{bmatrix}$；（2）$A=\begin{bmatrix}2 & -2 & 0\\ -2 & 1 & -2\\ 0 & -2 & 0\end{bmatrix}$；

（3）$A=\begin{bmatrix}4 & 0 & 0\\ 0 & 3 & 1\\ 0 & 1 & 3\end{bmatrix}$；（4）$A=\begin{bmatrix}2 & -1 & -1 & 1\\ -1 & 2 & 1 & -1\\ -1 & 1 & 2 & -1\\ 1 & -1 & -1 & 2\end{bmatrix}$.

5. $\boldsymbol{A}$ 是一个3阶方阵，已知它的特征值 $\lambda_1=1, \lambda_2=-1, \lambda_3=0$；对应的特征向量依次为

$$\boldsymbol{p}_1=\begin{bmatrix}1\\2\\1\end{bmatrix},\quad \boldsymbol{p}_2=\begin{bmatrix}0\\-2\\1\end{bmatrix},\quad \boldsymbol{p}_3=\begin{bmatrix}1\\1\\2\end{bmatrix},$$

求矩阵 $\boldsymbol{A}$.

6. 设6，3，3为实对称矩阵 $\boldsymbol{A}$ 的特征值，属于3的特征向量为

$$\begin{bmatrix}-1\\0\\1\end{bmatrix},\quad \begin{bmatrix}1\\2\\1\end{bmatrix}.$$

（1）求属于6的特征向量；

（2）求矩阵 $\boldsymbol{A}$.

第四节　二次型及其标准形

一、二次型的定义

二次型的问题起源于化二次曲线和二次曲面为标准形的问题. 它不但在解析几何及数学的其他分支中有应用，而且在物理、力学中也会经常遇到. 在这一节，将介绍二次型（二次齐次函数）的一些重要性质及其化简问题.

先看一个实例. 计算以下矩阵乘法：

$$f(x_1,x_2,x_3)=[x_1,x_2,x_3]\begin{bmatrix}1&-2&0\\-2&0&0.5\\0&0.5&-3\end{bmatrix}\begin{bmatrix}x_1\\x_2\\x_3\end{bmatrix}$$

$$=[x_1,x_2,x_3]\begin{bmatrix}x_1-2x_2\\-2x_1+0.5x_3\\0.5x_2-3x_3\end{bmatrix}=x_1^2-3x_3^2-4x_1x_2+x_2x_3.$$

这是一个三元二次齐次函数（它有三个未知量，而且每一项都是二次式）. 如果记

$$\boldsymbol{x}=\begin{bmatrix}x_1\\x_2\\x_3\end{bmatrix},\ \boldsymbol{A}=\begin{bmatrix}1&-2&0\\-2&0&0.5\\0&0.5&-3\end{bmatrix},$$

则可把它简写成 $f(x_1,x_2,x_3)=\boldsymbol{x}^{\mathrm{T}}\boldsymbol{A}\boldsymbol{x}$. 其中 $\boldsymbol{A}=[a_{ij}]$ 是三阶对称矩阵.

由此可见，一个二次齐次函数也可以简写成矩阵形式.

下面引进二次型的一般定义.

定义5.10　含有 n 个未知量 $x_1, x_2, \cdots, x_n$ 的二次齐次函数

$$f(x_1,x_2,\cdots,x_n)=a_{11}x_1^2+a_{22}x_2^2+a_{33}x_3^2+\cdots+a_{nn}x_n^2$$
$$+2a_{12}x_1x_2+2a_{13}x_1x_3+\cdots+2a_{1n}x_1x_n$$
$$+2a_{23}x_2x_3+\cdots+2a_{2n}x_2x_n$$
$$+2a_{34}x_3x_4+\cdots+2a_{3n}x_3x_n$$
$$+\cdots+2a_{n-1,n}x_{n-1}x_n \qquad (5.3)$$

称为**二次型**.

为方便起见，二次型常简记为 f. 取 $a_{ji}=a_{ij}$，则 $2a_{ij}x_ix_j=a_{ij}x_ix_j+a_{ji}x_jx_i$，于是式(5.3) 可以写成

$$\begin{aligned}f=&a_{11}x_1^2+a_{12}x_1x_2+\cdots+a_{1n}x_1x_n\\&+a_{21}x_2x_1+a_{22}x_2^2+\cdots+a_{2n}x_2x_n\\&+\cdots+a_{n1}x_nx_1+a_{n2}x_nx_2+\cdots+a_{nn}x_n^2\\=&x_1(a_{11}x_1+a_{12}x_2+\cdots+a_{1n}x_n)\\&+x_2(a_{21}x_1+a_{22}x_2+\cdots+a_{2n}x_n)\\&+\cdots+x_n(a_{n1}x_1+a_{n2}x_2+\cdots+a_{nn}x_n)\\=&[x_1,x_2,\cdots,x_n]\begin{bmatrix}a_{11}x_1+a_{12}x_2+\cdots+a_{1n}x_n\\a_{21}x_1+a_{22}x_2+\cdots+a_{2n}x_n\\\vdots\\a_{n1}x_1+a_{n2}x_2+\cdots+a_{nn}x_n\end{bmatrix}\\=&[x_1,x_2,\cdots,x_n]\begin{bmatrix}a_{11}&a_{12}&\cdots&a_{1n}\\a_{21}&a_{22}&\cdots&a_{2n}\\\vdots&\vdots&&\vdots\\a_{n1}&a_{n2}&\cdots&a_{nn}\end{bmatrix}\begin{bmatrix}x_1\\x_2\\\vdots\\x_n\end{bmatrix},\end{aligned}$$

记

$$\boldsymbol{A}=\begin{bmatrix}a_{11}&a_{12}&\cdots&a_{1n}\\a_{21}&a_{22}&\cdots&a_{2n}\\\cdots&\cdots&\cdots&\cdots\\a_{n1}&a_{n2}&\cdots&a_{nn}\end{bmatrix},\quad \boldsymbol{x}=\begin{bmatrix}x_1\\x_2\\\vdots\\x_n\end{bmatrix},$$

则二次型用矩阵表示为

$$f=\boldsymbol{x}^{\mathrm{T}}\boldsymbol{A}\boldsymbol{x}, \qquad (5.4)$$

其中 $\boldsymbol{A}=[a_{ij}]$ 是对称矩阵.

当 a_{ij} 为复数时，f 称为复二次型；当 a_{ij} 为实数时，f 称为实二次型. 下面只讨论实二次型.

例 5.11 用矩阵表示二次型:

$$f(x_1,x_2,x_3)=x_1^2-2x_2^2-2x_3^2-4x_1x_2+4x_1x_3+8x_2x_3.$$

解 由二次型的一般形式可知，二次型 f 中，

$$a_{11}=1,a_{22}=-2,a_{33}=-2,\quad a_{12}=a_{21}=\frac{1}{2}\times(-4)=-2,$$

$$a_{13}=a_{31}=\frac{1}{2}\times4=2,a_{23}=a_{32}=\frac{1}{2}\times8=4.$$

记

$$A=\begin{bmatrix}1 & -2 & 2\\ -2 & -2 & 4\\ 2 & 4 & -2\end{bmatrix},\quad x=\begin{bmatrix}x_1\\ x_2\\ x_3\end{bmatrix},$$

得

$$f=[x_1,x_2,x_3]\begin{bmatrix}1 & -2 & 2\\ -2 & -2 & 4\\ 2 & 4 & -2\end{bmatrix}\begin{bmatrix}x_1\\ x_2\\ x_3\end{bmatrix}= x^{\mathrm{T}}Ax .$$

例 5.12　写出由对称矩阵 $A=\begin{bmatrix}1 & -1 & -3 & 1\\ -1 & 0 & -2 & 2\\ -3 & -2 & 3 & -3/2\\ 1 & 2 & -3/2 & 4\end{bmatrix}$ 确定的二次型 $f=x^{\mathrm{T}}Ax$.

解　所给对称矩阵对应的二次型为

$$f(x_1,x_2,x_3,x_4)=[x_1,x_2,x_3,x_4]\begin{bmatrix}1 & -1 & -3 & 1\\ -1 & 0 & -2 & 2\\ -3 & -2 & 3 & -3/2\\ 1 & 2 & -3/2 & 4\end{bmatrix}\begin{bmatrix}x_1\\ x_2\\ x_3\\ x_4\end{bmatrix}$$

$$=x_1^2+3x_3^2+4x_4^2-2x_1x_2-6x_1x_3+2x_1x_4-4x_2x_3+4x_2x_4-3x_3x_4 .$$

在二次型的矩阵表示中，任意给定一个 n 元二次型 $f(x_1,x_2,\cdots,x_n)$，就唯一地确定一个 n 阶对称矩阵 $A=[a_{ij}]$. 反之，任给一个对称矩阵 $A=[a_{ij}]_{n\times n}$，也可唯一地确定一个二次型. 称 A 是二次型 f 的矩阵，称 f 是对称矩阵 A 的二次型. 对称矩阵 A 的秩称为二次型 f 的秩.

二、用正交变换化二次型为标准形

定义 5.11　设 $x_1,x_2,\cdots,x_n$; $y_1,y_2,\cdots,y_n$ 是两组变量，则下面一组关系式

$$\begin{cases}x_1=c_{11}y_1+c_{12}y_2+\cdots+c_{1n}y_n,\\ x_2=c_{21}y_1+c_{22}y_2+\cdots+c_{2n}y_n,\\ \quad\vdots\\ x_n=c_{n1}y_1+c_{n2}y_2+\cdots+c_{nn}y_n\end{cases}\tag{5.5}$$

称为由 $x_1,x_2,\cdots,x_n$ 到 $y_1,y_2,\cdots,y_n$ 的一个线性变换，简称**线性变换.** 如果系数矩阵

$$C=\begin{bmatrix}c_{11} & c_{12} & \cdots & c_{1n}\\ c_{21} & c_{22} & \cdots & c_{2n}\\ \cdots & \cdots & \cdots & \cdots\\ c_{n1} & c_{n2} & \cdots & c_{nn}\end{bmatrix}$$

是可逆的，则称线性变换（5.5）是**可逆的线性变换**（也称为**非退化的线性变换**）. 若 C 是

正交矩阵，则称（5.5）是正交线性变换，简称**正交变换**.

对于二次型，要讨论的问题是：寻求可逆的线性变换（5.5）使二次型（5.3）能简化成只含平方项的形式：

$$f=k_1y_1^2+k_2y_2^2+\cdots+k_ny_n^2.$$

这种只含平方项的二次型，称为二次型的标准形.

记

$$\boldsymbol{C}=\left[c_{ij}\right],\quad \boldsymbol{x}=\left[x_1,x_2,\cdots,x_n\right]^{\mathrm{T}},\ \boldsymbol{y}=\left[y_1,y_2,\cdots,y_n\right]^{\mathrm{T}},$$

把式（5.5）改写成

$$\boldsymbol{x}=\boldsymbol{C}\boldsymbol{y},$$

代入式（5.4），得

$$f=\boldsymbol{x}^{\mathrm{T}}\boldsymbol{A}\boldsymbol{x}=(\boldsymbol{C}\boldsymbol{y})^{\mathrm{T}}\boldsymbol{A}(\boldsymbol{C}\boldsymbol{y})=\boldsymbol{y}^{\mathrm{T}}(\boldsymbol{C}^{\mathrm{T}}\boldsymbol{A}\boldsymbol{C})\boldsymbol{y}.$$

定理5.10 任给可逆矩阵 $\boldsymbol{C}$，令 $\boldsymbol{B}=\boldsymbol{C}^{\mathrm{T}}\boldsymbol{A}\boldsymbol{C}$，如果 $\boldsymbol{A}$ 为对称矩阵，则 $\boldsymbol{B}$ 也是对称矩阵，且 $\mathrm{r}(\boldsymbol{A})=\mathrm{r}(\boldsymbol{B})$.

证 由 $\boldsymbol{A}^{\mathrm{T}}=\boldsymbol{A}$，得 $\boldsymbol{B}^{\mathrm{T}}=(\boldsymbol{C}^{\mathrm{T}}\boldsymbol{A}\boldsymbol{C})^{\mathrm{T}}=\boldsymbol{C}^{\mathrm{T}}\boldsymbol{A}^{\mathrm{T}}\boldsymbol{C}=\boldsymbol{C}^{\mathrm{T}}\boldsymbol{A}\boldsymbol{C}=\boldsymbol{B}$，即 $\boldsymbol{B}$ 为对称矩阵.

再证 $r(\boldsymbol{A})=r(\boldsymbol{B})$.

因 $\boldsymbol{B}=\boldsymbol{C}^{\mathrm{T}}\boldsymbol{A}\boldsymbol{C}$，故 $r(\boldsymbol{B})\leqslant r(\boldsymbol{A}\boldsymbol{C})\leqslant r(\boldsymbol{A})$.

因 $\boldsymbol{A}=(\boldsymbol{C}^{\mathrm{T}})^{-1}\boldsymbol{B}\boldsymbol{C}^{-1}$，故 $r(\boldsymbol{A})\leqslant r(\boldsymbol{B}\boldsymbol{C}^{-1})\leqslant r(\boldsymbol{B})$.

于是 $\mathrm{r}(\boldsymbol{A})=\mathrm{r}(\boldsymbol{B})$.

这个定理说明经可逆变换 $\boldsymbol{x}=\boldsymbol{C}\boldsymbol{y}$ 后，二次型 f 的矩阵由 $\boldsymbol{A}$ 变为 $\boldsymbol{C}^{\mathrm{T}}\boldsymbol{A}\boldsymbol{C}$，但二次型的秩不变.

定义5.12 设 $\boldsymbol{A},\boldsymbol{B}$ 为 n 阶方阵，若存在 n 阶可逆矩阵 $\boldsymbol{C}$，使

$$\boldsymbol{C}^{\mathrm{T}}\boldsymbol{A}\boldsymbol{C}=\boldsymbol{B},$$

则称 $\boldsymbol{A}$ 合同于 $\boldsymbol{B}$，记作 $\boldsymbol{A}\simeq\boldsymbol{B}$.

合同是矩阵之间的一种关系，具有下列性质：

（1）自反性　$\boldsymbol{A}\simeq\boldsymbol{A}$；

（2）对称性　若 $\boldsymbol{A}\simeq\boldsymbol{B}$，则 $\boldsymbol{B}\simeq\boldsymbol{A}$；

（3）传递性　若 $\boldsymbol{A}\simeq\boldsymbol{B}$，$\boldsymbol{B}\simeq\boldsymbol{C}$，则 $\boldsymbol{A}\simeq\boldsymbol{C}$.

对于 n 阶方阵 $\boldsymbol{A}$ 和 $\boldsymbol{B}$，我们曾经定义过两种关系：

$\boldsymbol{A}$ 和 $\boldsymbol{B}$ 等价指的是存在 n 阶可逆矩阵 $\boldsymbol{P}$ 和 $\boldsymbol{Q}$，使得 $\boldsymbol{B}=\boldsymbol{P}\boldsymbol{A}\boldsymbol{Q}$，也就是 $\boldsymbol{A}$ 与 $\boldsymbol{B}$ 之间可以经过初等变换实现互变. 记为 $\boldsymbol{A}\leftrightarrow\boldsymbol{B}$. 此时 $\boldsymbol{A}$ 与 $\boldsymbol{B}$ 必有相同的秩.

$\boldsymbol{A}$ 和 $\boldsymbol{B}$ 相似指的是存在 n 阶可逆矩阵 $\boldsymbol{P}$，使得 $\boldsymbol{B}=\boldsymbol{P}^{-1}\boldsymbol{A}\boldsymbol{P}$. 记为 $\boldsymbol{A}\sim\boldsymbol{B}$. 此时 $\boldsymbol{A}$ 与 $\boldsymbol{B}$ 必有相同的特征值和行列式.

由定理5.10知合同变换不改变矩阵的秩，也不改变矩阵的对称性，要使二次型 f 经可逆变换 $\boldsymbol{x}=\boldsymbol{C}\boldsymbol{y}$ 变成标准形，就是要使

$$\boldsymbol{y}^{\mathrm{T}}\boldsymbol{C}^{\mathrm{T}}\boldsymbol{A}\boldsymbol{C}\boldsymbol{y}=k_1y_1^2+k_2y_2^2+\cdots+k_ny_n^2$$

$$=[y_1, y_2, \cdots, y_n]\begin{bmatrix} k_1 & & & \\ & k_2 & & \\ & & \ddots & \\ & & & k_n \end{bmatrix}\begin{bmatrix} y_1 \\ y_2 \\ \vdots \\ y_n \end{bmatrix}.$$

由此知，这里主要问题就是寻求可逆矩阵 $\boldsymbol{C}$，使 $\boldsymbol{C}^{\mathrm{T}}\boldsymbol{ACy}$ 为对角阵，也就是寻找与 $\boldsymbol{A}$ 合同的对角阵.

定理5.11　任给二次型 $f=\boldsymbol{x}^{\mathrm{T}}\boldsymbol{Ax}$，总存在正交变换 $\boldsymbol{x}=\boldsymbol{P}$，使 f 化为标准形

$$f=\lambda_1 y_1^2+\lambda_2 y_2^2+\cdots+\lambda_n y_n^2,$$

其中 $\lambda_1, \lambda_2, \cdots, \lambda_n$ 就是 f 的矩阵 $\boldsymbol{A}=[a_{ij}]$ 的特征值.

证　由于 f 的矩阵 $\boldsymbol{A}=[a_{ij}]$ 是实对称矩阵，于是总可以找到一个正交矩阵 $\boldsymbol{P}$，使 $\boldsymbol{P}^{-1}\boldsymbol{AP}$ 为对角矩阵，即 $\boldsymbol{P}^{-1}\boldsymbol{AP}=\operatorname{diag}(\lambda_1, \lambda_2, \cdots, \lambda_n)$.

因为 $\boldsymbol{P}$ 是正交矩阵，所以有 $\boldsymbol{P}^{\mathrm{T}}=\boldsymbol{P}^{-1}$，于是

$$\boldsymbol{P}^{\mathrm{T}}\boldsymbol{AP}=\operatorname{diag}(\lambda_1, \lambda_2, \cdots, \lambda_n).$$

由于一个二次型经可逆线性变换后得到的仍是二次型，且当一个二次型的系数矩阵是对角矩阵时，这个二次型就是平方和的形式.

由定理5.11，对于给定的二次型 $f(x_1, x_2, \cdots, x_n)=\boldsymbol{x}^{\mathrm{T}}\boldsymbol{Ax}$，只要找到正交矩阵 $\boldsymbol{C}$，使得 $\boldsymbol{C}^{\mathrm{T}}\boldsymbol{AC}=\boldsymbol{\Lambda}$ 为对角矩阵，那么就把原二次型化成标准形，其中的系数就是对角矩阵 $\boldsymbol{\Lambda}$ 的 n 个对角元.

例5.13　用正交变换 $\boldsymbol{x}=\boldsymbol{Py}$ 化二次型

$$f(x_1, x_2, x_3)=x_1^2+4x_2^2+x_3^2-4x_1x_2-8x_1x_3-4x_2x_3$$

为标准形.

解　f 的矩阵为

$$\boldsymbol{A}=\begin{bmatrix} 1 & -2 & -4 \\ -2 & 4 & -2 \\ -4 & -2 & 1 \end{bmatrix}.$$

下面求一个正交矩阵 $\boldsymbol{P}$，使 $\boldsymbol{P}^{-1}\boldsymbol{AP}$ 为对角形.

$\boldsymbol{A}$ 的特征多项式为

$$|\boldsymbol{A}-\lambda\boldsymbol{E}|=\begin{vmatrix} 1-\lambda & -2 & -4 \\ -2 & 4-\lambda & -2 \\ -4 & -2 & 1-\lambda \end{vmatrix}=-(\lambda-5)^2(\lambda+4).$$

所以 $\boldsymbol{A}$ 的全部特征值为 $\lambda_1=\lambda_2=5$，$\lambda_3=-4$.

当 $\lambda_1=\lambda_2=5$ 时，解齐次线性方程组 $(\boldsymbol{A}-5\boldsymbol{E})\boldsymbol{x}=\boldsymbol{O}$，由

$$\boldsymbol{A}-5\boldsymbol{E}=\begin{bmatrix} -4 & -2 & -4 \\ -2 & -1 & -2 \\ -4 & -2 & -4 \end{bmatrix}\to\begin{bmatrix} 1 & 1/2 & 1 \\ 0 & 0 & 0 \\ 0 & 0 & 0 \end{bmatrix}$$

得基础解系：$\boldsymbol{\alpha}_1=\begin{bmatrix}-1\\0\\1\end{bmatrix},\boldsymbol{\alpha}_2=\begin{bmatrix}-1\\2\\0\end{bmatrix}$，正交化后得 $\boldsymbol{\beta}_1=\begin{bmatrix}-1\\0\\1\end{bmatrix},\boldsymbol{\beta}_2=\begin{bmatrix}-\frac{1}{2}\\2\\-\frac{1}{2}\end{bmatrix}$；

当 $\lambda_3=-4$ 时，解齐次线性方程组 $(\boldsymbol{A}+4\boldsymbol{E})\boldsymbol{x}=\boldsymbol{O}$，由

$$\boldsymbol{A}+4\boldsymbol{E}=\begin{bmatrix}5&-2&-4\\-2&8&-2\\-4&-2&5\end{bmatrix}\to\begin{bmatrix}1&0&-1\\0&1&-1/2\\0&0&0\end{bmatrix}$$

得基础解系

$$\boldsymbol{\alpha}_3=\begin{bmatrix}2\\1\\2\end{bmatrix}.$$

单位化 $\boldsymbol{\beta}_1,\boldsymbol{\beta}_2,\boldsymbol{\alpha}_3$ 得

$$\boldsymbol{p}_1=\begin{bmatrix}-\frac{\sqrt{2}}{2}\\0\\\frac{\sqrt{2}}{2}\end{bmatrix},\quad \boldsymbol{p}_2=\begin{bmatrix}-\frac{\sqrt{2}}{6}\\\frac{2\sqrt{2}}{3}\\-\frac{\sqrt{2}}{6}\end{bmatrix},\quad \boldsymbol{p}_3=\begin{bmatrix}\frac{2}{3}\\\frac{1}{3}\\\frac{2}{3}\end{bmatrix}.$$

令 $\boldsymbol{P}=[\boldsymbol{p}_1,\boldsymbol{p}_2,\boldsymbol{p}_3]$，则 $\boldsymbol{P}$ 是正交矩阵，经过正交变换 $\boldsymbol{x}=\boldsymbol{P}\boldsymbol{y}$，即

$$\begin{cases}x_1=-\frac{\sqrt{2}}{2}y_1-\frac{\sqrt{2}}{6}y_2+\frac{2}{3}y_3,\\x_2=\qquad\frac{2\sqrt{2}}{3}y_2+\frac{1}{3}y_3,\\x_3=\frac{\sqrt{2}}{2}y_1-\frac{\sqrt{2}}{6}y_2+\frac{2}{3}y_3,\end{cases}$$

f 化为标准形

$$f=5y_1^2+5y_2^2-4y_3^2.$$

习题5-4

1. 写出下列二次型的矩阵表示式.

（1） $f(x_1,x_2,x_3)=-4x_1x_2+2x_1x_3+2x_2x_3$；

（2） $f(x_1,x_2,x_3)=x_1^2+2x_3^2+2x_1x_2-x_1x_3$；

（3） $f(x_1,x_2,x_3,x_4)=x_1x_2-x_3x_4$；

（4） $f(x_1,x_2,x_3)=2x_1^2-x_2^2-2x_1x_2+3x_2x_3$.

2. 用正交变换法化下列二次型为标准形，并写出所作的线性变换.

（1） $f(x_1,x_2,x_3)=2x_1^2+3x_2^2+3x_3^2+4x_2x_3$；

（2）$f(x_1,x_2,x_3,x_4)=x_1^2+x_2^2+x_3^2+x_4^2+2x_1x_2-2x_1x_4-2x_2x_3+2x_3x_4$.

3. 试证明经过正交变换，向量的长度保持不变.

第五节　用非退化的线性变换化二次型为标准形

在第四节中所介绍的求二次型 $f(x_1,x_2,\cdots,x_n)=\boldsymbol{x}^{\mathrm{T}}\boldsymbol{A}\boldsymbol{x}$ 的标准形的方法是：先求出对称矩阵 $\boldsymbol{A}$ 的所有特征值 $\lambda_1,\lambda_2,\cdots,\lambda_n$，再求出 n 个两两正交的单位特征向量组 $\boldsymbol{p}_1,\boldsymbol{p}_2,\cdots,\boldsymbol{p}_n$，把它们拼成正交矩阵 $\boldsymbol{P}$，实际上，就是找到正交变换 $\boldsymbol{x}=\boldsymbol{P}\boldsymbol{y}$，把原二次型化为标准形

$$f=\lambda_1y_1^2+\lambda_2y_2^2+\cdots+\lambda_ny_n^2.$$

一般地，对于给定的二次型 $f=\boldsymbol{x}^{\mathrm{T}}\boldsymbol{A}\boldsymbol{x}$，未必要通过上述正交变换法，而可用可逆线性变换 $\boldsymbol{x}=\boldsymbol{P}\boldsymbol{y}$，$\boldsymbol{P}$ 为可逆矩阵，得到标准形. 标准形的 n 个系数未必是对称矩阵 $\boldsymbol{A}$ 的特征值.

常用的方法之一是用配方法求出 $f=\boldsymbol{x}^{\mathrm{T}}\boldsymbol{A}\boldsymbol{x}$ 的标准形.

一、用配方法化二次型为标准形

现在用实例说明如下：

例 5.14　用配方法化 $f(x_1,x_2)=x_1^2-4x_1x_2+x_2^2$ 为标准形，并求出所用的可逆线性变换.

解　由于 f 中含有变量 x_1 的平方项，故把含 x_1 的项归并起来，配方可得

$$f(x_1,x_2)=x_1^2-4x_1x_2+x_2^2=(x_1-2x_2)^2-3x_2^2.$$

令

$$\begin{cases}y_1=x_1-2x_2,\\y_2=x_2,\end{cases}$$

即

$$\begin{cases}x_1=y_1+2y_2,\\x_2=y_2.\end{cases}$$

这就把 f 化成标准形 $f=y_1^2-3y_2^2$，所用的变换矩阵为

$$\boldsymbol{C}=\begin{bmatrix}1&2\\0&1\end{bmatrix}\ (|\boldsymbol{C}|=1\neq0).$$

注意：由于所用的是一般的可逆变换，不一定是正交变换，所以不能说所得到的标准形的系数 1，−3 就是此二次型的矩阵的特征值. 事实上，二次型的矩阵的特征值为 3，−1.

例 5.15　用配方法化

$$f(x_1,x_2,x_3)=x_1^2+2x_2^2+5x_3^2+2x_1x_2+2x_1x_3+6x_2x_3$$

为标准形，并求出所用的可逆线性变换.

解 由于 f 中含有变量 x_1 的平方项，故把含 x_1 的项归并起来，配方可得

$$\begin{aligned}f&=x_1^2+2x_2^2+5x_3^2+2x_1x_2+2x_1x_3+6x_2x_3\\&=(x_1+x_2+x_3)^2-x_2^2-x_3^2-2x_2x_3+2x_2^2+5x_3^2+6x_2x_3\\&=(x_1+x_2+x_3)^2+x_2^2+4x_2x_3+4x_3^2.\end{aligned}$$

上式右端除第一项外已不再含有 x_1，继续配方，可得

$$f=(x_1+x_2+x_3)^2+(x_2+2x_3)^2.$$

令

$$\begin{cases}y_1=x_1+x_2+x_3,\\y_2=\quad\ \ x_2+2x_3,\\y_3=\qquad\quad\ \ x_3,\end{cases}$$

即

$$\begin{cases}x_1=y_1-y_2+y_3,\\x_2=\quad\ \ y_2-2y_3,\\x_3=\qquad\quad\ \ y_3.\end{cases}$$

这就把 f 化成标准形 $f=y_1^2+y_2^2$，所用的变换矩阵为

$$\boldsymbol{C}=\begin{bmatrix}1&-1&1\\0&1&-2\\0&0&1\end{bmatrix}\ (|\boldsymbol{C}|=1\neq 0).$$

例 5.16 用配方法化

$$f(x_1,x_2,x_3)=2x_1x_2+2x_1x_3-6x_2x_3$$

为标准形，并求出所用的可逆线性变换.

解 为了配出完全平方，我们先作如下可逆线性变换产生平方项. 令

$$\begin{cases}x_1=y_1+y_2,\\x_2=y_1-y_2,\\x_3=\qquad\ \ y_3,\end{cases}$$

即

$$\begin{bmatrix}x_1\\x_2\\x_3\end{bmatrix}=\begin{bmatrix}1&1&0\\1&-1&0\\0&0&1\end{bmatrix}\begin{bmatrix}y_1\\y_2\\y_3\end{bmatrix}.$$

它把原二次型改写成

$$\begin{aligned}f(x_1,x_2,x_3)&=2x_1x_2+2x_1x_3-6x_2x_3\\&=2(y_1+y_2)(y_1-y_2)+2(y_1+y_2)y_3-6(y_1-y_2)y_3\\&=2y_1^2-4y_1y_3-2y_2^2+8y_2y_3\\&=2(y_1-y_3)^2-2y_2^2-2y_3^2+8y_2y_3\\&=2(y_1-y_3)^2-2(y_2-2y_3)^2+6y_3^2.\end{aligned}$$

再令

$$\begin{cases} z_1 = y_1 - y_3, \\ z_2 = y_2 - 2y_3, \\ z_3 = y_3, \end{cases}$$

即

$$\begin{cases} y_1 = z_1 + z_3, \\ y_2 = z_2 + 2z_3, \\ y_3 = z_3, \end{cases}$$

亦即

$$\begin{bmatrix} y_1 \\ y_2 \\ y_3 \end{bmatrix} = \begin{bmatrix} 1 & 0 & 1 \\ 0 & 1 & 2 \\ 0 & 0 & 1 \end{bmatrix} \begin{bmatrix} z_1 \\ z_2 \\ z_3 \end{bmatrix}.$$

这就把 f 化成标准形 $f = 2z_1^2 - 2z_2^2 + 6z_3^2$，所用的线性变换为

$$\begin{bmatrix} x_1 \\ x_2 \\ x_3 \end{bmatrix} = \begin{bmatrix} 1 & 1 & 0 \\ 1 & -1 & 0 \\ 0 & 0 & 1 \end{bmatrix} \begin{bmatrix} y_1 \\ y_2 \\ y_3 \end{bmatrix} = \begin{bmatrix} 1 & 1 & 0 \\ 1 & -1 & 0 \\ 0 & 0 & 1 \end{bmatrix} \begin{bmatrix} 1 & 0 & 1 \\ 0 & 1 & 2 \\ 0 & 0 & 1 \end{bmatrix} \begin{bmatrix} z_1 \\ z_2 \\ z_3 \end{bmatrix} = \begin{bmatrix} 1 & 1 & 3 \\ 1 & -1 & -1 \\ 0 & 0 & 1 \end{bmatrix} \begin{bmatrix} z_1 \\ z_2 \\ z_3 \end{bmatrix},$$

即所用的线性变换为

$$\begin{cases} x_1 = z_1 + z_2 + 3z_3, \\ x_2 = z_1 - z_2 - z_3, \\ x_3 = z_3. \end{cases}$$

所用变换矩阵为

$$C = \begin{bmatrix} 1 & 1 & 3 \\ 1 & -1 & -1 \\ 0 & 0 & 1 \end{bmatrix} \quad (|C| = -2 \neq 0).$$

二、二次型的规范形

对于任意一个 n 元二次型 $f = \boldsymbol{x}^{\mathrm{T}} \boldsymbol{A} \boldsymbol{x}$，可以通过以下两种方法之一得到标准形：一种方法是通过正交变换 $\boldsymbol{x} = \boldsymbol{P}\boldsymbol{y}$ 后得到的，其中 $\boldsymbol{P}$ 是 n 阶正交矩阵，即满足 $\boldsymbol{P}\boldsymbol{P}^{\mathrm{T}} = \boldsymbol{E}$，所得到的标准形 $\lambda_1 y_1^2 + \lambda_2 y_2^2 + \cdots + \lambda_n y_n^2$ 中的 n 个系数就是对称矩阵 $\boldsymbol{A}$ 的全体特征值；另一种方法是通过可逆线性变换 $\boldsymbol{x} = \boldsymbol{P}\boldsymbol{y}$ 后得到的，这里 $\boldsymbol{P}$ 为可逆矩阵，此时，标准形中的系数就未必是对称矩阵 A 的特征值.

定理 5.12　（惯性定理）设有实 n 元二次型 $f = \boldsymbol{x}^{\mathrm{T}} \boldsymbol{A} \boldsymbol{x}$，它的秩为 r，有两个实的可逆线性变换

$$\boldsymbol{x} = \boldsymbol{C}\boldsymbol{y}, \boldsymbol{x} = \boldsymbol{P}\boldsymbol{z}$$

使

$$f = k_1 y_1^2 + k_2 y_2^2 + \cdots + k_r y_r^2 \quad (k_i \neq 0,\ i = ,1, 2, \cdots, r),$$
$$f = \lambda_1 z_1^2 + \lambda_2 z_2^2 + \cdots + \lambda_r z_r^2 \quad (\lambda_i \neq 0,\ i = ,1, 2, \cdots, r),$$

则 $k_1, \cdots, k_r$ 中正数的个数与 $\lambda_1, \cdots, \lambda_r$ 中正数的个数相等. 证明从略.

需要指出一个重要事实是不管是通过哪一种方法得到的标准形，都可以进一步化简.

我们先看一个实例.

例如，对于三元标准二次型 $f=2y_1^2-3y_2^2+0\times y_3^2$，经过可逆线性变换

$$z_1=\sqrt{2}y_1,\ z_2=\sqrt{3}y_2,\ z_3=y_3,$$

必可变为 $f=z_1^2-z_2^2$. 这是一种最简单的标准形，它只含变量的平方项，而且其系数只可能是1，−1和0.

定义5.13 所有平方项的系数为1，−1或0的标准二次型称为**规范二次型**.

为了叙述方便，对二次型 $f=\boldsymbol{x}^{\mathrm{T}}\boldsymbol{A}\boldsymbol{x}$，化得的规范二次型，可简称为二次型的*规范形*.

用上例中所述方法，不难理解，对于给定的二次型 $f=\boldsymbol{x}^{\mathrm{T}}\boldsymbol{A}\boldsymbol{x}$，不论是用什么方法得到一个标准形

$$f=d_1y_1^2+\cdots+d_ky_k^2-d_{k+1}y_{k+1}^2-\cdots-d_ry_r^2\quad(d_i>0,i=1,2,\cdots,r),$$

都可经过可逆线性变换把上述标准形化为规范形.

对于给定的 n 元二次型 $f=\boldsymbol{x}^{\mathrm{T}}\boldsymbol{A}\boldsymbol{x}$，它的标准形不是由 $\boldsymbol{A}$ 唯一确定的. 那么自然要问：它的规范形是否由 $\boldsymbol{A}$ 唯一确定?

推论 任意一个 n 元二次型 $f=\boldsymbol{x}^{\mathrm{T}}\boldsymbol{A}\boldsymbol{x}$，一定可以经过可逆线性变换化为规范形

$$f=z_1^2+\cdots+z_k^2-z_{k+1}^2-\cdots-z_r^2,$$

而且其中的 k 和 r 是由 A/ 唯一确定的（与所采用的变换的选择无关）. k 是规范形中系数为1的项数，r 就是 $\boldsymbol{A}$ 的秩. 证明从略.

定义5.14 规范形中正平方项的个数 k 称为二次型 $f=\boldsymbol{x}^{\mathrm{T}}\boldsymbol{A}\boldsymbol{x}$（或对称矩阵 $\boldsymbol{A}$）的**正惯性指数**，称负平方项的个数 $r-k$ 为二次型 $f=\boldsymbol{x}^{\mathrm{T}}\boldsymbol{A}\boldsymbol{x}$（或对称矩阵 $\boldsymbol{A}$）的**负惯性指数**，它们的差 $k-(r-k)=2k-r$ 称为二次型 $f=\boldsymbol{x}^{\mathrm{T}}\boldsymbol{A}\boldsymbol{x}$ 的**符号差**.

习题5-5

1. 用配方法化下列二次型为标准形，并写出所作的可逆线性变换.

（1）$f(x_1,x_2,x_3)=2x_1^2-\frac{1}{8}x_3^2-4x_1x_2+x_2x_3$；

（2）$f(x_1,x_2,x_3)=x_1x_2+x_1x_3$；

（3）$f(x_1,x_2,x_3)=x_1^2+2x_2^2+2x_1x_2-2x_1x_3$；

（4）$f(x_1,x_2,x_3,x_4)=x_1x_2+x_1x_3+x_1x_4+x_2x_3+x_2x_4+x_3x_4$.

2. 求二次型

$$f(x_1,x_2,x_3)=2x_1^2+2x_2^2+2x_3^2+2x_1x_2+2x_1x_3-2x_2x_3$$

的正、负惯性指数.

第六节　正定二次型

一、正定二次型的概念

n 元二次型 $f(x_1,x_2,\cdots,x_n)=\boldsymbol{x}^{\mathrm{T}}\boldsymbol{A}\boldsymbol{x}$ ，按其值域情况可分为正定二次型和负定二次型等.

定义 5.15　设有二次型 $f(x_1,x_2,\cdots,x_n)=\boldsymbol{x}^{\mathrm{T}}\boldsymbol{A}\boldsymbol{x}$ ，如果对于任何 $\boldsymbol{x}\neq\boldsymbol{O}$ ，都有 $f(x_1,x_2,\cdots,x_n)=\boldsymbol{x}^{\mathrm{T}}\boldsymbol{A}\boldsymbol{x}>0$ ，则称 $f(x_1,x_2,\cdots,x_n)$ 为**正定二次型**，并称对称矩阵 $\boldsymbol{A}$ 为**正定矩阵**；如果对于任何 $\boldsymbol{x}\neq\boldsymbol{O}$ ，都有 $f(x_1,x_2,\cdots,x_n)=\boldsymbol{x}^{\mathrm{T}}\boldsymbol{A}\boldsymbol{x}<0$ ，则称 $f(x_1,x_2,\cdots,x_n)$ 为**负定二次型**，并称对称矩阵 $\boldsymbol{A}$ 为**负定矩阵**.

例如，$f(x,y,z)=x^2+4y^2+16z^2$ 为正定二次型；$f(x_1,x_2)=-x_1^2-3x_2^2$ 为负定二次型.

注意：　$\boldsymbol{x}=[x_1,x_2,\cdots,x_n]^{\mathrm{T}}$ 是非零向量，指的是其中的分量不全为零，即至少有一个分量不为零. 所有分量都不为零的向量当然是非零向量，但它仅仅是一种特殊的非零向量，其范围小了很多. 因此，如果仅对所有分量都不为零的向量 $\boldsymbol{x}=[x_1,x_2,\cdots,x_n]^{\mathrm{T}}$ 都有 $\boldsymbol{x}^{\mathrm{T}}\boldsymbol{A}\boldsymbol{x}>0$ ，那么还不能说 $\boldsymbol{A}$ 是正定矩阵和 $\boldsymbol{x}^{\mathrm{T}}\boldsymbol{A}\boldsymbol{x}$ 是正定二次型.

二、正定矩阵的判定方法

常常将 $f(x_1,x_2,\cdots,x_n)$ 简记为 $f(\boldsymbol{x})$ ，于是二次型为 $f(\boldsymbol{x})=\boldsymbol{x}^{\mathrm{T}}\boldsymbol{A}\boldsymbol{x}$ ，其中 $\boldsymbol{x}=[x_1,x_2,\cdots,x_n]^{\mathrm{T}}$.

定理 5.13　二次型 $f(x_1,x_2,\cdots,x_n)$ 是正定的充分必要条件是它的标准形中的 n 个系数全为正.

证　设可逆的线性变换 $\boldsymbol{x}=\boldsymbol{C}\boldsymbol{y}$ 使

$$f(\boldsymbol{x})=f(\boldsymbol{C}\boldsymbol{y})=\sum_{i=1}^{n}k_i y_i^2.$$

充分性. 设 $k_i>0(i=1,2,\cdots,n)$ ，任给 $\boldsymbol{x}\neq\boldsymbol{O}$ ，则 $\boldsymbol{y}=\boldsymbol{C}^{-1}\boldsymbol{x}\neq\boldsymbol{O}$ ，故

$$f(\boldsymbol{x})=\sum_{i=1}^{n}k_i y_i^2>0,$$

即二次型 $f(x_1,x_2,\cdots,x_n)$ 是正定的.

必要性. 设 $f(\boldsymbol{x})=f(\boldsymbol{C}\boldsymbol{y})=\sum_{i=1}^{n}k_i y_i^2$ 为正定二次型.

下面用反证法证明，假设有 $k_s\leqslant 0$ ，则当 $\boldsymbol{y}=\boldsymbol{\varepsilon}_s$ （单位坐标向量）时，

$$f(\boldsymbol{C}\boldsymbol{\varepsilon}_s)=k_s\leqslant 0.$$

显然 $\boldsymbol{C}\boldsymbol{\varepsilon}_s\neq\boldsymbol{O}$ ，这与 $f(x_1,x_2,\cdots,x_n)$ 为正定相矛盾. 这就证明了 $k_i>0\ (i=1,2,\cdots,n)$.

推论 1　对称矩阵 $\boldsymbol{A}$ 为正定矩阵的充分必要条件是 $\boldsymbol{A}$ 的特征值全为正.

推论 2 正定二次型 $f(x_1, x_2, \cdots, x_n)$ 的规范形是

$$y_1^2 + y_2^2 + \cdots + y_n^2.$$

定义 5.16 设 $A = [a_{ij}]$ 是 n 阶方阵，则它的如下形状的 k 阶子式

$$D_k = \begin{vmatrix} a_{11} & a_{12} & a_{13} & \cdots & a_{1k} \\ a_{21} & a_{22} & a_{23} & \cdots & a_{2k} \\ a_{31} & a_{32} & a_{33} & \cdots & a_{3k} \\ \vdots & \vdots & \vdots & & \vdots \\ a_{k1} & a_{k2} & a_{k3} & \cdots & a_{kk} \end{vmatrix}, \quad 1 \leqslant k \leqslant n$$

称为 A 的 k 阶**顺序主子式**.

注：n 阶方阵 A 的 k 阶顺序主子式指的是，位于 A 中前 k 行和前 k 列的 k^2 个元素，按照原来的相对顺序排成的 k 阶行列式. 依次取 $k = 1, 2, \cdots, n$，可以得到 n 个顺序主子式. 特别，一阶顺序主子式就是一个元素 a_{11}. n 阶顺序主子式就是 $|A|$.

定理 5.14 n 阶实对称矩阵 $A = [a_{ij}]$ 是正定矩阵的充分必要条件是矩阵 A 的 n 个顺序主子式

$$D_k > 0 \ (k = 1, 2, \cdots, n);$$

n 阶实对称矩阵 $A = [a_{ij}]$ 是负定矩阵的充分必要条件是矩阵 A 的奇数阶的顺序主子式为负，而偶数阶的顺序主子式为正，即

$$(-1)^r \begin{vmatrix} a_{11} & \cdots & a_{1r} \\ \vdots & & \vdots \\ a_{r1} & \cdots & a_{rr} \end{vmatrix} > 0, (r = 1, 2, \cdots, n).$$

这个定理称为**霍尔维茨定理**. 证明从略.

例 5.17 判定 $A = \begin{bmatrix} 5 & 2 & -2 \\ 2 & 5 & -1 \\ -2 & -1 & 5 \end{bmatrix}$ 是不是正定矩阵.

解 因为 A 的三个顺序主子式

$$D_1 = 5 > 0, \quad D_2 = \begin{vmatrix} 5 & 2 \\ 2 & 5 \end{vmatrix} = 21 > 0,$$

$$D_3 = \begin{vmatrix} 5 & 2 & -2 \\ 2 & 5 & -1 \\ -2 & -1 & 5 \end{vmatrix} = 88 > 0,$$

所以 A 是正定矩阵.

例 5.18 判别二次型 $f(x_1, x_2, x_3) = -x_1^2 - x_2^2 - x_3^2 + x_1 x_2$ 的正定性.

解 此二次型的矩阵为

$$A = \begin{bmatrix} -1 & \frac{1}{2} & 0 \\ \frac{1}{2} & -1 & 0 \\ 0 & 0 & -1 \end{bmatrix},$$

它的各阶顺序主子式为

$$a_{11}=-1<0,\ \begin{vmatrix}-1 & \frac{1}{2}\\ \frac{1}{2} & -1\end{vmatrix}=\frac{3}{4}>0,\ \begin{vmatrix}-1 & \frac{1}{2} & 0\\ \frac{1}{2} & -1 & 0\\ 0 & 0 & -1\end{vmatrix}=-\frac{3}{4}<0,$$

所以，该二次型是负定的.

判别一个二次型是否正（负）定，可以从其正惯性指数来判别；也可以判别其对应的矩阵是否正（负）定矩阵，从而判别所讨论的二次型是否正（负）定.

习题5-6

1. 判别下列二次型的正定性.

（1） $f(x_1,x_2,x_3)=-2x_1^2-6x_2^2-4x_3^2+2x_1x_2+2x_1x_3$；

（2） $f=x_1^2+3x_2^2+9x_3^2+19x_4^2-2x_1x_2+4x_1x_3+2x_1x_4-6x_2x_4-12x_3x_4$；

（3） $f(x_1,x_2,x_3)=x_1^2+2x_2^2+x_3^2+2x_1x_3+4x_2x_3$.

2. 求 k 为何值时，以下三元二次型为正定二次型.

（1） $f(x_1,x_2,x_3)=(k+1)x_1^2+(k-1)x_2^2+(k-2)x_3^2$；

（2） $f(x,y,z)=5x^2+4xy+y^2-2xz+kz^2-2yz$.

3. 设 $\boldsymbol{A}$ 为 n 阶正定矩阵，试证明行列式 $D=|\boldsymbol{A}+\boldsymbol{E}|>1$.

4. 设 $\boldsymbol{A}$ 为 n 阶正定矩阵，试证明 $\boldsymbol{A}^{-1}, \boldsymbol{A}^m$ 都是正定矩阵（m 为正整数）.

总习题五

A组

1. 选择题.

（1）设3阶矩阵 $\boldsymbol{A}$ 有特征值0，-1，1，其对应的特征向量分别为 $\boldsymbol{X}_1,\boldsymbol{X}_2,\boldsymbol{X}_3$，令 $\boldsymbol{P}=[\boldsymbol{X}_1,\boldsymbol{X}_2,\boldsymbol{X}_3]$，则 $\boldsymbol{P}^{-1}\boldsymbol{A}\boldsymbol{P}=$（　　）.

A. diag(1，-1，0)　　B. diag(1，0，-1)

C. diag(0，1，-1)　　D. diag(0，-1，1)

（2）下列矩阵中为正交矩阵的是（　　）.

A. $\begin{bmatrix}1 & 0 & 0\\ 0 & 1 & 1\\ 0 & 1 & -1\end{bmatrix}$　　B. $\frac{1}{3}\begin{bmatrix}2 & -2 & 1\\ 2 & 1 & -2\\ 1 & 2 & 2\end{bmatrix}$

C. $\frac{1}{5}\begin{bmatrix}1 & 2\\ 2 & -1\end{bmatrix}$　　D. $\begin{bmatrix}1 & -1\\ 0 & 1\end{bmatrix}$

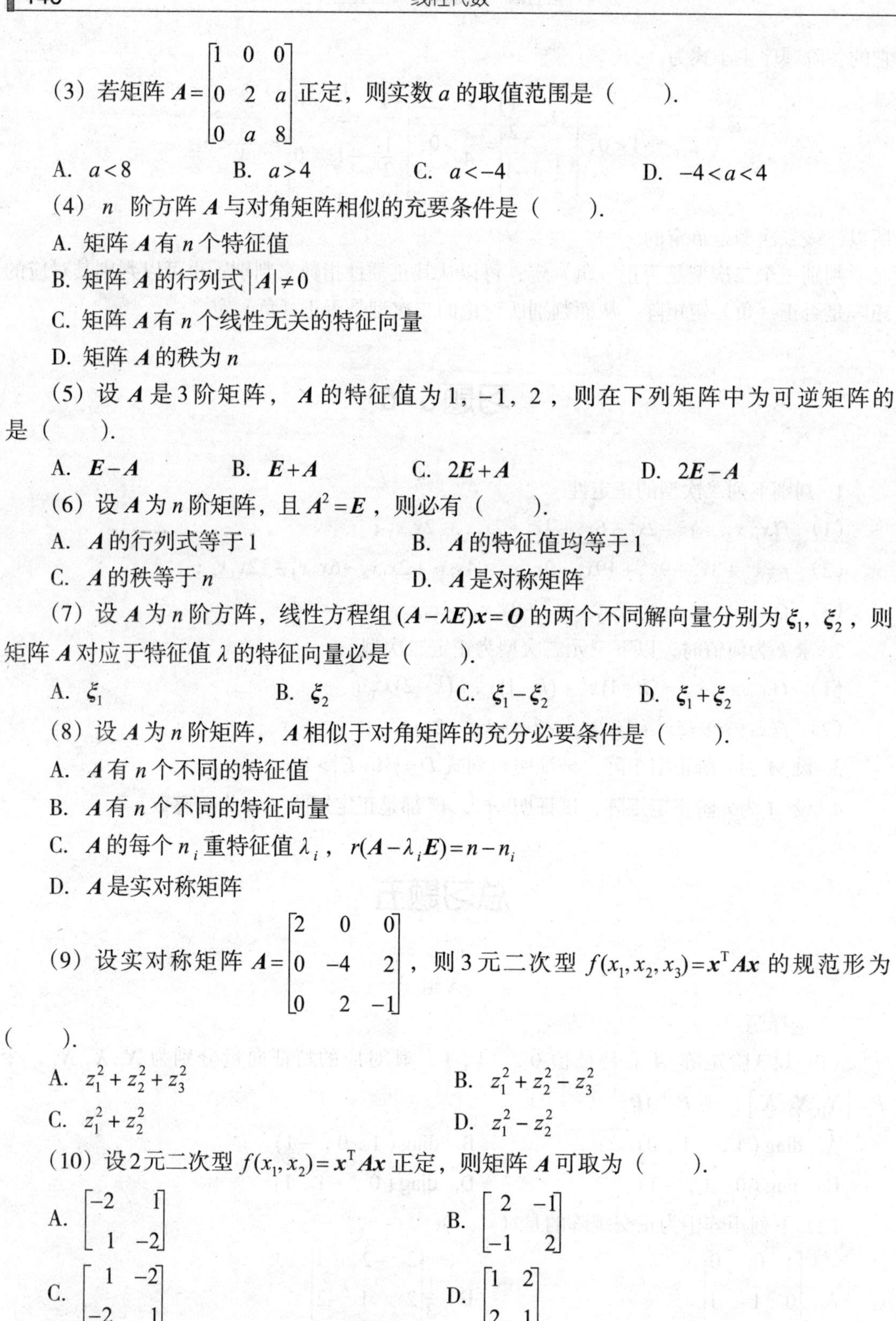

(3) 若矩阵 $A=\begin{bmatrix}1&0&0\\0&2&a\\0&a&8\end{bmatrix}$ 正定，则实数 a 的取值范围是（　　）.

A. $a<8$　　B. $a>4$　　C. $a<-4$　　D. $-4<a<4$

(4) n 阶方阵 A 与对角矩阵相似的充要条件是（　　）.

A. 矩阵 A 有 n 个特征值

B. 矩阵 A 的行列式 $|A|\neq 0$

C. 矩阵 A 有 n 个线性无关的特征向量

D. 矩阵 A 的秩为 n

(5) 设 A 是3阶矩阵，A 的特征值为 $1, -1, 2$，则在下列矩阵中为可逆矩阵的是（　　）.

A. $E-A$　　B. $E+A$　　C. $2E+A$　　D. $2E-A$

(6) 设 A 为 n 阶矩阵，且 $A^2=E$，则必有（　　）.

A. A 的行列式等于1　　B. A 的特征值均等于1

C. A 的秩等于 n　　D. A 是对称矩阵

(7) 设 A 为 n 阶方阵，线性方程组 $(A-\lambda E)x=O$ 的两个不同解向量分别为 ξ_1, ξ_2，则矩阵 A 对应于特征值 λ 的特征向量必是（　　）.

A. ξ_1　　B. ξ_2　　C. $\xi_1-\xi_2$　　D. $\xi_1+\xi_2$

(8) 设 A 为 n 阶矩阵，A 相似于对角矩阵的充分必要条件是（　　）.

A. A 有 n 个不同的特征值

B. A 有 n 个不同的特征向量

C. A 的每个 n_i 重特征值 λ_i，$r(A-\lambda_i E)=n-n_i$

D. A 是实对称矩阵

(9) 设实对称矩阵 $A=\begin{bmatrix}2&0&0\\0&-4&2\\0&2&-1\end{bmatrix}$，则3元二次型 $f(x_1,x_2,x_3)=x^{\mathrm T}Ax$ 的规范形为（　　）.

A. $z_1^2+z_2^2+z_3^2$　　B. $z_1^2+z_2^2-z_3^2$

C. $z_1^2+z_2^2$　　D. $z_1^2-z_2^2$

(10) 设2元二次型 $f(x_1,x_2)=x^{\mathrm T}Ax$ 正定，则矩阵 A 可取为（　　）.

A. $\begin{bmatrix}-2&1\\1&-2\end{bmatrix}$　　B. $\begin{bmatrix}2&-1\\-1&2\end{bmatrix}$

C. $\begin{bmatrix}1&-2\\-2&1\end{bmatrix}$　　D. $\begin{bmatrix}1&2\\2&1\end{bmatrix}$

(11) 正定二次型 $f(x_1,x_2,x_3,x_4)$ 的矩阵为 A，则（　　）必成立.

A. A 的所有顺序主子式为非负数　　B. A 的所有顺序主子式大于零

C. $\boldsymbol{A}$的所有特征值为非负数　　D. $\boldsymbol{A}$的所有特征值互不相同

（12）若方阵$\boldsymbol{A}$与对角矩阵$\boldsymbol{\Lambda}=\begin{bmatrix}-1&&\\&1&\\&&-1\end{bmatrix}$相似，则$\boldsymbol{A}^6=$（　　）.

A. $\boldsymbol{A}$　　B. $-\boldsymbol{E}$　　C. $\boldsymbol{E}$　　D. $6\boldsymbol{E}$

2. 填空题

（1）设λ_1和λ_2是3阶实对称矩阵$\boldsymbol{A}$的两个不同的特征值，$\boldsymbol{\xi}_1=[1,\ 1,\ 3]^{\mathrm{T}}$，$\boldsymbol{\xi}_2=[4,\ 5,\ a]^{\mathrm{T}}$依次是$\boldsymbol{A}$的属于特征值$\lambda_1$，$\lambda_2$的特征向量，则实常数$a=$________.

（2）已知矩阵$\begin{bmatrix}1&2&2\\2&1&2\\2&2&1\end{bmatrix}$与矩阵$\begin{bmatrix}-1&0&0\\0&-1&0\\0&0&a\end{bmatrix}$相似，则$a=$________.

（3）设$\boldsymbol{A}$为2阶矩阵，$\boldsymbol{\alpha}_1,\boldsymbol{\alpha}_2$为线性无关的2维列向量，$\boldsymbol{A\alpha}_1=\boldsymbol{O}$，$\boldsymbol{A\alpha}_2=2\boldsymbol{\alpha}_1+\boldsymbol{\alpha}_2$则$\boldsymbol{A}$的非零特征值为________.

（4）已知二次型$f(x_1,x_2,x_3)=(1-a)x_1^2+(1-a)x_2^2+2x_3^2+2(1+a)x_1x_2$的秩为2，则$a=$________.

（5）已知三阶方阵$\boldsymbol{A}$的特征值为$-2,1,2$，则行列式$|2\boldsymbol{A}^*+\boldsymbol{E}|=$________.

（6）若3阶矩阵$\boldsymbol{A}$与$\begin{bmatrix}1&0&0\\0&2&0\\0&0&3\end{bmatrix}$相似，则$r(\boldsymbol{A}-\boldsymbol{E})=$________.

（7）已知二次型$f=x_1^2-2x_2^2-2x_3^2-4x_1x_2+4x_1x_3+8x_2x_3$，则$f$的矩阵$\boldsymbol{A}=$________.

（8）设3元二次型$f(x_1,x_2,x_3)=\boldsymbol{x}^{\mathrm{T}}\boldsymbol{Ax}$经正交变换化成的标准形为$f=3{y_1}^2$，则矩阵$\boldsymbol{A}$的特征值为________.

（9）设$A=\begin{bmatrix}1&1&0\\1&0&1\\0&1&1\end{bmatrix}$，则$\boldsymbol{A}$的特征值为________.

3. 判断下列矩阵可否对角化.

（1）$\boldsymbol{A}=\begin{bmatrix}0&1&0\\0&0&1\\-6&-11&-6\end{bmatrix}$；　（2）$\boldsymbol{A}=\begin{bmatrix}1&2&2\\2&1&2\\2&2&1\end{bmatrix}$；　（3）$\boldsymbol{A}=\begin{bmatrix}-1&1&0\\-4&3&0\\1&0&2\end{bmatrix}$.

4. 设$\boldsymbol{A}$是二阶方阵，特征值分别为$\lambda_1=2,\lambda_2=4$，其对应的特征向量分别为

$$\boldsymbol{p}_1=\begin{bmatrix}1\\1\end{bmatrix},\quad \boldsymbol{p}_2=\begin{bmatrix}-1\\1\end{bmatrix}.$$

设$\boldsymbol{p}=[\boldsymbol{p}_2,\boldsymbol{p}_1]$，求$\boldsymbol{p}^{-1}\boldsymbol{Ap}$，$\boldsymbol{A}^2$及$|\boldsymbol{A}|$.

5. 设有二次型$f(x_1,x_2,x_3)=x_1^2+2x_2^2+x_3^2+2x_1x_2+2x_1x_3+4x_2x_3$，

（1）写出二次型f的矩阵$\boldsymbol{A}$；

（2）用配方法化二次型为标准形，并写出所用可逆线性变换.

6. 设λ是n阶正交矩阵$\boldsymbol{A}$的特征值，证明$\lambda \neq 0$，且$\frac{1}{\lambda}$也是$\boldsymbol{A}$的特征值.

7. 已知实对称矩阵$\boldsymbol{A}=\begin{bmatrix}1 & -2 & -2\\ -2 & 1 & -2\\ -2 & -2 & 1\end{bmatrix}$，求一个正交矩阵$\boldsymbol{P}$，使$\boldsymbol{P}^{\mathrm{T}}\boldsymbol{AP}$为对角矩阵.

8. 已知矩阵$\boldsymbol{A}=\begin{bmatrix}1 & -3 & 3\\ 6 & a & -6\\ b & -9 & 13\end{bmatrix}$，向量$\boldsymbol{\alpha}=\begin{bmatrix}1\\ 1\\ 2\end{bmatrix}$是$\boldsymbol{A}^{-1}$的一个特征向量. 求$a, b$的值，以及行列式$\left|2\boldsymbol{A}^{-1}\right|$的值.

9. 用正交变换化二次型$f(x_1,x_2,x_3)=4x_1^2+3x_2^2+3x_3^2+2x_2x_3$为标准形.

10. 设矩阵

$$\boldsymbol{A}=\begin{bmatrix}1 & -2 & -2\\ 2 & -3 & -2\\ -2 & 2 & 1\end{bmatrix},$$

（1）求可逆阵$\boldsymbol{P}$，使得$\boldsymbol{P}^{-1}\boldsymbol{AP}=\boldsymbol{\Lambda}$为对角阵；

（2）求$\boldsymbol{A}^k$.

11. 已知二次型$f(x_1,x_2,x_3)=5x_1^2+5x_2^2+cx_3^2-2x_1x_2+6x_1x_3-6x_2x_3$的秩为2.

（1）求参数c及此二次型对应矩阵的特征值；

（2）指出方程$f(x_1,x_2,x_3)=1$表示何种曲面.

B组

1. 选择题.

（1）设$\boldsymbol{A}$是n阶实对称矩阵，$\boldsymbol{P}$是n阶可逆矩阵.已知n维列向量$\boldsymbol{\alpha}$是$\boldsymbol{A}$的属于特征值λ的特征向量，则矩阵$(\boldsymbol{P}^{-1}\boldsymbol{AP})^{\mathrm{T}}$属于特征值$\lambda$的特征向量是（　　）.

A. $\boldsymbol{P}^{-1}\boldsymbol{\alpha}$　　B. $\boldsymbol{P}^{\mathrm{T}}\boldsymbol{\alpha}$　　C. $\boldsymbol{P\alpha}$　　D. $(\boldsymbol{P}^{-1})^{\mathrm{T}}\boldsymbol{\alpha}$　　（2002）

（2）设λ_1,λ_2是矩阵$\boldsymbol{A}$的两个不同的特征值，对应的特征向量分别为$\boldsymbol{\alpha}_1,\boldsymbol{\alpha}_2$，则$\boldsymbol{\alpha}_1$，$\boldsymbol{A}(\boldsymbol{\alpha}_1+\boldsymbol{\alpha}_2)$线性无关的充分必要条件是（　　）.

A. $\lambda_1=0$　　B. $\lambda_2=0$　　C. $\lambda_1\neq 0$　　D. $\lambda_2\neq 0$　　（2005）

（3）设矩阵$\boldsymbol{A}=\begin{bmatrix}2 & -1 & -1\\ -1 & 2 & -1\\ -1 & -1 & 2\end{bmatrix}$，$\boldsymbol{B}=\begin{bmatrix}1 & 0 & 0\\ 0 & 1 & 0\\ 0 & 0 & 0\end{bmatrix}$，则$\boldsymbol{A}$与$\boldsymbol{B}$（　　）.

A. 合同，且相似　　B. 合同，但不相

C. 不合同，但相似　　D. 既不合同，也不相似　　（2007）

（4）设$\boldsymbol{A}=\begin{bmatrix}1 & 2\\ 2 & 1\end{bmatrix}$，则在实数域上与$\boldsymbol{A}$合同矩阵为（　　）.

A. $\begin{bmatrix}-2 & 1\\ 1 & -2\end{bmatrix}$　B. $\begin{bmatrix}2 & -1\\ -1 & 2\end{bmatrix}$　C. $\begin{bmatrix}2 & 1\\ 1 & 2\end{bmatrix}$　D. $\begin{bmatrix}1 & -2\\ -2 & 1\end{bmatrix}$　(2008)

(5) 设 $\boldsymbol{A}$ 为4阶实对称矩阵，且 $\boldsymbol{A}^2+\boldsymbol{A}=\boldsymbol{O}$，若 $\boldsymbol{A}$ 的秩为3，则 $\boldsymbol{A}$ 相似于（　）.

A. $\begin{bmatrix}1 & & & \\ & 1 & & \\ & & 1 & \\ & & & 0\end{bmatrix}$　B. $\begin{bmatrix}1 & & & \\ & 1 & & \\ & & -1 & \\ & & & 0\end{bmatrix}$

C. $\begin{bmatrix}1 & & & \\ & -1 & & \\ & & -1 & \\ & & & 0\end{bmatrix}$　D. $\begin{bmatrix}-1 & & & \\ & -1 & & \\ & & -1 & \\ & & & 0\end{bmatrix}$　(2010)

(6) 矩阵 $\begin{bmatrix}1 & a & 1\\ a & b & a\\ 1 & a & 1\end{bmatrix}$ 与矩阵 $\begin{bmatrix}2 & 0 & 0\\ 0 & b & 0\\ 0 & 0 & 0\end{bmatrix}$ 相似的充分必要条件是（　）.

A. $a=0, b=2$　B. $a=0$，b 为任意常数

C. $a=2, b=0$　D. $a=2$，b 为任意常数　(2013)

(7) 设 $\boldsymbol{A}$ 是 n 阶可逆矩阵，λ 是 $\boldsymbol{A}$ 的一个特征根，则 $\boldsymbol{A}$ 的伴随矩阵 $\boldsymbol{A}^*$ 的特征根之一是（　）.

A. $\lambda^{-1}|\boldsymbol{A}|^n$　B. $\lambda^{-1}|\boldsymbol{A}|$　C. $\lambda|\boldsymbol{A}|$　D. $\lambda|\boldsymbol{A}|^n$　(1991)

(8) 设 $\lambda=2$ 是非奇异矩阵 $\boldsymbol{A}$ 的一个特征值，则矩阵 $(\frac{1}{3}\boldsymbol{A}^2)^{-1}$ 有一个特征值等于（　）.

A. $\frac{4}{3}$　B. $\frac{3}{4}$　C. $\frac{1}{2}$　D. $\frac{1}{4}$　(1993)

(9) 设 $\boldsymbol{A}$，$\boldsymbol{B}$ 为同阶可逆矩阵，则（　）.

A. $\boldsymbol{AB}=\boldsymbol{BA}$

B. 存在可逆矩阵 $\boldsymbol{P}$，使 $\boldsymbol{P}^{-1}\boldsymbol{AP}=\boldsymbol{B}$

C. 存在可逆矩阵 $\boldsymbol{C}$，使 $\boldsymbol{C}^{\mathrm{T}}\boldsymbol{AC}=\boldsymbol{B}$

D. 存在可逆矩阵 $\boldsymbol{P}$ 和 $\boldsymbol{Q}$，使 $\boldsymbol{PAQ}=\boldsymbol{B}$　(1997)

(10) 设 $\boldsymbol{A}=\begin{bmatrix}1 & 1 & 1 & 1\\ 1 & 1 & 1 & 1\\ 1 & 1 & 1 & 1\\ 1 & 1 & 1 & 1\end{bmatrix}, \boldsymbol{B}=\begin{bmatrix}4 & 0 & 0 & 0\\ 0 & 0 & 0 & 0\\ 0 & 0 & 0 & 0\\ 0 & 0 & 0 & 0\end{bmatrix}$，则 $\boldsymbol{A}$ 与 $\boldsymbol{B}$（　）.

A. 合同，且相似　B. 合同，但不相似

C. 不合同，但相似　D. 既不合同，也不相似　(2001)

(11) 设 $\boldsymbol{A}$，$\boldsymbol{B}$ 为 n 阶矩阵，且 $\boldsymbol{A}$ 与 $\boldsymbol{B}$ 相似，$\boldsymbol{E}$ 为 n 阶单位矩阵，则（　）.

A. $\lambda\boldsymbol{E}-\boldsymbol{A}=\lambda\boldsymbol{E}-\boldsymbol{B}$

B. $\boldsymbol{A}$ 与 $\boldsymbol{B}$ 有相同的特征值和特征向量

C. $\boldsymbol{A}$ 与 $\boldsymbol{B}$ 都相似于一个对角矩阵

D. 对任意的常数 t，$t\boldsymbol{E}-\boldsymbol{A}$ 与 $t\boldsymbol{E}-\boldsymbol{B}$ 相似　(1999)

2. 填空题.

（1）已知实二次型 $f(x_1,x_2,x_3)=a(x_1^2+x_2^2+x_3^2)+4x_1x_2+4x_1x_3+4x_2x_3$ 经正交变换 $\boldsymbol{x}=\boldsymbol{P}\boldsymbol{y}$ 可化成标准形 $f=6y_1^2$，则 $a=$_________. （2002）

（2）设3阶矩阵 $\boldsymbol{A}$ 的特征值为1，2，2，$\boldsymbol{E}$ 为3阶单位矩阵，则 $\left|4\boldsymbol{A}^{-1}-\boldsymbol{E}\right|=$_______. （2008）

（3） 设 $\boldsymbol{\alpha}=[1,1,1]^{\mathrm{T}}$，$\boldsymbol{\beta}=[1,0,k]^{\mathrm{T}}$，若矩阵 $\boldsymbol{\alpha}\boldsymbol{\beta}^{\mathrm{T}}$ 相似于 $\begin{bmatrix}3&0&0\\0&0&0\\0&0&0\end{bmatrix}$，则 $k=$_______. （2009）

（4）设二次型 $f(x_1,x_2,x_3)=\boldsymbol{x}^{\mathrm{T}}\boldsymbol{A}\boldsymbol{x}$ 的秩为1，$\boldsymbol{A}$ 中行元素之和为3，则 f 在正交变换 $\boldsymbol{x}=\boldsymbol{Q}\boldsymbol{y}$ 下的标准形为_________. （2011）

（5）矩阵 $\begin{bmatrix}0&-2&-2\\2&2&-2\\-2&-2&2\end{bmatrix}$ 的非零特征值是_________. （2002）

（6）设 $\boldsymbol{A}$ 是 n 阶矩阵，$|\boldsymbol{A}|\neq 0$，$\boldsymbol{A}^*$ 为 $\boldsymbol{A}$ 的伴随矩阵，$\boldsymbol{E}$ 为 n 阶单位矩阵，若 $\boldsymbol{A}$ 有特征值 λ，则 $(\boldsymbol{A}^*)^2+\boldsymbol{E}$ 必有特征值_________. （1998）

（7）若四阶矩阵 $\boldsymbol{A}$ 与 $\boldsymbol{B}$ 相似，矩阵 $\boldsymbol{A}$ 的特征值是 $1/2,1/3,1/4,1/5,$，则行列式 $\left|\boldsymbol{B}^{-1}-\boldsymbol{E}\right|=$_________. （2000）

（8）若二次型 $f(x_1,x_2,x_3)=2x_1^2+x_2^2+x_3^2+2x_1x_2+tx_2x_3$ 是正定的，则 t 的取值范围是________. （1997）

3. 设 $\boldsymbol{A}$ 为三阶实对称矩阵，且满足条件 $\boldsymbol{A}^2+2\boldsymbol{A}=\boldsymbol{O}$，已知 $\boldsymbol{A}$ 的秩 $r(\boldsymbol{A})=2$，

（1）求 $\boldsymbol{A}$ 的全部特征值；

（2）当 k 为何值时，矩阵 $\boldsymbol{A}+k\boldsymbol{E}$ 为正定矩阵，其中 $\boldsymbol{E}$ 为三阶单位矩阵. （2002）

4. 设 $\boldsymbol{A},\boldsymbol{B}$ 为同阶方阵，

（1）如果 $\boldsymbol{A},\boldsymbol{B}$ 相似，试证 $\boldsymbol{A},\boldsymbol{B}$ 的特征多项式相等.

（2）举一个二阶方阵的例子说明（1）的逆命题不成立.

（3）当 $\boldsymbol{A},\boldsymbol{B}$ 均为实对称矩阵时，证明（1）的逆命题成立. （2002）

5. 设 $\boldsymbol{D}=\begin{bmatrix}\boldsymbol{A}&\boldsymbol{C}\\\boldsymbol{C}^{\mathrm{T}}&\boldsymbol{B}\end{bmatrix}$ 为正定矩阵，其中 $\boldsymbol{A},\boldsymbol{B}$ 分别为 m 阶，n 阶对称矩阵，$\boldsymbol{C}$ 为 $m\times n$ 矩阵.

（1） 计算 $\boldsymbol{P}^{\mathrm{T}}\boldsymbol{D}\boldsymbol{P}$，其中 $\boldsymbol{P}=\begin{bmatrix}\boldsymbol{E}_m&-\boldsymbol{A}^{-1}\boldsymbol{C}\\\boldsymbol{O}&\boldsymbol{E}_n\end{bmatrix}$；

（2）利用（1）的结果判断矩阵 $\boldsymbol{B}-\boldsymbol{C}^{\mathrm{T}}\boldsymbol{A}^{-1}\boldsymbol{C}$ 是否为正定矩阵，并证明你的结论. （2005）

6. 设3阶实对称矩阵 $\boldsymbol{A}$ 的各行元素之和均为3，向量 $\boldsymbol{\alpha}_1=[-1,2,-1]^{\mathrm{T}},\boldsymbol{\alpha}_2=[0,-1,1]^{\mathrm{T}}$

是线性方程组 $Ax=O$ 的两个解.

（1） 求 A 的特征值与特征向量；

（2） 求正交矩阵 Q 和对角矩阵 Λ，使得 $Q^{T}AQ=\Lambda$；

（3）求 A 及 $\left(A-\frac{3}{2}E\right)^{6}$，其中 E 为3阶单位矩阵. （2006）

7. 设3阶实对称矩阵 A 的特征值 $\lambda_1=1,\lambda_2=2,\lambda_3=-2$，$\alpha_1=[1,-1,1]^{T}$ 是 A 的属于 λ_1 的一个特征向量. 记 $B=A^5-4A^3+E$，其中 E 为3阶单位矩阵.

（1）验证 α_1 是矩阵 B 的特征向量，并求 B 的全部特征值与特征向量；

（2）求矩阵 B. （2007）

8. 设二次型

$$f(x_1,x_2,x_3)=x^{T}Ax=ax_1^2+2x_2^2-2x_3^2+2bx_1x_3(b>0),$$

其中二次型的矩阵 A 的特征值之和为1，特征值之积为–12.

（1）求 a,b 的值；

（2）利用正交变换将二次型 f 化为标准形，并写出所用的正交变换和对应的正交矩阵. （2003）

9. 设 A 为3阶矩阵，α_1,α_2 为 A 的分别属于特征值–1，1特征向量，向量 α_3 满足 $A\alpha_3=\alpha_2+\alpha_3$，

（1）证明 $\alpha_1,\alpha_2,\alpha_3$ 线性无关；

（2）令 $P=[\alpha_1,\alpha_2,\alpha_3]$，求 $P^{-1}AP$. （2008）

10. 设二次型 $f(x_1,x_2,x_3)=ax_1^2+ax_2^2+(a-1)x_3^2+2x_1x_3-2x_2x_3$.

（1）求二次型 f 的矩阵的所有特征值；

（2）若二次型 f 的规范形为 $y_1^2+y_2^2$，求 a 的值. （2009）

11. 设 $A=\begin{bmatrix}0&-1&4\\-1&3&a\\4&a&0\end{bmatrix}$，正交矩阵 Q 使得 $Q^{T}AQ$ 为对角矩阵，若 Q 的第一列为 $\frac{1}{\sqrt{6}}[1,2,1]^{T}$，求 a，Q. （2010）

12. 设 A 为三阶实对称矩阵，A 的秩 $r(A)=2$，且 $A\begin{bmatrix}1&1\\0&0\\-1&1\end{bmatrix}=\begin{bmatrix}-1&1\\0&0\\1&1\end{bmatrix}$，求

（1） A 的特征值与特征向量；

（2）矩阵 A. （2011）

13. 已知 $A=\begin{bmatrix}1&0&1\\0&1&1\\-1&0&a\\0&a&-1\end{bmatrix}$，二次型 $f(x_1,x_2,x_3)=x^{T}(A^{T}A)x$ 的秩为2，

（1）求实数 a 的值；

（2）求正交变换 $x=Qy$ 将 f 化为标准型. （2012）

14.设二次型 $f(x_1,x_2,x_3)=2(a_1x_1+a_2x_2+a_3x_3)^2+(b_1x_1+b_2x_2+b_3x_3)^2$. 记 $\boldsymbol{\alpha}=\begin{bmatrix}a_1\\a_2\\a_3\end{bmatrix},\boldsymbol{\beta}=\begin{bmatrix}b_1\\b_2\\b_3\end{bmatrix}$.

（1）证明二次型 f 对应的矩阵为 $2\boldsymbol{\alpha}\boldsymbol{\alpha}^{\mathrm{T}}+\boldsymbol{\beta}\boldsymbol{\beta}^{\mathrm{T}}$；

（2）若 $\boldsymbol{\alpha},\boldsymbol{\beta}$ 正交且为单位向量，证明 f 在正交变换下的标准形为 $2y_1^2+y_2^2$. （2013）

15. 证明 n 阶矩阵 $\begin{bmatrix}1&1&\cdots&1\\1&1&\cdots&1\\\vdots&\vdots&&\vdots\\1&1&\cdots&1\end{bmatrix}$ 与 $\begin{bmatrix}0&0&\cdots&1\\0&0&\cdots&2\\\vdots&\vdots&&\vdots\\0&0&\cdots&n\end{bmatrix}$ 相似. （2014）

16. 设矩阵 $\boldsymbol{A}=\begin{bmatrix}3&2&2\\2&3&2\\2&2&3\end{bmatrix}$，$\boldsymbol{P}=\begin{bmatrix}0&1&0\\1&0&1\\0&0&1\end{bmatrix}$，$\boldsymbol{B}=\boldsymbol{P}^{-1}\boldsymbol{A}^*\boldsymbol{P}$，求 $\boldsymbol{B}+2\boldsymbol{E}$ 的特征值与特征向量，其中 $\boldsymbol{A}^*$ 为 $\boldsymbol{A}$ 的伴随矩阵，$\boldsymbol{E}$ 为三阶单位矩阵. （2003）

17. 设 $\boldsymbol{A}$ 是 n 阶矩阵，λ_1 和 λ_2 是 $\boldsymbol{A}$ 的两个不同的特征值，$\boldsymbol{x}_1,\boldsymbol{x}_2$ 是分别属于 λ_1 和 λ_2 的特征向量，试证明 $\boldsymbol{x}_1+\boldsymbol{x}_2$ 不是 $\boldsymbol{A}$ 的特征向量. （1990）

18. 已知 $\boldsymbol{\xi}=[1,1,-1]^{\mathrm{T}}$ 是矩阵 $\boldsymbol{A}=\begin{bmatrix}2&-1&2\\5&a&3\\-1&b&-2\end{bmatrix}$ 的一个特征向量.

（1）试确定参数 a,b 及特征向量 $\boldsymbol{\xi}$ 所对应的特征值；

（2）问 $\boldsymbol{A}$ 能否相似对角矩阵？说明理由. （1997）

19. 设矩阵 $\boldsymbol{A}=\begin{bmatrix}a&-1&c\\5&b&3\\1-c&0&-a\end{bmatrix}$，其行列式 $|\boldsymbol{A}|=-1$，又 $\boldsymbol{A}$ 的伴随矩阵 $\boldsymbol{A}^*$ 有一个特征值 λ_0，属于 λ_0 的一个特征向量为 $\boldsymbol{\alpha}=[-1,-1,1]^{\mathrm{T}}$，求 a,b,c 和 λ_0 值. （1999）

习题参考答案

习题1–1

1. $x=y=z=2$.

2. $A=\begin{bmatrix} a_{11} & a_{12} & \cdots & a_{1n} \\ a_{21} & a_{22} & \cdots & a_{2n} \\ \cdots & \cdots & \cdots & \cdots \\ a_{n1} & a_{n2} & \cdots & a_{nn} \end{bmatrix}$，$B=\begin{bmatrix} a_{11} & a_{12} & \cdots & a_{1n} & b_1 \\ a_{21} & a_{22} & \cdots & a_{2n} & b_2 \\ \cdots & \cdots & \cdots & \cdots & \cdots \\ a_{n1} & a_{n2} & \cdots & a_{nn} & b_n \end{bmatrix}$.

3. $\begin{cases} x_1 + x_2 - x_3 + 2x_4 = 3, \\ 2x_1 + x_2 - 3x_4 = 1, \\ -4x_1 - 2x_2 + 6x_4 = -2, \end{cases}$

4. $A=\begin{bmatrix} a_{11} & a_{12} & \cdots & a_{1n} \\ a_{21} & a_{22} & \cdots & a_{2n} \\ \cdots & \cdots & \cdots & \cdots \\ a_{m1} & a_{m2} & \cdots & a_{mn} \end{bmatrix}$.

习题1–2

1. $\begin{bmatrix} -1 & -2 & -2 \\ -1 & -3 & -1 \end{bmatrix}$.

2. (1) $\begin{bmatrix} 35 \\ 6 \\ 49 \end{bmatrix}$；(2) $\begin{bmatrix} 6 & -7 & 8 \\ 20 & -5 & -6 \end{bmatrix}$；(3) 10；(4) $\begin{bmatrix} -2 & 4 \\ -1 & 2 \\ -3 & 6 \end{bmatrix}$.

3. $\begin{bmatrix} -2 & -4 \\ 2 & 0 \end{bmatrix}$.

4. $\begin{bmatrix} 0 & 17 \\ 14 & 13 \\ -3 & 10 \end{bmatrix}$.

5. $\begin{bmatrix} -2 & 13 & 22 \\ -2 & -17 & 20 \\ 4 & 29 & -2 \end{bmatrix}$，$\begin{bmatrix} 0 & 5 & 8 \\ 0 & -5 & 6 \\ 2 & 9 & 0 \end{bmatrix}$.

6. $\begin{bmatrix} 1 & -1 & 2 \\ 2 & -2 & 4 \\ 3 & -3 & 6 \end{bmatrix}$，5，$125A$.

7. 略.

8. 略.

9. $\begin{cases} x_1=-6z_1+z_2+3z_3, \\ x_2=12z_1-4z_2+9z_3, \\ x_3=-10z_1-z_2+16z_3. \end{cases}$

10. $Ax=b$.

习题1-3

1. 略.
2. 略.
3. 证明略，$A^{-1}=E-A$.
4. 略.
5. E.

习题1-4

1. $\begin{bmatrix}1&0&1&0\\-1&2&0&1\\-2&4&3&3\\-1&1&3&1\end{bmatrix}$.

2. $\begin{bmatrix}\frac{1}{2}&0&0\\0&1&-1\\0&-2&3\end{bmatrix}$.

3. $\begin{bmatrix}625&0&0&0\\0&625&0&0\\0&0&16&0\\0&0&64&16\end{bmatrix}$.

4. （1）$\begin{bmatrix}O&B^{-1}\\A^{-1}&O\end{bmatrix}$；（2）$A=\begin{bmatrix}0&0&\cdots&0&\frac{1}{a_n}\\\frac{1}{a_1}&0&\cdots&0&0\\0&\frac{1}{a_2}&\cdots&0&0\\\vdots&\vdots&&\vdots&\vdots\\0&0&\cdots&\frac{1}{a_{n-1}}&0\end{bmatrix}$.

5. 略.

习题1-5

1. （1）$\begin{bmatrix}1&-1&2&-1\\0&4&-6&5\\0&0&0&0\end{bmatrix}$（答案不唯一）；（2）$\begin{bmatrix}1&0&3&2&0\\0&1&2&-1&7\\0&0&0&0&1\\0&0&0&0&0\end{bmatrix}$（答案不唯一）；

（3）$\begin{bmatrix}1&3&-4&-4&2\\0&-7&11&9&-7\\0&0&0&0&-1\end{bmatrix}$（答案不唯一）.

2. （1）$\begin{bmatrix}1&0&0\\0&1&0\\0&0&1\end{bmatrix}$；（2）$\begin{bmatrix}1&0&0&0\\0&0&1&0\\0&0&0&1\end{bmatrix}$；（3）$\begin{bmatrix}1&0&2&0&-2\\0&1&-1&0&3\\0&0&0&1&4\\0&0&0&0&0\end{bmatrix}$.

3. （1）$\begin{bmatrix}1&-2&7\\0&1&-2\\0&0&1\end{bmatrix}$；（2）$\begin{bmatrix}1&0&2\\2&-1&3\\4&1&8\end{bmatrix}$；（3）$\begin{bmatrix}1&0&0&0\\-2&1&0&0\\1&-2&1&0\\0&1&-2&1\end{bmatrix}$；（4）$\begin{bmatrix}-\frac{2}{9}&\frac{4}{9}&\frac{1}{9}\\\frac{2}{3}&-\frac{1}{3}&-\frac{1}{3}\\\frac{1}{9}&-\frac{2}{9}&-\frac{5}{9}\end{bmatrix}$.

4. $\begin{bmatrix}1 & 0\\0 & 1\\1 & 1\end{bmatrix}$.

5. $\begin{bmatrix}5 & -2 & -2\\4 & -3 & -2\\-2 & 2 & 3\end{bmatrix}$.

总习题一

A组

1. (1) A;　(2) D;　(3) D;　(4) B;　(5) B;
(6) C;　(7) C;　(8) A;　(9) C;　(10) D.

2. (1) $\begin{bmatrix}0 & -2 & 3\\-2 & 3 & -6\\3 & -6 & 8\end{bmatrix}$;　(2) $B^{-1}CA^{-1}$;　(3) $A^{-1}CB^{-1}$;　(4) $(E-B)^{-1}A$;

(5) $A-E$;　(6) $\begin{bmatrix}-5 & 2 & 0 & 0\\-3 & 1 & 0 & 0\\0 & 0 & 1 & 0\\0 & 0 & 0 & 1\end{bmatrix}$;　(7) $\begin{bmatrix}1 & 0\\3\lambda & 1\end{bmatrix}$.

3. $\begin{bmatrix}4 & 4 & -2\\5 & -3 & -3\\-1 & -1 & -1\end{bmatrix}$; $\begin{bmatrix}0 & -4 & 0\\2 & -14 & 2\\-5 & -11 & -5\end{bmatrix}$; $\begin{bmatrix}1 & 0 & -1\\-1 & -7 & 3\\-4 & -3 & -2\end{bmatrix}$.

4. (1) $\begin{bmatrix}2 & 1\\4 & 3\\7 & 9\end{bmatrix}$;　(2) $\begin{bmatrix}6 & -1 & 2\\4 & 3 & -6\end{bmatrix}$;　(3) $\begin{bmatrix}0 & 2 & 4 & 6\\2 & 0 & 1 & 5\\0 & 0 & 1 & 0\\0 & 0 & 0 & 1\end{bmatrix}$.

5. $\begin{bmatrix}1 & -5\\0 & -3\\0 & -11\end{bmatrix}$.

6. (1) $\begin{bmatrix}0 & 1 & 0\\\frac{1}{2} & 0 & \frac{1}{2}\\\frac{1}{2} & 0 & -\frac{1}{2}\end{bmatrix}$;　(2) $\begin{bmatrix}1 & -1 & 0\\-2 & 3 & -4\\-2 & 3 & -3\end{bmatrix}$;　(3) $\begin{bmatrix}0 & 0 & 0 & 1\\0 & 0 & 1 & -1\\0 & 1 & -1 & 0\\1 & -1 & 0 & 0\end{bmatrix}$.

7. (1) $\begin{bmatrix}1 & 2 & 0 & -1\\0 & 0 & 1 & 0\\0 & 0 & 0 & 0\end{bmatrix}$;　(2) $\begin{bmatrix}1 & -1 & 0 & 2 & -3\\0 & 0 & 1 & -2 & 2\\0 & 0 & 0 & 0 & 0\\0 & 0 & 0 & 0 & 0\end{bmatrix}$;　(3) $\begin{bmatrix}0 & 1 & 0 & 5\\0 & 0 & 1 & 3\\0 & 0 & 0 & 0\end{bmatrix}$.

8. $\begin{bmatrix}1 & -2 & 4\\0 & 0 & 2\\0 & 0 & 1\end{bmatrix}$.

B组

1. (1) B;　(2) C;　(3) A;　(4) D;　(5) B;　(6) C.

2.（1）$\boldsymbol{O}$；（2）$\begin{bmatrix}3&0&0\\0&2&0\\0&0&1\end{bmatrix}$；（3）$\frac{1}{2}(\boldsymbol{A}+2\boldsymbol{E})$；（4）$\begin{bmatrix}0&\frac{1}{2}\\-1&-1\end{bmatrix}$；

（5）$\begin{bmatrix}1&-2&0&0\\-2&5&0&0\\0&0&\frac{1}{3}&\frac{2}{3}\\0&0&-\frac{1}{3}&\frac{1}{3}\end{bmatrix}$；（6）$\begin{bmatrix}1&\frac{1}{2}&0\\-\frac{1}{2}&1&0\\0&0&2\end{bmatrix}$；（7）$\begin{bmatrix}0&0&1\\0&1&0\\1&0&0\end{bmatrix}$.

3. $\begin{bmatrix}2&0&1\\0&3&0\\1&0&2\end{bmatrix}$.

4.（1）略；（2）$\begin{bmatrix}0&2&0\\-1&-1&0\\0&0&-2\end{bmatrix}$.

5. 略.

习题2-1

1.（1）13；（2）1；（3）48；（4）0；（5）$3abc-a^3-b^3-c^3$；（6）$-2(x^3+y^3)$.

2.（1）$x_1=\frac{5}{2}$，$x_2=-6$；（2）$x_1=1$，$x_2=2$，$x_3=7$.

3.（1）$\lambda=0$ 或 $\lambda=3$；（2）$\lambda\neq0$ 且 $\lambda\neq3$.

4. $x_1=2$，$x_2=3$.

5. -15.

6.（1）24；（2）160；（3）$(-1)^{\frac{n(n-1)}{2}}\lambda_1\lambda_2\cdots\lambda_n$；（4）$(-1)^{\frac{n(n-1)}{2}}a_{1n}a_{2,n-1}a_{3,n-2}\cdots a_{n1}$.

7. -1.

习题2-2

1. 3.

2. -12.

3.（1）$4abcdef$；（2）4；（3）0；（4）-55.

4. 略.

5. $\lambda_1=1$，$\lambda_2=-2$.

6.（1）$\alpha^n+(-1)^{n+1}\beta^n$；（2）$1-(2^2+\cdots+n^2)$；（3）$-2\cdot(n-2)!$；（4）$(-1)^{\frac{(n-1)(n+2)}{2}}n!$；

（5）$a_1a_2\ldots a_n\left(1+\sum_{i=1}^{n}\frac{1}{a_i}\right)$.

习题2-3

1. $\sqrt[n]{2}$.

2. -3.

3. $\frac{81}{64}$.

4.（1）$\begin{bmatrix}3&-1\\-5&2\end{bmatrix}$；（2）$\frac{1}{2}\begin{bmatrix}2&6&-4\\-3&-6&5\\2&2&-2\end{bmatrix}$；（3）$\begin{bmatrix}-\frac{2}{9}&\frac{4}{9}&\frac{1}{9}\\\frac{2}{3}&-\frac{1}{3}&-\frac{1}{3}\\\frac{1}{9}&-\frac{2}{9}&-\frac{5}{9}\end{bmatrix}$；（4）$-\frac{1}{3}\begin{bmatrix}-11&4&-8\\4&-2&1\\2&-1&2\end{bmatrix}$.

5. $n!$.

6. $\frac{\boldsymbol{A}}{2}$.

7. （1）6，$\begin{bmatrix} 4 & -3/2 & 0 & 0 \\ -1 & 1/2 & 0 & 0 \\ 0 & 0 & 1 & 0 \\ 0 & 0 & -2/3 & 1/3 \end{bmatrix}$；（2）1，$\begin{bmatrix} \cos\theta & -\sin\theta & 0 & 0 & 0 \\ \sin\theta & \cos\theta & 0 & 0 & 0 \\ 0 & 0 & 1 & -a & a^2-b \\ 0 & 0 & 0 & 1 & -a \\ 0 & 0 & 0 & 0 & 1 \end{bmatrix}$.

8. （1）2；（2）3；（3）3；（4）2.

9. （1）$x_1=3$，$x_2=-4$，$x_3=-1$，$x_4=1$；（2）$x_1=1$，$x_2=0$，$x_3=-1$，$x_4=2$.

10. $\lambda=1$ 或 $\mu=0$.

总习题二

A组

1.（1）B；（2）C；（3）D；（4）B；（5）D；
（6）A；（7）D；（8）D；（9）C （10）A.

2.（1）2；（2）$3\boldsymbol{E}$；（3）$a\neq-\frac{1}{2}$ 且 $a\neq1$；（4）1；（5）$\begin{bmatrix} 10 & -10 \\ -20 & 30 \end{bmatrix}$；
（6）$\begin{bmatrix} 4 & 3 \\ -1 & 2 \end{bmatrix}$；（7）$-6$；（8）$b^2(b-2^n)$；（9）$\lambda\neq0$ 且 $\lambda\neq1$；（10）$(-15)^n/8$.

3.（1）12；（2）$(a+b+c)^3$；（3）a^4；（4）$(a+3b)(a-b)^3$；
（5）$(-1)^{n+1}a_na_{n-1}\cdots a_1+1$.

4.（1）4；（2）3；（3）3；（4）2.

5.（1）$\begin{bmatrix} \cos\theta & -\sin\theta \\ \sin\theta & \cos\theta \end{bmatrix}$；（2）$\begin{bmatrix} \frac{5}{2} & -1 & -\frac{1}{2} \\ -1 & 1 & 0 \\ -\frac{1}{2} & 0 & \frac{1}{2} \end{bmatrix}$；（3）$\begin{bmatrix} 1 & 0 & 2 \\ 2 & -1 & 3 \\ 4 & 1 & 8 \end{bmatrix}$.

6.（1）当 $a\neq-\frac{1}{2}$ 且 $a\neq1$ 时，$r(\boldsymbol{A})=3$；（2）当 $a=-\frac{1}{2}$ 时，$r(\boldsymbol{A})=2$；
（3）当 $a=1$ 时，$r(\boldsymbol{A})=1$.

7. $k\neq1$.

8. $\lambda=2$ 或 $\lambda=5$ 或 $\lambda=8$.

9. $-\frac{5}{8}$.

10. 略.

11. $(x+n)x^{n-1}$；x^n；$\frac{x+n}{x}$.

12. 略.

B组

1.（1）B；（2）D；（3）B；（4）C；（5）A；（6）C；
（7）B；（8）D；（9）C；（10）D；（11）A.

2.（1）$a^n+(-1)^{n+1}b^n$；（2）$1-a+a^2-a^3+a^4-a^5$；（3）-28；（4）$(-1)^{mn}ab$；
（5）-3；（6）$(-1)^{n-1}(n-1)$；（7）$\begin{bmatrix} 2 & 0 & 0 \\ 0 & -4 & 0 \\ 0 & 0 & 2 \end{bmatrix}$；（8）$\begin{bmatrix} \frac{1}{10} & 0 & 0 \\ \frac{1}{5} & \frac{1}{5} & 0 \\ \frac{3}{10} & \frac{2}{5} & \frac{1}{2} \end{bmatrix}$；（9）$\frac{1}{2}$；
（10）3；（11）1；（12）2；（13）-1；（14）-27.

3. $\lambda^{10}-10^{10}$.

4. $\begin{bmatrix}0&2&1\\0&0&0\\0&0&0\end{bmatrix}$.

5. $\begin{bmatrix}1&0&0&0\\-2&1&0&0\\1&-2&1&0\\0&1&-2&1\end{bmatrix}$.

6. $\frac{1}{4}\begin{bmatrix}1&1&0\\0&1&1\\1&0&1\end{bmatrix}$.

7. 1.

8. 略.

9. $\begin{bmatrix}6&0&0&0\\0&6&0&0\\6&0&6&0\\0&3&0&-1\end{bmatrix}$.

10. $\begin{bmatrix}5&-2&-1\\-2&2&0\\-1&0&1\end{bmatrix}$.

11. (1) $\begin{bmatrix}\boldsymbol{A}&\boldsymbol{\alpha}\\\boldsymbol{O}&|\boldsymbol{A}|(b-\boldsymbol{\alpha}^T\boldsymbol{A}^{-1}\boldsymbol{\alpha})\end{bmatrix}$;

(2) 略.

习题3-1

1. (1) $[-1,0,-4,-7]^{\mathrm{T}}$;

(2) $[-3,-4,14,9]^{\mathrm{T}}$.

2. $\left[-1,\frac{2}{3},-\frac{2}{3},1\right]$.

3. $\left[-\frac{1}{2},-\frac{3}{2},-\frac{3}{2},-\frac{5}{2}\right]$.

习题3-2

1. (1) $\boldsymbol{\beta}=3\boldsymbol{\alpha}_1+\boldsymbol{\alpha}_2-2\boldsymbol{\alpha}_3$; (2) $\boldsymbol{\beta}=0\boldsymbol{\alpha}_1+\boldsymbol{\alpha}_2+2\boldsymbol{\alpha}_3$; (3) 不能; (4) $\boldsymbol{\beta}=2\boldsymbol{\varepsilon}_1-5\boldsymbol{\varepsilon}_2+3\boldsymbol{\varepsilon}_3+0\boldsymbol{\varepsilon}_4$.

2. 线性相关.

3. 线性无关.

4. 略.

5. -1.

习题3-3

1. (1) 线性相关; (2) 线性相关; (3) 线性无关; (4) 线性无关; (5) 线性相关;

(6) 线性无关.

2. $a=-1, a=2$.

3. $t\neq 1$线性无关; $t=1$线性相关.

4. 略.

习题3-4

1. 略.
2. （1）2；（2）3.
3. （1）$\boldsymbol{\alpha}_1, \boldsymbol{\alpha}_2$；（2）$\boldsymbol{\alpha}_1, \boldsymbol{\alpha}_2, \boldsymbol{\alpha}_3$.
4. （1）2；（2）线性相关；（3）$\boldsymbol{\alpha}_1, \boldsymbol{\alpha}_2$；（4）$\boldsymbol{\alpha}_3=\frac{3}{2}\boldsymbol{\alpha}_1-\frac{7}{2}\boldsymbol{\alpha}_2$，$\boldsymbol{\alpha}_4=\boldsymbol{\alpha}_1+2\boldsymbol{\alpha}_2$.
5. （1）第1、2、3列构成一个极大无关组；（2）第1、2、3列构成一个极大无关组.
6. 略.
7. 略.

习题3-5

1. （1）是；（2）否；（3）是.
2. 略.
3. 证明略；$\boldsymbol{\beta}=\boldsymbol{\alpha}_1+2\boldsymbol{\alpha}_2-3\boldsymbol{\alpha}_3+2\boldsymbol{\alpha}_4$.
4. $\boldsymbol{\gamma}=[-1,\ -2,\ 3]^{\mathrm{T}}$（答案不唯一）.
5. （1）$\boldsymbol{A}=\begin{bmatrix}0 & 1 & 1\\ -1 & -3 & -2\\ 2 & 4 & 4\end{bmatrix}$；（2）$\frac{1}{2}[-11,\ -5,\ 11]^{\mathrm{T}}$.
6. $\begin{cases}y_1=\ x_2-x_3+x_4,\\ y_2=-x_1+x_2,\\ y_3=\ x_4,\\ y_4=\ x_1-x_2+x_3-x_4.\end{cases}$

总习题三

A组

1. （1）A；（2）B；（3）B；（4）A；（5）A；
   （6）C；（7）A；（8）B；（9）C；（10）C.
2. （1）$[-4,\ 0,\ -4,-6]^{\mathrm{T}}$；（2）$-2$；（3）$r$；（4）1；（5）相关；（6）$abc\neq 0$；
   （7）2；（8）$\frac{3}{2},0,-\frac{1}{2}$.
3. （1）线性相关；（2）线性无关；（3）线性相关.
4. $\boldsymbol{\beta}=\frac{1}{4}(5\boldsymbol{\alpha}_1+\boldsymbol{\alpha}_2-\boldsymbol{\alpha}_3-\boldsymbol{\alpha}_4)$.
5. 向量组 $\boldsymbol{A},\boldsymbol{B}$ 都线性相关.
6. （1）秩为3，$\boldsymbol{\alpha}_1,\boldsymbol{\alpha}_2,\boldsymbol{\alpha}_4$；（2）秩为3，$\boldsymbol{\alpha}_1,\boldsymbol{\alpha}_2,\boldsymbol{\alpha}_3$；（3）秩为3，$\boldsymbol{\alpha}_1,\boldsymbol{\alpha}_2,\boldsymbol{\alpha}_4$.
7. $\begin{bmatrix}2 & 3 & 4\\ 0 & -1 & 0\\ -1 & 0 & -1\end{bmatrix}$.

B组

1. （1）C；（2）C；（3）B；（4）B；（5）C；（6）C；（7）C；（8）C；（9）D；
   （10）A；（11）D；（12）B；（13）A；（14）A；（15）A；（16）C；（17）B.
2. （1）$3^{n-1}\begin{bmatrix}1 & \frac{1}{2} & \frac{1}{3}\\ 2 & 1 & \frac{2}{3}\\ 3 & \frac{2}{3} & 1\end{bmatrix}$；（2）$a^2(a-2^n)$；（3）$-1$；（4）2；（5）3；（6）$\frac{1}{2}$.

3. $a=0$ 或 $a=-10$；

当 $a=0$ 时，$\boldsymbol{\alpha}_1$ 是一个极大线性无关组，且 $\boldsymbol{\alpha}_2=2\boldsymbol{\alpha}_1, \boldsymbol{\alpha}_3=3\boldsymbol{\alpha}_1, \boldsymbol{\alpha}_4=4\boldsymbol{\alpha}_1$；

当 $a=-10$ 时，$\boldsymbol{\alpha}_1, \boldsymbol{\alpha}_2, \boldsymbol{\alpha}_3$ 为极大线性无关组，且 $\boldsymbol{\alpha}_4=-\boldsymbol{\alpha}_1-\boldsymbol{\alpha}_2-\boldsymbol{\alpha}_3$.

4. 略.

5. 略.

6. 略.

7. $a=15, b=5$.

习题4–1

（1）$\boldsymbol{x}=[1,3,2]^{\mathrm{T}}$；（2）$\begin{cases} x_1=2-2c_1-c_2 \\ x_2=\quad c_1 \\ x_3=1\quad -c_2 \\ x_4=\quad c_2 \end{cases}$（$c_1, c_2$ 为任意常数）.

习题4–2

1. （1）$\boldsymbol{x}=k[1,0,1]^{\mathrm{T}}$，其中 k 为任意常数；

（2）$\boldsymbol{x}=k_1[-2,1,0,0]^{\mathrm{T}}+k_2[-1,0,-1,1]^{\mathrm{T}}$，其中 k_1, k_2 为任意常数；

（3）$\boldsymbol{x}=k_1[8,-6,1,0]^{\mathrm{T}}+k_2[-7,5,0,1]^{\mathrm{T}}$，其中 k_1, k_2 为任意常数；

（4）$\boldsymbol{x}=k_1\left[-\frac{3}{2},\frac{7}{2},1,0\right]^{\mathrm{T}}+k_2[-1,-2,0,1]^{\mathrm{T}}$，其中 k_1, k_2 为任意常数；

（5）$\boldsymbol{x}=k_1[0,1,1,0,0]^{\mathrm{T}}+k_2[0,1,0,1,0]^{\mathrm{T}}+k_3[1,-5,0,0,3]^{\mathrm{T}}$，其中 k_1, k_2, k_3 为任意常数.

2. $\boldsymbol{B}=\begin{bmatrix} 1 & -1 \\ 5 & 11 \\ 8 & 0 \\ 0 & 8 \end{bmatrix}$.

3. 略.

习题4–3

1. （1）无解；

（2）$\boldsymbol{x}=k[-3,-1,1,0]^{\mathrm{T}}+[1,1,0,1]^{\mathrm{T}}$，其中 k 为任意常数；

（3）$\boldsymbol{x}=k[-1,1,1,0]^{\mathrm{T}}+[-8,13,0,2]^{\mathrm{T}}$，其中 k 为任意常数；

（4）$\boldsymbol{x}=k_1[-9,1,7,0]^{\mathrm{T}}+k_2[1,-1,0,2]^{\mathrm{T}}+[1,-2,0,0]^{\mathrm{T}}$，其中 k_1, k_2 为任意常数.

2. $\boldsymbol{x}=k\boldsymbol{\xi}+\boldsymbol{\eta}_1=k[3,4,5,6]^{\mathrm{T}}+[2,3,4,5]^{\mathrm{T}}$，$k$ 为任意常数.

3. $\sum_{i=1}^{4}a_i=0$；$\begin{bmatrix} x_1 \\ x_2 \\ x_3 \\ x_4 \end{bmatrix}=k\begin{bmatrix} 1 \\ 1 \\ 1 \\ 1 \end{bmatrix}+\begin{bmatrix} a_1+a_2+a_3 \\ a_2+a_3 \\ a_3 \\ 0 \end{bmatrix}$，$k$ 为任意常数.

总习题四

A组

1. （1）D；（2）A；（3）B；（4）C；（5）B；

（6）D；（7）B；（8）C；（9）D；（10）B.

2. （1）1；（2）1；（3）$\boldsymbol{x}=k(\boldsymbol{\eta}_1-\boldsymbol{\eta}_2)$，$k$ 为任意常数；（4）1；（5）$\sum_{i=1}^{4}a_i=0$；

（6）$s=n-k$，$k=n$；（7）$[2,\ 4,\ 3]^{\mathrm{T}}$.

3.（1）$k_1[-4,3,1,0]^T+k_2[-3,1,0,1]^T$，其中$k_1$，$k_2$为任意常数；

（2）$k_1[-2,1,1,0,0]^T+k_2[-6,5,0,0,1]^T$，其中$k_1$，$k_2$为任意常数；

（3）$k_1\left[-4,\frac{3}{4},1,0\right]^T+k_2\left[0,\frac{1}{4},0,1\right]^T$，其中$k_1$，$k_2$为任意常数.

4.（1）$k_1[1,3,1,0]^T+k_2[-1,0,0,1]^T+[2,1,0,0]^T$，其中$k_1$，$k_2$为任意常数；

（2）$k_1[1,1,0,0]^T+k_2[-1,0,2,1]^T+[-1,0,1,0]^T$，其中$k_1$，$k_2$为任意常数.

5. $\begin{cases}k_1=2\\k_2\neq 1\end{cases}$时，方程组无解；$k_1\neq 2$时，方程组有唯一解；$\begin{cases}k_1=2\\k_2=1\end{cases}$时，方程组有无穷解，通解为$k[0,-2,1,0]^T+[-8,1,1,2]^T$，其中$k$为任意常数.

6. $b\neq -2$时，无解；$b=-2,a\neq -8$时，方程组一般解为$k[-1,-2,0,1]^T+[-1,1,0,0]^T$；$b=-2,a=-8$时，方程组一般解为$k_1[4,-2,1,0]^T+k_2[-1,-2,0,1]^T+[-1,1,0,0]^T$，其中$k_1$，$k_2$，$k$为任意常数.

B组

1.（1）C；（2）A；（3）A；（4）D；（5）A；（6）D.

2. $k[1,1,\cdots,1]^T$，其中k为任意常数；

3.（1）$[-1,2,3,1]^T$；（2）$\boldsymbol{B}=\begin{bmatrix}-k_1+2 & -k_2+6 & -k_3-1\\2k_1-1 & 2k_2-3 & 2k_3+1\\3k_1-1 & 3k_2-4 & 3k_3+1\\k_1 & k_2 & k_3\end{bmatrix}$ $(k_1,k_2,k_3\in\mathbf{R})$.

4. $a=-1,b=0$；$\boldsymbol{C}=\begin{bmatrix}1+\boldsymbol{C}_1+\boldsymbol{C}_2 & -\boldsymbol{C}_1\\\boldsymbol{C}_1 & \boldsymbol{C}_2\end{bmatrix}$，其中$\boldsymbol{C}_1,\boldsymbol{C}_2$为任意常数.

5.（1）$1-a^4$；

（2）$a=-1$，$k[1,1,1,1]^T+[0,-1,0,0]^T$，其中$k$为任意常数.

6.（1）$\lambda=-1,a=-2$；

（2）$\boldsymbol{x}=\frac{1}{2}[3,-1,0]^T+k[1,0,1]^T$，其中$k$为任意常数.

7.（1）$\boldsymbol{\xi}_2=k_1\begin{bmatrix}1\\-1\\2\end{bmatrix}+\begin{bmatrix}0\\0\\1\end{bmatrix}$，其中$k_1$为任意常数；$\boldsymbol{\xi}_3=k_2\begin{bmatrix}1\\-1\\0\end{bmatrix}+k_3\begin{bmatrix}0\\0\\-1\end{bmatrix}+\begin{bmatrix}-\frac{1}{2}\\0\\0\end{bmatrix}$，其中$k_2,k_3$为任意常数；

（2）略.

8.（1）略；（2）$a\neq 0$，$x_1=\dfrac{n}{(n+1)a}$；（3）$a=0$，$k[1,0,\cdots,0]^T+[0,1,\cdots,0]^T$，其中$k$为任意常数.

9. $a=1$时，公共解为$\boldsymbol{\xi}=k[-1,0,1]^T$；$a=2$时，公共解为$\boldsymbol{\xi}=[0,1,-1]^T$，其中$k$为任意常数.

10. $a=2,b=1,c=2$.

11. 略.

12. $k\begin{bmatrix}1\\-2\\1\\0\end{bmatrix}+\begin{bmatrix}0\\3\\0\\1\end{bmatrix}$，其中$k$为任意常数.

13. （1）当 $a\neq b$ 且 $a\neq(1-n)b$ 时，方程组有唯一解——零解；

（2）当 $a=b$ 时，方程组有无穷多组解，

$x=k_1[-1,1,0,\cdots,0]^{\mathrm{T}}+k_2[-1,0,1,\cdots,0]^{\mathrm{T}}+\cdots+k_{n-1}[-1,0,0,\cdots,1]^{\mathrm{T}}$（$k_1,k_2,\cdots,k_{n-1}$ 为任意常数）；

（3）当 $a=(1-n)b$ 时，方程组有无穷多组解，$x=k[1,1,1,\cdots,1]^{\mathrm{T}}$（其中 k 为任意常数）.

14. （1）当 $b\neq 0$ 时且 $b+\sum\limits_{i=1}^{n}a_i\neq 0$ 时，方程组仅有零解；

（2）当 $b=0$ 时，一个基础解系为

$$\alpha_1=\left[-\frac{a_2}{a_1},1,0,\cdots,0\right]^{\mathrm{T}},\ \alpha_2=\left[-\frac{a_3}{a_1},0,1,\cdots,0\right]^{\mathrm{T}},\ \cdots,\alpha_n=\left[-\frac{a_n}{a_1},0,0,\cdots,1\right]^{\mathrm{T}},$$

当 $b=-\sum\limits_{i=1}^{n}a_i$ 时，一个基础解系为 $\alpha=[1,1,\cdots,1]^{\mathrm{T}}$.

15. $t\neq\pm1$.

16. 略.

17. （1）$[0,0,1,0]$，$[-1,1,0,1]$；（2）有非零公共解，$k[-1,1,1,1]$，其中 k 是不为零的任意常数.

习题5-1

1. （1）-9，$\left[-\frac{1}{\sqrt{35}},0,\frac{3}{\sqrt{35}},-\frac{5}{\sqrt{35}}\right]^{\mathrm{T}},\left[\frac{4}{\sqrt{21}},-\frac{2}{\sqrt{21}},0,\frac{1}{\sqrt{21}}\right]^{\mathrm{T}}$；

（2）0，$\left[\frac{1}{\sqrt{3}},0,\frac{1}{\sqrt{3}},-\frac{1}{\sqrt{3}}\right]^{\mathrm{T}},\left[-\frac{1}{\sqrt{6}},-\frac{2}{\sqrt{6}},0,-\frac{1}{\sqrt{6}}\right]^{\mathrm{T}}$.

2. $\frac{\pi}{4}$.

3. （1）$\boldsymbol{\beta}_1=[1,1,1]^{\mathrm{T}}$，$\boldsymbol{\beta}_2=[-1,0,1]^{\mathrm{T}}$，$\boldsymbol{\beta}_3=\frac{1}{3}[1,-2,1]^{\mathrm{T}}$；

（2）$\boldsymbol{\beta}_1=[1,0,-1,1]^{\mathrm{T}}$，$\boldsymbol{\beta}_2=\frac{1}{3}[1,-3,2,1]^{\mathrm{T}}$，$\boldsymbol{\beta}_3=\frac{1}{5}[-1,3,3,4]^{\mathrm{T}}$.

4. （1）是；（2）是；（3）不是.

5. 略.

6. $\begin{bmatrix}-1\\0\\1\end{bmatrix}$.

习题5-2

1. （1）$\lambda_1=7$，$\lambda_2=-2$，对应 $\lambda_1=7$ 的特征向量为 $k_1\begin{bmatrix}1\\1\end{bmatrix}(k_1\neq0)$，对应 $\lambda_2=-2$ 的特征向量为 $k_2\begin{bmatrix}4\\-5\end{bmatrix}(k_2\neq0)$；

（2）$\lambda_1=2,\lambda_2=\lambda_3=1$，对应 $\lambda_1=2$ 的特征向量为 $k_1\begin{bmatrix}0\\0\\1\end{bmatrix}(k_1\neq0)$，对应 $\lambda_2=\lambda_3=1$ 的特征向量为 $k_2\begin{bmatrix}-1\\-2\\1\end{bmatrix}$ $(k_2\neq0)$；

（3）$\lambda_1=-1,\lambda_2=\lambda_3=2$，对应 $\lambda_1=-1$ 的特征向量为 $k_1\begin{bmatrix}1\\0\\1\end{bmatrix}(k_1\neq0)$，对应 $\lambda_2=\lambda_3=2$ 的特征向量为 $k_2\begin{bmatrix}1\\4\\0\end{bmatrix}+k_3\begin{bmatrix}1\\0\\4\end{bmatrix}$（$k_2,k_3$ 不同时为0）.

2. 0或1.

3. 1或 -1.

4. 略.

5. $\lambda=-1, a=-3, b=0$.

6. $a=3$，对应 $\lambda_1=3$ 的特征向量为 $k_1\begin{bmatrix}1\\1\\8\end{bmatrix}$ $(k_1\neq 0)$，对应 $\lambda_2=11$ 的特征向量为 $k_2\begin{bmatrix}1\\1\\0\end{bmatrix}$ $(k_2\neq 0)$.

7. 51.

习题 5–3

1. 略.

2. 略.

3. $\begin{bmatrix}2731 & 2732\\ -683 & -684\end{bmatrix}$.

4. （1）$\boldsymbol{P}=\begin{bmatrix}\frac{1}{\sqrt{2}} & -\frac{1}{\sqrt{2}}\\ \frac{1}{\sqrt{2}} & \frac{1}{\sqrt{2}}\end{bmatrix}$，$\boldsymbol{P}^{-1}\boldsymbol{A}\boldsymbol{P}=\boldsymbol{P}^{\mathrm{T}}\boldsymbol{A}\boldsymbol{P}=\begin{bmatrix}3 & \\ & -1\end{bmatrix}$；

（2）$\boldsymbol{P}=\frac{1}{3}\begin{bmatrix}2 & -2 & 1\\ -2 & -1 & 2\\ 1 & 2 & 2\end{bmatrix}$，$\boldsymbol{P}^{-1}\boldsymbol{A}\boldsymbol{P}=\boldsymbol{P}^{\mathrm{T}}\boldsymbol{A}\boldsymbol{P}=\begin{bmatrix}4 & 0 & 0\\ 0 & 1 & 0\\ 0 & 0 & -2\end{bmatrix}$；

（3）$\boldsymbol{P}=\begin{bmatrix}0 & 1 & 0\\ -1/\sqrt{2} & 0 & 1/\sqrt{2}\\ 1/\sqrt{2} & 0 & 1/\sqrt{2}\end{bmatrix}$，$\boldsymbol{P}^{-1}\boldsymbol{A}\boldsymbol{P}=\boldsymbol{P}^{\mathrm{T}}\boldsymbol{A}\boldsymbol{P}=\begin{bmatrix}2 & 0 & 0\\ 0 & 4 & 0\\ 0 & 0 & 4\end{bmatrix}$；

（4）$\boldsymbol{P}=\begin{bmatrix}\frac{\sqrt{2}}{2} & \frac{\sqrt{6}}{6} & \frac{\sqrt{3}}{6} & \frac{1}{2}\\ \frac{\sqrt{2}}{2} & -\frac{\sqrt{6}}{6} & -\frac{\sqrt{3}}{6} & -\frac{1}{2}\\ 0 & \frac{\sqrt{6}}{3} & -\frac{\sqrt{3}}{6} & -\frac{1}{2}\\ 0 & 0 & -\frac{\sqrt{3}}{2} & \frac{1}{2}\end{bmatrix}$，$\boldsymbol{P}^{-1}\boldsymbol{A}\boldsymbol{P}=\mathrm{diag}(1,1,1,5)$.

5. $\boldsymbol{A}=\begin{bmatrix}5 & -1 & -2\\ 16 & -4 & -6\\ 2 & 0 & -1\end{bmatrix}$.

6. （1）$\begin{bmatrix}1\\-1\\1\end{bmatrix}$；（2）$A=\begin{bmatrix}4 & -1 & 1\\ -1 & 4 & -1\\ 1 & -1 & 4\end{bmatrix}$.

习题 5–4

1. （1）$f=[x_1,x_2,x_3]\begin{bmatrix}0 & -2 & 1\\ -2 & 0 & 1\\ 1 & 1 & 0\end{bmatrix}\begin{bmatrix}x_1\\x_2\\x_3\end{bmatrix}$；

（2）$f=[x_1,x_2,x_3]\begin{bmatrix}1 & 1 & -1/2\\ 1 & 0 & 0\\ -1/2 & 0 & 2\end{bmatrix}\begin{bmatrix}x_1\\x_2\\x_3\end{bmatrix}$；

（3） $f=[x_1,x_2,x_3,x_4]\begin{bmatrix}0&1/2&0&0\\1/2&0&0&0\\0&0&0&-1/2\\0&0&-1/2&0\end{bmatrix}\begin{bmatrix}x_1\\x_2\\x_3\\x_4\end{bmatrix}$；

（4） $f=[x_1,x_2,x_3]\begin{bmatrix}2&-1&0\\-1&-1&\frac{3}{2}\\0&\frac{3}{2}&0\end{bmatrix}\begin{bmatrix}x_1\\x_2\\x_3\end{bmatrix}$.

2.（1） $f=2y_1^2+5y_2^2+y_3^2$， $\begin{bmatrix}x_1\\x_2\\x_3\end{bmatrix}=\begin{bmatrix}1&0&0\\0&1/\sqrt{2}&-1/\sqrt{2}\\0&1/\sqrt{2}&-1/\sqrt{2}\end{bmatrix}\begin{bmatrix}y_1\\y_2\\y_3\end{bmatrix}$；

（2） $f=-y_1^2+3y_2^2+y_3^2+y_4^2$， $\begin{bmatrix}x_1\\x_2\\x_3\\x_4\end{bmatrix}=\begin{bmatrix}1/2&-1/2&1/\sqrt{2}&0\\-1/2&-1/2&0&1/\sqrt{2}\\-1/2&1/2&1/\sqrt{2}&0\\1/2&1/2&0&1/\sqrt{2}\end{bmatrix}\begin{bmatrix}y_1\\y_2\\y_3\\y_4\end{bmatrix}$.

3. 证明略.

习题5–5

1.（1） $f=2y_1^2-2y_2^2$， $\begin{bmatrix}x_1\\x_2\\x_3\end{bmatrix}=\begin{bmatrix}1&1&\frac{1}{4}\\0&1&\frac{1}{4}\\0&0&1\end{bmatrix}\begin{bmatrix}y_1\\y_2\\y_3\end{bmatrix}$；

（2） $f=z_1^2-z_2^2$， $\begin{bmatrix}x_1\\x_2\\x_3\end{bmatrix}=\begin{bmatrix}1&1&0\\1&-1&-1\\0&0&1\end{bmatrix}\begin{bmatrix}z_1\\z_2\\z_3\end{bmatrix}$；

（3） $f=y_1^2+y_2^2-2y_3^2$， $\begin{bmatrix}x_1\\x_2\\x_3\end{bmatrix}=\begin{bmatrix}1&-1&2\\0&1&-1\\0&0&1\end{bmatrix}\begin{bmatrix}y_1\\y_2\\y_3\end{bmatrix}$；

（4） $f=y_1^2-\frac{1}{4}y_2^2-y_3^2-\frac{3}{4}y_4^2$， $\begin{bmatrix}x_1\\x_2\\x_3\\x_4\end{bmatrix}=\begin{bmatrix}1&-1/2&-1&-1/2\\1&1/2&-1&-1/2\\0&0&1&-1/2\\0&0&0&1\end{bmatrix}\begin{bmatrix}y_1\\y_2\\y_3\\y_4\end{bmatrix}$.

2. 正惯性指数为2，负惯性指数为0.

习题5–6

1.（1）负定；（2）正定；（3）非正（负）定二次型.

2.（1） $k>2$；（2） $k>2$.

3. 略.

4. 略.

总习题五

A组

1.（1）D；（2）B；（3）D；（4）C；（5）C；（6）C；（7）C；（8）C；
（9）D；（10）B；（11）B；（12）C.

2. (1) −3; (2) 5; (3) 1; (4) 0; (5) 105; (6) 2; (7) $\begin{bmatrix}1 & -2 & 2\\ -2 & -2 & 4\\ 2 & 4 & -2\end{bmatrix}$;

(8) 3, 0, 0; (9) 2, 1, −1.

3. (1) 能对角化; (2) 能对角化; (3) 不能对角化.

4. $\begin{bmatrix}4 & 0\\ 0 & 2\end{bmatrix}$, $\begin{bmatrix}10 & -6\\ -6 & 10\end{bmatrix}$, 8.

5. (1) $\boldsymbol{A}=\begin{bmatrix}1 & 1 & 1\\ 1 & 2 & 2\\ 1 & 2 & 1\end{bmatrix}$; (2) $f=y_1^2+y_2^2-y_3^2$, $\boldsymbol{x}=\boldsymbol{C}\boldsymbol{y}$, $\boldsymbol{C}=\begin{bmatrix}1 & -1 & 0\\ 0 & 1 & -1\\ 0 & 0 & 1\end{bmatrix}$.

6. 略.

7. $\boldsymbol{P}=\begin{bmatrix}1/\sqrt{3} & -1/\sqrt{2} & -1/\sqrt{6}\\ 1/\sqrt{3} & 1/\sqrt{2} & -1/\sqrt{6}\\ 1/\sqrt{3} & 0 & 2/\sqrt{6}\end{bmatrix}$, $\boldsymbol{P}^{\mathrm{T}}\boldsymbol{A}\boldsymbol{P}=\begin{bmatrix}-3 & & \\ & 3 & \\ & & 3\end{bmatrix}$.

8. $a=10$, $b=-9$, $\frac{1}{32}$.

9. $\boldsymbol{x}=\boldsymbol{Q}\boldsymbol{y}$, $\boldsymbol{Q}=\begin{bmatrix}0 & 1 & 0\\ -\frac{1}{\sqrt{2}} & 0 & \frac{1}{\sqrt{2}}\\ \frac{1}{\sqrt{2}} & 0 & \frac{1}{\sqrt{2}}\end{bmatrix}$, $f(x_1,x_2,x_3)=2y_1^2+4y_2^2+4y_3^2$.

10. (1) $\boldsymbol{P}=\begin{bmatrix}1 & 1 & -1\\ 0 & 1 & -1\\ 1 & 0 & 1\end{bmatrix}$, $\boldsymbol{P}^{-1}\boldsymbol{A}\boldsymbol{P}=\boldsymbol{\Lambda}=\begin{bmatrix}-1 & & \\ & -1 & \\ & & 1\end{bmatrix}$; (2) 当 k 为奇数时 $\boldsymbol{A}^k=\boldsymbol{A}$.当 k 为偶数时 $\boldsymbol{A}^k=\boldsymbol{E}$.

11. (1) $c=3,\lambda_1=4,\lambda_2=9,\lambda_3=0$; (2) 椭圆柱面.

B组

1. (1) B; (2) D; (3) B; (4) D; (5) D; (6) B;
   (7) B; (8) B; (9) D; (10) A; (11) D.

2. (1) 2; (2) 3; (3) 2; (4) $f=3y_1^2$; (5) 4; (6) $\frac{|A|^2}{\lambda^2}+1$; (7) 24;

(8) $-\sqrt{2}<t<\sqrt{2}$.

3. (1) $-2,-2,0$; (2) $k>2$.

4. (1) 略; (2) 令 $\boldsymbol{A}=\begin{bmatrix}0 & 1\\ 0 & 0\end{bmatrix}$, $\boldsymbol{B}=\begin{bmatrix}0 & 0\\ 0 & 0\end{bmatrix}$,那么 $|\boldsymbol{A}-\lambda\boldsymbol{E}|=\lambda^2=|\boldsymbol{B}-\lambda\boldsymbol{E}|$; (3) 略.

5. (1) $\begin{bmatrix}\boldsymbol{A} & \boldsymbol{O}\\ \boldsymbol{O} & \boldsymbol{B}-\boldsymbol{C}^{\mathrm{T}}\boldsymbol{A}^{-1}\boldsymbol{C}\end{bmatrix}$; (2) 矩阵 $\boldsymbol{B}-\boldsymbol{C}^{\mathrm{T}}\boldsymbol{A}^{-1}\boldsymbol{C}$ 是正定矩阵，证明略.

6. (1) $\lambda_1=3$ 的全部特征向量为 $k[1,1,1]^{\mathrm{T}}$，其中 k 为不为零的常数，对应 $\lambda_2=\lambda_3=0$ 的全部特征向量为 $k_1[-1,2,-1]^{\mathrm{T}}+k_2[0,-1,1]^{\mathrm{T}}$，其中 k_1,k_2 为不全为零的常数;

(2) $\boldsymbol{Q}=\begin{bmatrix}\frac{1}{\sqrt{3}} & -\frac{1}{\sqrt{6}} & -\frac{1}{\sqrt{2}}\\ \frac{1}{\sqrt{3}} & \frac{2}{\sqrt{6}} & 0\\ \frac{1}{\sqrt{3}} & -\frac{1}{\sqrt{6}} & \frac{1}{\sqrt{2}}\end{bmatrix}$, $\boldsymbol{Q}^{\mathrm{T}}\boldsymbol{A}\boldsymbol{Q}=\boldsymbol{\Lambda}=\begin{bmatrix}3 & & \\ & 0 & \\ & & 0\end{bmatrix}$;

（3）$\begin{bmatrix}1&1&1\\1&1&1\\1&1&1\end{bmatrix}$，$\left(\frac{3}{2}\right)^6\boldsymbol{E}$．

7.（1）验证略，-2，1，1，属于 $\lambda_1=-2$ 的特征向量是 $k_1[1,-1,1]^{\mathrm{T}}$，其中 k_1 是不为零的任意常数；属于 $\lambda_2=\lambda_3=1$ 的特征向量是 $k_2[1,1,0]^{\mathrm{T}}+k_3[-1,0,1]^{\mathrm{T}}$，其中 k_2,k_3 是不为零的任意常数；

（2）$\begin{bmatrix}0&3&-3\\3&0&3\\-3&3&0\end{bmatrix}$．

8.（1）$a=1,b=2$；（2）$f=2y_1^2+2y_2^2-3y_3^2$，$\boldsymbol{Q}=\begin{bmatrix}\frac{2}{\sqrt5}&0&\frac{1}{\sqrt5}\\0&1&0\\\frac{1}{\sqrt5}&0&-\frac{2}{\sqrt5}\end{bmatrix}$，$\boldsymbol{x}=\boldsymbol{Q}\boldsymbol{y}$．

9.（1）略；（2）$\begin{bmatrix}-1&0&0\\0&1&1\\0&0&1\end{bmatrix}$．

10.（1）$\lambda_1=a,\lambda_2=a-2,\lambda_3=a+1$；（2）$a=2$．

11. $a=-1$；$\boldsymbol{Q}=\begin{bmatrix}\frac{1}{\sqrt6}&\frac{1}{\sqrt3}&-\frac{1}{\sqrt2}\\\frac{2}{\sqrt6}&-\frac{1}{\sqrt3}&0\\\frac{1}{\sqrt6}&\frac{1}{\sqrt3}&\frac{1}{\sqrt2}\end{bmatrix}$．

12.（1）特征值为-1，1，0，对应的特征向量依次为 $[1,0,-1]^{\mathrm{T}}$，$[1,0,1]^{\mathrm{T}}$，$[0,1,0]^{\mathrm{T}}$；

（2）$\begin{bmatrix}0&0&1\\0&0&0\\1&0&0\end{bmatrix}$．

13.（1）$a=-1$；

（2）$f=2y_2^2+6y_3^2$，$\boldsymbol{Q}=\begin{bmatrix}\frac{1}{\sqrt3}&\frac{1}{\sqrt2}&\frac{1}{\sqrt6}\\\frac{1}{\sqrt3}&-\frac{1}{\sqrt2}&\frac{1}{\sqrt6}\\-\frac{1}{\sqrt3}&0&\frac{2}{\sqrt6}\end{bmatrix}$，$\boldsymbol{x}=\boldsymbol{Q}\boldsymbol{y}$．

14.（1）略；（2）略．

15. 略．

16. 3，9，9，属于 $\lambda_1=3$ 的特征向量是 $k_1[0,1,1]^{\mathrm{T}}$，其中 k_1 是不为零的任意常数；属于 $\lambda_2=\lambda_3=9$ 的特征向量是 $k_2[-1,1,0]^{\mathrm{T}}+k_3[-2,0,1]^{\mathrm{T}}$，其中 k_2,k_3 是不全为零的任意常数．

17. 略．

18.（1）$a=-3,b=0,\lambda=-1$；（2）不能相似于对角矩阵．

19. $a=2,b=-3,c=2,\lambda_0=1$．